Spring Cloud Alibaba
微服务框架电商平台搭建与编程解析

胡永锋 胡亚威 甄瑞英 ◎ 编著

人民邮电出版社

北京

图书在版编目（CIP）数据

Spring Cloud Alibaba微服务框架电商平台搭建与编程解析 / 胡永锋，胡亚威，甄瑞英编著. -- 北京：人民邮电出版社，2023.12
 ISBN 978-7-115-62421-5

Ⅰ. ①S… Ⅱ. ①胡… ②胡… ③甄… Ⅲ. ①互联网络－网络服务器 Ⅳ. ①TP368.5

中国国家版本馆CIP数据核字(2023)第142792号

内 容 提 要

本书结合开源商城项目 youlai-mall 介绍使用 Spring Cloud Alibaba 开发微服务架构应用程序的方法。全书从逻辑上分为 3 部分。第 1 部分是第 1 章，介绍微服务架构的基本概念、主流解决方案、youlai-mall 开源商城项目的基本情况，以及本书开发环境和测试环境的搭建方法等。阅读第 1 部分内容可以为进一步学习 Spring Cloud Alibaba 的各组件编程奠定基础。第 2 部分由第 2~9 章组成，介绍 Spring Cloud Alibaba 各组件的主要功能，以及在程序中使用组件搭建微服务架构的方法，包括注册中心 Nacos、服务消费者程序、网关、服务治理、认证授权中心、保护框架、消息机制和 Spring Cloud Stream 开发框架等。第 3 部分即第 10 章，介绍微服务应用的部署。

本书可作为普通高等本科院校相关课程的教材，也可供普通高等职业院校的师生使用，还可作为广大互联网应用程序开发人员的参考书。

◆ 编　著　胡永锋　胡亚威　甄瑞英
　　责任编辑　王梓灵
　　责任印制　马振武

◆ 人民邮电出版社出版发行　北京市丰台区成寿寺路 11 号
　　邮编 100164　电子邮件 315@ptpress.com.cn
　　网址 https://www.ptpress.com.cn
　　固安县铭成印刷有限公司印刷

◆ 开本：775×1092　1/16
　　印张：18.75　　　　　2023 年 12 月第 1 版
　　字数：445 千字　　　2023 年 12 月河北第 1 次印刷

定价：89.80 元

读者服务热线：(010)81055493　印装质量热线：(010)81055316
反盗版热线：(010)81055315
广告经营许可证：京东市监广登字 20170147 号

前　　言

随着互联网的高速发展与广泛普及，Web 应用程序的体量越来越大，用户对应用程序的访问并发量持续增高，传统单体软件架构的弊端凸显，越来越多的互联网公司选择使用微服务架构。

Spring Cloud Alibaba 是目前国内广泛应用的微服务架构解决方案之一。它基于最流行的 Java 开发框架——Spring，方便读者入门学习；而且几乎提供了微服务架构相关的各种问题的解决方案。本书结合开源商城项目介绍使用 Spring Cloud Alibaba 搭建微服务架构以及开发基于微服务架构应用程序的方法。

本书从逻辑上共分 3 部分。第 1 部分是本书的第 1 章，介绍微服务架构的基本概念、主流解决方案、youlai-mall 开源商城项目的基本情况，以及本书开发环境和测试环境的搭建方法。通过阅读第 1 部分的内容可以为进一步学习 Spring Cloud Alibaba 的各组件编程奠定基础。第 2 部分由第 2~9 章组成，介绍 Spring Cloud Alibaba 各组件的主要功能，以及在程序中使用组件搭建微服务架构的方法，包括服务注册中心 Nacos、服务提供者程序、服务消费者程序、服务治理、API 网关、认证服务器、流量控制及容错保护机制、微服务架构的消息机制等。第 3 部分即本书的第 10 章，介绍微服务系统的容器化部署方法。

本书特色如下。

1．化繁为简，精选实用的核心技术。

作为分布式系统，Spring Cloud Alibaba 包含很多组件，还可以与 Spring Cloud 框架的其他组件配合使用。它所涉及的技术对于初学者而言可以说浩如烟海，在有限的篇幅中不可能涵盖全部。本书在内容的选择、深度的把握上力求做到深入浅出、循序渐进，方便初学者阅读和学习。

2．结合开源电商项目帮助读者理解抽象的架构设计问题。

youlai-mall 是基于 Spring Boot 2.7、Spring Cloud 2021、Spring Cloud Alibaba 2021、

Vue 3、Element Plus、uni app 等全栈主流技术构建的开源商城项目，涉及后端微服务、前端管理、微信小程序和 App 应用等多端的开发。

  本书由胡永锋、胡亚威、甄瑞英共同编著，其中第 1 章、第 3 章、第 5 章、第 7 章由胡永锋编写，第 2 章、第 4 章、第 6 章由胡亚威编写，第 8 章、第 9 章、第 10 章由甄瑞英编写。

  限于编著者水平，书中难免存在不足之处，敬请广大读者批评指正。

编著者

目 录

第1章 微服务架构概述 ··· 1

1.1 软件系统架构 ··· 1
1.1.1 软件系统架构的演变 ··· 1
1.1.2 什么是微服务架构 ··· 4
1.1.3 微服务架构的基本组件 ··· 6

1.2 主流的微服务架构解决方案 ··· 7
1.2.1 Spring Cloud ·· 7
1.2.2 Spring Cloud Netflix ·· 8
1.2.3 Apache ServiceComb ··· 9
1.2.4 Spring Cloud Alibaba ··· 9

1.3 Spring、Spring Boot 和 Spring Cloud ··· 10
1.3.1 Spring 框架 ··· 10
1.3.2 Spring Boot 框架 ·· 11
1.3.3 Spring Boot 与 Spring Cloud 的版本 ··· 12
1.3.4 Spring Cloud Alibaba 的版本 ··· 15

1.4 youlai-mall 开源商城项目简介 ·· 15
1.4.1 实例的系统架构 ··· 16
1.4.2 youlai-mall 开源项目的子项目 ·· 16
1.4.3 代码中项目层次关系的定义 ··· 17
1.4.4 实例的运行界面 ··· 18

1.5 开发环境和测试环境 ··· 18
1.5.1 开发环境 ··· 19
1.5.2 测试环境 ··· 19

第2章 服务注册中心 Nacos ·· 21

2.1 概述 21
　　2.1.1 什么是服务注册中心 21
　　2.1.2 常用的服务注册中心 22
2.2 使用 Nacos 作为服务注册中心 23
　　2.2.1 Nacos 的作用 23
　　2.2.2 安装和运行 Nacos 24
2.3 注册服务实例 27
　　2.3.1 开发 Spring Cloud RESTful 服务 28
　　2.3.2 注册到 Nacos 35
2.4 youlai-mall 中的服务提供者程序解析 36
　　2.4.1 youlai-mall 中服务项目的层次结构 36
　　2.4.2 管理服务提供者项目 37
　　2.4.3 订单服务提供者项目 45

第 3 章 开发服务消费者程序 47

3.1 从客户端调用 Web 服务 47
　　3.1.1 使用 Apipost 工具调用 Web 服务 47
　　3.1.2 SpringBootMVCdemo 项目的完善 51
3.2 服务调用的负载均衡 52
　　3.2.1 什么是负载均衡 52
　　3.2.2 将 SpringBootMVCdemo 服务部署多个实例 54
　　3.2.3 客户端负载均衡组件 Spring Cloud Loadbalancer 57
　　3.2.4 OpenFeign 组件 60
　　3.2.5 Nacos 服务发现编程 62
3.3 youlai-mall 中的服务消费者程序解析 65
　　3.3.1 管理服务消费者模块 admin-api 65
　　3.3.2 订单服务消费者模块 oms-api 67

第 4 章 Spring Cloud Gateway 68

4.1 Spring Cloud Gateway 的工作原理 68
　　4.1.1 Spring Cloud Gateway 的关键概念 68
　　4.1.2 Spring Cloud Gateway 的工作流程 69
　　4.1.3 HTTP 请求报文的格式 69
4.2 开发简单的网关应用 71

- 4.2.1 在 pom.xml 中定义框架版本、引用相关依赖 ········ 71
- 4.2.2 启动类 ········ 71
- 4.2.3 配置文件 application.yml ········ 72
- 4.2.4 搭建网关应用的测试环境 ········ 73

4.3 Spring Cloud Gateway 配置路由的方式 ········ 74
- 4.3.1 快捷配置 ········ 74
- 4.3.2 全扩展参数 ········ 75

4.4 路由断言工厂 ········ 76
- 4.4.1 After 路由断言工厂 ········ 76
- 4.4.2 Before 路由断言工厂 ········ 76
- 4.4.3 Between 路由断言工厂 ········ 76

4.5 过滤器 ········ 77
- 4.5.1 全局过滤器 ········ 77
- 4.5.2 利用全局网关过滤器实现网关白名单功能 ········ 79
- 4.5.3 网关过滤器工厂 ········ 82

4.6 youlai-mall 中的网关子项目解析 ········ 84
- 4.6.1 pom.xml ········ 85
- 4.6.2 配置文件 ········ 85

第 5 章 服务治理 ········ 88

5.1 服务治理基础 ········ 88
- 5.1.1 服务治理的概念 ········ 88
- 5.1.2 服务治理包含的项目 ········ 88

5.2 Nacos 配置中心 ········ 89
- 5.2.1 什么是微服务配置中心 ········ 90
- 5.2.2 Nacos 配置中心的相关概念 ········ 90
- 5.2.3 Nacos 配置中心的管理页面 ········ 90
- 5.2.4 Nacos 配置中心的数据存储 ········ 91
- 5.2.5 开发 Nacos 配置中心客户端应用 ········ 92
- 5.2.6 在项目 youlai-mall 中使用 Nacos 作为配置中心 ········ 96

5.3 利用 Spring Boot Admin 实现服务监控 ········ 98
- 5.3.1 Spring Boot Admin 的工作原理 ········ 98
- 5.3.2 在 Spring Cloud Alibaba 中集成 Spring Boot Admin ········ 99

5.4 链路追踪 ········ 102

	5.4.1 Spring Cloud Sleuth 的基本功能	102
	5.4.2 在 Spring Boot 项目中集成 Spring Cloud Sleuth	104
	5.4.3 在微服务项目中集成 Spring Cloud Sleuth	105
	5.4.4 Zipkin 的基本功能	112
	5.4.5 下载和启动 Zipkin Server	114
	5.4.6 开发基于微服务的 Zipkin Client 项目	115

第 6 章 搭建认证授权中心 … 124

6.1 微服务架构的安全机制 … 124
  6.1.1 认证授权中心的作用和工作原理 … 124
  6.1.2 OAuth 2.0 安全协议 … 125
  6.1.3 通过 JWT 实现身份验证和鉴权 … 128

6.2 开发基于 OAuth 2.0 和 JWT 的认证服务 … 129
  6.2.1 开发认证服务的流程 … 129
  6.2.2 示例项目 AuthServerDemo 的架构 … 130
  6.2.3 开发认证服务 … 132
  6.2.4 开发微服务模块 … 144
  6.2.5 开发网关模块 … 145
  6.2.6 测试实例的效果 … 152

6.3 youlai-mall 项目中的认证中心解析 … 154
  6.3.1 模块 youlai-auth … 154
  6.3.2 模块 youlai-gateway 中与认证有关的代码 … 159

第 7 章 服务保护框架 Sentinel … 165

7.1 Sentinel 概述 … 165
  7.1.1 Sentinel 的特性 … 165
  7.1.2 Sentinel 的生态环境 … 166
  7.1.3 Sentinel 的工作原理 … 167

7.2 搭建 Sentinel 环境 … 170
  7.2.1 搭建 Sentinel 服务端环境 … 170
  7.2.2 开发 Sentinel 客户端应用 … 172

7.3 保护微服务的主要方案和基本方法 … 174
  7.3.1 保护微服务的方案 … 174
  7.3.2 保护微服务的基本流程 … 175

        7.3.3　定义资源 175
        7.3.4　定义规则 179
    7.4　流量控制机制 181
        7.4.1　在 Sentinel 控制台中定义流控规则 181
        7.4.2　在代码中定义流控规则 183
        7.4.3　测试应用流控规则的效果 183
    7.5　服务熔断机制 190
        7.5.1　在 Sentinel 控制台中定义熔断规则 190
        7.5.2　在代码中定义熔断规则 192
        7.5.3　测试应用服务熔断规则的效果 193
    7.6　热点规则 196
        7.6.1　在 Sentinel 控制台中定义热点规则 196
        7.6.2　在代码中定义热点规则 197
        7.6.3　测试应用热点规则的效果 197
    7.7　授权规则 199
        7.7.1　在 Sentinel 控制台中定义授权规则 199
        7.7.2　在接口程序中获取访问者的来源 200
        7.7.3　测试应用授权规则的效果 200

第 8 章　微服务架构消息机制 204

    8.1　分布式应用程序的消息机制 204
        8.1.1　消息队列 204
        8.1.2　常用的分布式消息队列 206
    8.2　基于 Redis 实现分布式消息队列 209
        8.2.1　在 Ubuntu 中安装 Redis 209
        8.2.2　Spring Boot 应用程序存取 Redis 中的数据 210
        8.2.3　使用 Redis 实现消息队列 211
    8.3　RabbitMQ 消息队列 213
        8.3.1　在 Ubuntu 中安装 RabbitMQ 213
        8.3.2　在 Spring Boot 应用程序中集成 RabbitMQ 215
    8.4　RocketMQ 消息队列 218
        8.4.1　在 Ubuntu 中安装 RocketMQ 218
        8.4.2　在 Spring Boot 中实现 RocketMQ 消息队列 221
    8.5　Spring Cloud Bus 226

8.5.1 Spring Cloud Bus 的工作原理 ………………………………… 226

8.5.2 Spring Cloud Bus RocketMQ 编程 …………………………… 227

第 9 章 Spring Cloud Stream 开发框架 ……………………………… 232

9.1 Spring Cloud Stream 应用模型 …………………………………… 232

9.1.1 Spring Cloud Stream 应用模型的工作原理 ………………… 232

9.1.2 Binder ………………………………………………………… 232

9.1.3 Spring Cloud Stream 的基本概念 …………………………… 233

9.2 Spring Cloud Stream 编程 ………………………………………… 233

9.2.1 开发消息生产者服务 ………………………………………… 234

9.2.2 开发消息消费者服务 ………………………………………… 237

9.2.3 运行实例 ……………………………………………………… 238

9.3 基于消息队列实现秒杀抢购功能 ………………………………… 239

9.3.1 电商运营的常用方法 ………………………………………… 240

9.3.2 秒杀抢购的特性和玩法 ……………………………………… 241

9.3.3 秒杀抢购应用场景解析 ……………………………………… 241

9.3.4 传统架构的高并发瓶颈 ……………………………………… 242

9.3.5 秒杀抢购解决方案 …………………………………………… 243

9.3.6 限流算法及其实现 …………………………………………… 245

9.4 秒杀抢购实例 ……………………………………………………… 247

9.4.1 简单架构设计 ………………………………………………… 247

9.4.2 前置 UI 层 …………………………………………………… 248

9.4.3 后端服务层 …………………………………………………… 256

9.4.4 运行秒杀抢购实例 …………………………………………… 261

第 10 章 微服务应用的部署 ……………………………………………… 263

10.1 以服务方式部署和运行微服务应用 …………………………… 263

10.1.1 编辑服务文件 ……………………………………………… 263

10.1.2 启动和停止服务 …………………………………………… 264

10.2 以容器化方式部署和运行微服务应用 ………………………… 265

10.2.1 Docker 概述 ………………………………………………… 265

10.2.2 Docker 的基本概念 ………………………………………… 266

10.2.3 Docker 与虚拟机的对比 …………………………………… 267

10.3 使用 Docker 实现容器化部署 …………………………………… 267

  10.3.1 搭建 Docker Registry 私服··············268

  10.3.2 使用 Docker 部署 Spring Boot 应用程序··············269

  10.3.3 以 Docker 镜像的形式运行 seckill-front 应用程序··············272

10.4 Docker Compose 概述··············273

  10.4.1 Docker Compose 的基本概念与特性··············273

  10.4.2 安装和使用 Docker Compose··············275

10.5 使用 Docker Compose 搭建微服务工程··············276

  10.5.1 使用 Docker Compose 运行 MySQL 服务容器··············277

  10.5.2 使用 Docker Compose 运行 Redis 服务容器··············278

  10.5.3 使用 Docker Compose 构建 Nacos 服务集群··············279

  10.5.4 使用 Docker Compose 运行 seckill-front 容器··············283

  10.5.5 使用 Docker Compose 运行 seckill_backsevice 容器··············285

第1章

微服务架构概述

微服务架构可以说是目前最流行的软件架构，它是在互联网高速发展、广泛普及的大背景下产生的。随着 Web 应用程序的体量越来越大，用户访问 Web 应用的并发量持续增大，传统单体软件架构的弊端突显，越来越多的互联网公司选择使用微服务架构。本章介绍微服务架构的由来、主流的微服务架构解决方案，以及本书所使用的开发环境与测试环境。

1.1 软件系统架构

随着硬件的发展、需求和应用场景的变化，软件的系统架构也经历了由简到繁的演变。

1.1.1 软件系统架构的演变

影响软件系统架构演变的因素主要有以下几个。
- 业务需求的不断深入、细化、扩展导致软件系统的体量越来越大。
- 互联网时代软件系统的访问量激增。从最初的个人操作，到组织内部的几十人、几百人同时使用，再到数万人同时在线，甚至双十一的亿级并发，这给应用程序和服务器硬件都带来很大的挑战。
- 由廉价服务器集群组成的分布式系统，既可以获得很强的处理能力，与使用大型机相比又可以降低成本，而且可以根据需求灵活增减服务器的数量。分布式系统的提出促进了将软件拆分、分布部署的系统架构发展。

软件系统架构的演变经历了单体架构、水平架构和垂直架构、面向服务的架构（SOA）和微服务架构 4 个阶段。

1. 单体架构

单体架构是最简单的软件系统架构，也就是应用程序的所有功能都包含在一个工程中，发布时打包到一起，比如 Java 应用程序的 war 包或 jar 包、Windows 应用程序的安装包。单体架构简单易行,各模块间通信和共享数据都非常方便,适合中小型项目。

随着业务需求的增长,软件系统的体量越来越大,业务逻辑越来越复杂,这致使单体架构的弊端凸显,具体表现如下。

- 模块越来越多,模块之间的耦合度比较高,修改一个模块的需求往往会带来连锁反应,影响其他模块的稳定性,从而导致项目难以维护,也很难扩展。
- 项目的代码量越来越大,比较大的项目通常由多人参与开发,代码质量参差不齐,编码风格比较杂乱,致使代码可读性较低,越来越难以维护。
- 项目是一个庞大的整体,应用某些新技术不但成本很高,而且必须对整个项目进行重构,这通常是非常困难的。

为了解决上述问题,单体架构在发展中演变成三层架构,如图 1-1 所示。

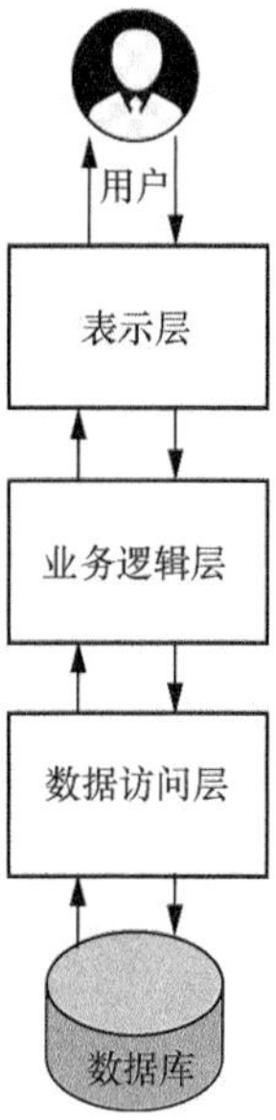

三层架构由表示层、业务逻辑层和数据访问层组成,具体说明如下。

- 表示层:又称为用户界面层,主要负责显示用户界面、处理与用户之间的交互操作,例如 Windows 应用程序中的窗口和 Web 应用程序中的网页。
- 业务逻辑层:主要负责实现系统的功能,例如检查用户订单中的商品库存,从而决定订单是否有效。
- 数据访问层:主要负责实现数据库存取的操作。

三层架构对单体架构应用程序进行了拆分,降低了大型单体架构应用程序的复杂性,同时也细化了程序员的分工,使程序员可以专注一个领域的技术。

图 1-1 三层架构

2. 水平架构和垂直架构

在互联网时代,Web 应用程序的访问量比传统 C/S 应用程序的访问量增加了很多。根据流量统计公司 Alexa Internet 发布的报告,截止到 2022 年 4 月,国内流量最大的 10 大网站的日均访问量见表 1-1。

表 1-1 国内流量最大的 10 大网站的日均访问量

排名	网站	日均访问量
1	百度	19.96 亿
2	哔哩哔哩	17 亿
3	腾讯网	6.26 亿
4	淘宝	3.81 亿
5	京东	3.47 亿
6	天猫	3.24 亿
7	CSDN 软件开发网	3.21 亿
8	知乎	3.19 亿
9	微博	3.17 亿
10	搜狐网	2.83 亿

虽然普通网站没有几亿的日均访问量，但是在"流量为王"的互联网时代，一个网站至少应该可以承载几十万甚至数百万的日均访问量。海量的访问、高并发给 Web 应用的体系结构和 Web 服务器硬件带来了很大的挑战。

最常见的解决高并发的方案是将应用程序部署在多个服务器上，从而分担访问负载。将应用程序部署在多个服务器上可以采用两种方式：水平扩展和垂直拆分。水平扩展的实现原理相对简单，即保持应用程序的单体架构，将整个应用程序完整地、独立地部署在多个 Web 服务器上，构成 Web 服务器集群。在集群前面部署一个网关，根据一定的策略将用户的访问请求分配到集群中一台服务器进行处理，从而实现负载均衡。将软件系统以水平扩展的方式部署被称为水平架构，如图 1-2 所示。

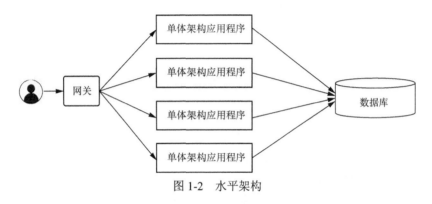

图 1-2　水平架构

采用水平架构部署应用程序看似不需要对应用程序做任何改动，简单易行，实际上不但没有解决单体架构的弊端，还无形中放大了单体架构应用程序的缺点。程序的任何一点修改都需要重新部署集群中的所有服务器，增加了系统运维和测试的复杂度。

垂直架构指将单体架构应用程序拆分成若干个独立的子系统。例如，一个简易的电商网站包含用户管理、商品管理、订单管理模块。在单体架构中，这些模块包含在一个项目中。如果采用垂直架构，则可以将电商网站拆分为用户管理、商品管理和订单管理这 3 个独立的子系统。这些子系统可以由独立的开发团队分别开发，独立部署，通过 API 或数据库共享数据。

3．SOA

SOA 应用程序可以将业务功能抽象并封装成服务单元（也称为服务提供者），为系统中的其他组件提供服务。每个服务单元都是独立存在的，通常根据业务逻辑定义服务单元，例如电商网站可以拆分成管理用户的 user 服务、管理商品的 goods 服务、管理订单的 orders 服务和提供公共功能的 common 服务。

服务单元通过 API 对外提供服务，其他组件通过网络服务调用 API。调用服务的组件被称为服务消费者。

经典的 SOA 框架是 Dubbo 和 Dubbox。

Dubbo 是阿里巴巴推出的开源分布式服务框架，可以与 Spring 无缝集成，也是国内比较知名的服务架构解决方案，提供服务的注册和治理功能。

Dubbox 是当当网基于 Dubbo 的升级框架，兼容 Dubbo 框架，升级了 ZooKeeper 和 Spring 版本。

在 Dubbo 框架中，通过远程过程调用（RPC）协议可以调用服务 API。RPC 是进程间调用的常用方式，其调用的过程如图 1-3 所示。

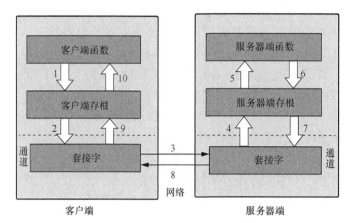

图 1-3　RPC 调用的过程

RPC 协议包含客户端、客户端存根、服务器端和服务器端存根等角色。客户端相当于服务消费者，服务器端相当于服务提供者。RPC 调用的过程具体如下。

① 客户端以本地调用的方式调用服务。
② 客户端存根在调用服务时负责将方法和参数等封装成可以进行网络传输的消息体。
③ 消息体通过套接字进行传输并发送至服务器端。
④ 服务器端存根对收到的信息进行解码。
⑤ 服务器端根据解码的结果调用本地服务器端函数。
⑥ 服务器端函数将结果返回给服务器端存根。
⑦ 服务器端存根将返回结果封装成可以进行网络传输的消息体。
⑧ 返回的消息体通过套接字进行传输并发送至客户端。
⑨ 客户端存根对收到的信息进行解码。
⑩ 客户端函数得到调用服务结果。

4．微服务架构

微服务架构其实并没有明确的定义。从字面理解，它也是基于服务的架构，而且服务的体量比较小。一个应用程序可能包含很多个服务，每个服务都可以独立开发、独立部署、独立维护。关于微服务架构的基本情况将在 1.1.2 小节介绍。

1.1.2　什么是微服务架构

微服务架构是以服务来构建应用程序的一种程序设计思想，其中包含的服务应该具有以下特性。

- 可以独立部署、独立运行。
- 高度可维护，可测试：因为每个服务都是独立部署、独立运行的，因此安装或升级一个服务对其他应用程序在物理上的影响是很小的。当然，还是应该注意保持服务提供接口的稳定性。如果接口的名字、参数或调用方式发生变化，还是会影响服务消费者程序的稳定性。同样,因为服务的独立性,所以可以很方便地在不依赖其他应用的情况下对服务进行测试。
- 低耦合:在微服务架构中,服务之间、服务与应用之间的依赖关系很弱,通常只是互相调用的关系,因此对一个服务或应用进行重构对其他服务或应用的影响很小。
- 每个服务通常由很小的团队(可能只有一个人)开发和维护,开发人员更熟悉服务的业务逻辑和代码。

除了每个微服务具有上述特性外,从整体上来看,微服务架构还具备以下特性。

1. 通过服务实现组件化

设计软件系统的一个原则是使用组件构建系统。组件是可以独立替换和升级的软件单元。微服务架构可以使用库,但是主要的组件化方式是将软件拆分成服务。对库的调用通常是内存中的函数调用;而对服务的调用则是进程之外的通过 Web Service 请求或 RPC 进行调用。

之所以通过服务来实现组件化,而不是通过库来实现,最重要的原因是服务可以独立部署。如果一个应用程序由多个库组成,那么任何组件的变化都会导致整个应用程序需要被重新部署。但是如果应用程序被拆分成若干个服务,则每个服务的变化都不会影响其他服务,只要服务的接口名称、参数和返回值类型不发生变化,对服务进行升级就不会影响其他服务和应用,只需独立重新部署。

2. 去中心化管理

随着分布式系统的普及,去中心化的概念越来越被人们所了解和接受。集中部署应用程序的优势在于便于部署和维护,但是一旦发生故障,恢复环境和数据的成本也是不小的。在微服务架构中,服务可以独立部署,同一个服务也可以多次部署在不同的服务器上,互为备份,共同承担访问负载。

在单体架构中,各模块都使用一个集中的数据库来存储数据。而在微服务架构中,各个服务既可以共享一个数据库,也可以使用专有的数据库实现数据库的拆分,如图1-4所示。

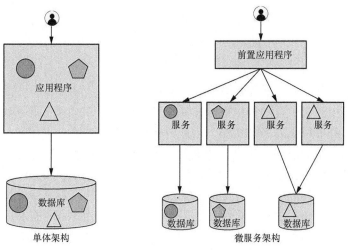

图1-4 单体架构和微服务架构的数据库

3．提供安全的服务、保障数据安全

微服务架构可以与 OAuth 2.0 相结合，提供微服务的鉴权和访问控制，保障应用程序的数据安全。

4．提供服务的高并发和高可用性支持

微服务架构属于分布式系统，服务可以分布式地部署于多个服务器上，因此可以作为高并发解决方案，提高系统的负载能力。同时，一个服务可以部署多个实例，提高系统的高可用性，即使个别实例掉线，也不会影响系统的稳定运行。

概括地说，因为微服务架构中每个服务的体量很小，所以这种架构具有敏捷开发、灵活扩展、轻松部署、易于维护等特性。

微服务架构的特性和优势还有很多，在本书后面的章节中会结合具体技术和案例介绍。

1.1.3 微服务架构的基本组件

基本的微服务架构如图 1-5 所示。

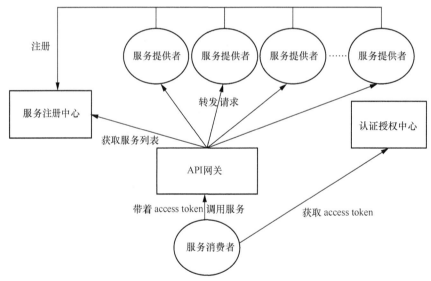

图 1-5 基本的微服务架构

图 1-5 中包含了以下微服务架构的基本组件。

- 服务注册中心：负责架构中服务的注册和发现。分布式系统通常包含多个服务，每个服务都可以部署多个实例，因此对于服务的消费者（调用者）而言，如何便捷地知道调用的服务在哪里就很重要。服务注册中心存储一个服务的注册表，可以为服务消费者提供服务实例的地址。Nacos 是 Spring Cloud Alibaba 官方推出的服务注册中心，关于 Nacos 的基本情况和使用方法将在第 2 章介绍。
- 服务提供者：负责对外提供可以实现特定功能的接口。服务提供者启动后会自动将自己注册到服务注册中心，并定期向服务注册中心发送心跳包，报告自己的在线状态。第 2 章将介绍在 Spring Cloud Alibaba 框架中开发服务提供者程序的方法。
- 服务消费者：调用服务的程序。服务消费者可以是应用层的程序，也可以是一个

服务提供者程序。因为在微服务架构中，服务之间是会经常互相调用的。第 3 章将介绍在 Spring Cloud Alibaba 框架中开发服务消费者程序的方法。
- API 网关：微服务架构的大门。服务消费者可以通过网关转发请求，调用服务提供者开放的接口。之所以通过网关调用接口，是为了实现服务的高可用性。在微服务架构中，每个服务通常会部署多个实例，服务消费者首先需要获得要调用的服务实例列表，然后选择一个实例调用其提供的接口，这是比较烦琐的。如果通过网关调用服务，则无须关注具体的服务实例，只要把要调用的接口路径提供给网关即可。网关会自动从服务注册中心获取服务实例列表，并进行匹配，将调用请求转发给适当的服务实例。Spring Cloud Gateway 是 Spring Cloud 推出的 API 网关项目，第 4 章将介绍使用 Spring Cloud Gateway 开发微服务网关的方法。
- 认证授权中心：用于为微服务架构提供安全保障机制。在默认情况下，微服务架构中开放的接口可以被随意调用（只要物理上可以访问服务提供者程序），这很可能带来安全隐患，因此要对服务消费者进行身份验证。只有通过身份验证的服务消费者才能调用服务提供的接口。身份验证可以通过访问令牌（access token）来实现。认证授权中心负责生成访问令牌，并提供访问令牌的有效性验证功能。第 6 章将介绍认证授权中心的工作原理与开发方法。

除了上述组件外，微服务架构通常还可以包含服务治理、配置中心、容错机制、流量管理和消息机制等诸多组件。如果搭建好基本的微服务架构，就可以实现其基本功能了。

1.2 主流的微服务架构解决方案

2014 年，有软件开发教父之称的马丁•福勒（Martin Fowler）发表了一篇名为 *Microservices* 的文章，系统论述了微服务架构的理念。随后，微服务架构很快就被很多软件开发者所接受，掀起了一股微服务架构解决方案的热潮。很多公司都推出了开源微服务架构开发框架，其中比较主流的微服务架构解决方案包括 Spring Cloud、Spring Cloud Netflix、Apache ServiceComb 和 Spring Cloud Alibaba 等。

1.2.1 Spring Cloud

Spring Cloud 是 Pivotal 公司于 2015 年推出的分布式系统开发框架，是非常成熟的、应用很广泛的微服务架构解决方案。对于很多开发者而言，一提到微服务就会很自然地联想到 Spring Cloud。

Spring Cloud 开发框架包含很多子项目，可以解决微服务架构应用程序所涉及的各种技术问题。这些子项目可以和本书介绍的 Spring Cloud Alibaba 集成在一起使用，因此有必要简单了解，以便在需要时选择使用。Spring Cloud 包含的常用子项目如下。

- Spring Cloud Config：一个基于 git 仓库的集中配置管理系统，配置资源可以直接映射到 Spring 环境。
- Spring Cloud Bus：将服务实例使用分布式消息连接在一起的时间总线，可用于传播微服务的状态变化。本书将在第 8 章介绍 Spring Cloud Bus 的工作原理，以及 Spring Cloud Alibaba 对 Spring Cloud Bus 的支持情况。
- Spring Cloud for Cloud Foundry：使用 Pivotal Cloud Foundry 将应用程序集成在一起，提供服务发现的功能，以及通过单点登录和 OAuth2 来保护资源。
- Spring Cloud Cluster：通过对 ZooKeeper、Redis、Hazelcast 和 Consul 等产品进行抽象和实现，实现分布式集群管理。
- Spring Cloud Consul：通过 Hashicorp Consul 实现服务发现和配置管理。
- Spring Cloud Security：实现 Spring Cloud 的 OAuth2 安全认证机制，可以对服务消费者的身份认证提供支持。
- Spring Cloud Sleuth：为 Spring Cloud 应用程序提供分布式追踪，兼容 Zipkin、HTrace 和基于日志的追踪（例如 ELK）。本书将在第 5 章介绍通过 Spring Cloud Sleuth + Zipkin 实现微服务链路追踪的方法。
- Spring Cloud Data Flow：提供基于微服务的数据管道功能。
- Spring Cloud Stream：一个轻量级的事件驱动的微服务框架，可以快速构建与外部系统连接的应用程序。借助 Apache Kafka、RabbitMQ 或 RocketMQ 等消息队列在 Spring Boot 应用程序之间收发消息。本书将在第 8 章介绍 Spring Cloud Stream 的工作原理，以及 Spring Cloud Alibaba 对 Spring Cloud Stream 的支持情况。
- Spring Cloud Gateway：API 网关组件。第 4 章将介绍 Spring Cloud Gateway 组件的编程方法。
- Spring Cloud Connectors：使各种平台下的 PaaS 应用程序可以更方便地连接后端服务，例如数据库和消息代理。

1.2.2　Spring Cloud Netflix

Spring Cloud Netflix 是 Spring Cloud 的子项目，在微服务架构刚刚流行时曾经被广泛应用，目前其组件还被很多微服务架构应用所使用。但是，Spring Cloud Netflix 的锋芒被其父项目 Spring Cloud 所掩盖，应用其组件的开发人员经常只称基于 Spring Cloud 框架进行开发，而 Spring Cloud Netflix 的知名度并不高。

Spring Cloud Netflix 被广泛应用是因为它提供了一组搭建微服务架构所必须的基础组件，具体如下。

- Eureka：服务注册和服务发现组件。
- Zuul：API 网关。
- Hystrix：实现容错保护机制和限流功能的组件。
- Feign：实现声明式服务调用的组件。
- Ribbon：客户端负载均衡组件。

2018 年，Spring 官方宣布 Spring Cloud Netflix 项目进入维护模式，即不再发布新版本，只是被动修复 Bug。Spring 给出的 Spring Cloud Netflix 组件的替代方案见表 1-2。

表 1-2 Spring Cloud Netflix 组件的替代方案

Spring Cloud Netflix 组件	推荐的替代项目	具体说明
Eureka	Nacos	Nacos 是 Spring Cloud Alibaba 发布的服务注册中心和配置中心组件，具体情况将在第 2 章介绍
Hystrix	Sentinel	Sentinel 是 Spring Cloud Alibaba 发布的高可用流控防护组件，具体情况将在第 7 章介绍
Ribbon	Spring Cloud Loadbalancer	Spring Cloud Loadbalancer 是 Spring Cloud 发布的客户端负载均衡组件，具体情况将在第 3 章介绍
Zuul	Spring Cloud Gateway	Spring Cloud Gateway 是 Spring Cloud 发布的 API 网关组件，具体情况将在第 4 章介绍

1.2.3 Apache ServiceComb

Apache ServiceComb 是一个开源微服务解决方案，也是业界第一个 Apache 微服务顶级项目。它最初在华为内部被探索设计并商用，并于 2017 年 5 月开源到 GitHub。

2017 年 11 月，华为公司将 Apache ServiceComb 捐赠给 Apache 并启动孵化，之后在 Apache 导师的指导下由孵化器管理委员会成员进行经营孵化。2022 年 10 月 17 日，Apache 董事会通过 ServiceComb 毕业决议，这也是业界首个在 Apache 孵化并毕业成为顶级项目的微服务项目。

但是 Apache ServiceComb 目前还处于推广阶段，真正落地应用的案例并不是很多。为了兼容 Spring Cloud 微服务架构，华为公司还推出了 spring-cloud-huawei 子项目，以便于将 Spring Cloud 微服务架构应用迁移至 Apache ServiceComb 框架中。

1.2.4 Spring Cloud Alibaba

Spring Cloud Alibaba 是 Spring Cloud 的一个子项目，致力于提供微服务开发的一站式解决方案。2018 年 10 月 31 日，Spring Cloud Alibaba 正式入驻 Spring Cloud 官方孵化器并发布了第一个预览版本。经过了大约 9 个月的孵化期之后，2019 年 7 月 24 日，Spring 官方宣布 Spring Cloud Alibaba 孵化毕业，成为 Spring 社区的正式项目。

Spring Cloud Alibaba 一经推出即在全球范围内引起了广泛的关注，特别是在国内，Spring Cloud Alibaba 已经成为 Spring Cloud 的代名词，与之前 Spring Cloud Netflix 的默默无闻形成鲜明的对比。Spring Cloud Alibaba 之所以在国内广受开发人员的追捧，主要原因如下。

- 阿里巴巴是国内互联网技术实践和发展的先驱，是开发互联网应用的领军企业。

多年来，阿里巴巴培养了众多互联网开发和应用的技术人员，这些技术人员已经成为国内互联网技术发展的核心力量。
- 2018 年 12 月，当时 Spring Cloud 应用最广泛的子项目 Netflix 宣布旗下大部分的微服务组件进入维护模式。业内急需优秀的、有影响力的替代框架出现。
- Spring Cloud Alibaba 的核心组件多年来经历了淘宝双十一、双十二等流量高峰的考验，是"饱经考验"的框架，因此值得信赖。

Spring Cloud Alibaba 的主要组件见表 1-3。

表 1-3　Spring Cloud Alibaba 的主要组件

组件	具体说明
Nacos	服务注册中心和配置中心组件，具体情况将在第 2 章和第 5 章介绍
Sentinel	高可用流控防护组件，具体情况将在第 7 章介绍
RocketMQ	分布式消息中间件，具体情况将在第 8 章介绍
Seata	分布式事务解决方案，本书不展开介绍 Seata 的具体情况
Dubbo	RPC 服务框架，本书不展开介绍 Dubbo 的具体情况

1.3　Spring、Spring Boot 和 Spring Cloud

Spring Cloud Alibaba 和 Spring Cloud 是基于 Spring Boot 进行开发的，因此，在使用 Spring Cloud Alibaba 开发微服务架构应用程序前有必要了解 Spring Boot 开发框架的基本情况。Spring Boot 基于 Spring 框架，属于 Spring 框架的扩展，它不需要做复杂的 XML 配置，开发过程变得更简单、更高效。

1.3.1　Spring 框架

Spring 框架可以为所有企业级应用程序提供一站式底层支持，其体系结构如图 1-6 所示。

1．基础模块

Spring 框架提供面向方面的程序设计（AOP）、Aspects、Instrumentation 和 Messaging 等基础模块，具体如下。
- AOP 模块提供面向方面的编程实现。
- Aspects 模块提供与 AspectJ 的集成。AspectJ 是一个功能强大且成熟的 AOP 框架。
- Instrumentation 模块提供在应用服务器中使用类工具的支持。
- Messaging 模块提供对消息传递体系结构和协议的支持。

2．核心容器层

核心容器层由 Core、Bean、Context 和 SpEL 模块组成，具体如下。
- Core 模块提供框架的基础部分，包括 IoC 和依赖注入（DI）等特性。
- Bean 模块提供 BeanFactory 功能，是工厂模式的实现。

- Context 模块建立在 Core 模块和 Bean 模块的基础上，是访问对象的中介。
- SpEL（Spring 表达式语言）模块可以在运行时查询和操作数据。

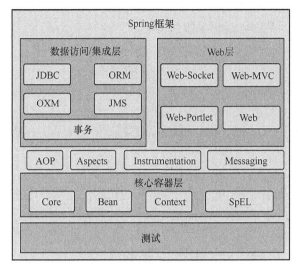

图 1-6　Spring 框架的体系结构

3．数据访问/集成层

数据访问/集成层由 JDBC、ORM、OXM、JMS 和事务模块组成，具体如下。
- JDBC 模块负责数据库资源管理和错误处理，大大简化了开发人员对数据库的操作。
- ORM（对象关系映射）模块是将对象自动映射到关系数据库的方法。
- OXM 模块提供对象和 XML 之间的映射。
- JMS 模块支持 Java 消息服务，可以提供生产和消费消息的能力。
- 事务模块通过在 POJO 对象中实现指定的接口，提供对类的事务管理。

4．Web 层

Web 层由 Web、Web-MVC、Web-Socket 和 Web-Portlet 模块组成，具体如下。
- Web 模块提供面向 Web 的基础技术支持，例如文件上传、使用 servlet 监听器和基于 Web 的应用程序上下文初始化 IoC 容器。
- Web-MVC 模块包含 Spring 对 MVC（模型–视图–控制器）开发模型的实现。
- Web-Socket 模块提供对基于 Web-Socket 的客户端与服务器端双向通信的 Web 应用程序的支持。
- Web-Portlet 模块是基于 Web MVC 模块的 Portlet 实现。Portlet 是一种 Web 组件，用于在 Web 门户上管理和显示可插拔的用户界面组件。

可以看到，Spring 是一个功能强大、完备的开发框架，几乎涵盖了应用程序开发所需要的各种技术的底层框架支持。

1.3.2　Spring Boot 框架

Spring Boot 框架具有以下特性。

- 可以创建独立的 Spring 应用程序。
- 可以直接内置 Tomcat、Jetty、Undertow 等 Web 服务器软件，不需要将 war 包部署在其他 Web 服务器软件中。可以将 Spring Boot 应用程序打包成 jar 包，直接通过命令行运行，从而实现轻量级的部署。
- 提供一系列 starter 依赖包，对 Spring 依赖进行整合，简化了开发配置。
- 很方便地实现对 Spring 和第三方库的自动配置。
- 提供 production-ready（生产就绪）特性。所谓 production-ready 就是将应用程序部署上线，可以稳定地运行，方便运维。production-ready 特性包括对应用程序的性能指标进行检测、健康检查、记录日志以及从应用程序的外部对其进行配置。
- 不需要做 XML 配置，也没有代码生成，使整个开发过程非常简洁、清晰。

使用 Spring Cloud Alibaba 开发微服务架构应用程序是基于 Spring Boot 编程的。因此阅读本书内容的前提是熟悉使用 Spring Boot 开发框架进行编程的基本方法。

1.3.3　Spring Boot 与 Spring Cloud 的版本

在创建微服务项目时，需要指定 Spring Boot 与 Spring Cloud 的版本。本小节介绍 Spring Boot 与 Spring Cloud 的版本定义规则以及它们的版本之间的对应关系，以便在日后开发中选择版本时参考。

1．Spring Boot 的版本

下面是一个标准的 Spring Boot 版本号。

```
2.2.6.RELEASE
```

Spring Boot 版本号由 4 部分组成，具体的含义如图 1-7 所示。

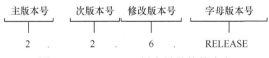

图 1-7　Spring Boot 版本号具体的含义

- 主版本号：用于标识比较大的功能模块或整体架构更新。
- 次版本号：用于标识局部功能的更新。
- 修改版本号：用于标识对 bug 的修改或非常小的功能更新。
- 字母版本号：用于标识当前版本所处的开发阶段，具体说明见表 1-4。

表 1-4　字母版本号的具体说明

版本号	说明
Base	设计阶段，还没有具体功能实现
Alpha	软件的初级阶段版本，实现了基本功能，但是存在明显的功能缺陷，需要完整的功能测试
Beta	修正了 Alpha 版本中存在的明显功能缺陷，但还存在 bug，需要不断测试
RELEASE	软件的发布版本，功能比较稳定，基本没有 bug

2．Spring Cloud 的版本号

下面是一个标准的 Spring Cloud 版本号。

```
Hoxton.SR3
```

Spring Cloud 版本号由两部分组成，具体的含义如图 1-8 所示。

图 1-8　Spring Cloud 版本号具体的含义

Spring Cloud 的大版本号很有意思，是一组伦敦地铁站的名称。之所以没有采用传统的数字版本号，是因为 Spring Cloud 由很多组件组成，每个组件的版本都使用数字版本号来标识。采用代号来标识 Spring Cloud 的大版本可以避免混淆。Spring Cloud 的大版本号包括 Angel、Brixton、Camden、Dalston、Edgware、Finchley、Greenwich 和 Hoxton。除了这些以地铁站命名的版本外，2020 年 12 月，Spring Cloud 发布了 2020 系列的第一个版本 Spring Cloud 2020.0.0，之后又陆续发布了一系列 Spring Cloud 2020.0.x；2021 年 12 月，Spring Cloud 发布了 2021 系列的第一个版本 Spring Cloud 2021.0.0，之后又陆续发布了一系列 Spring Cloud 2021.0.x。截至编写本书时，Maven Repositorg 官网中包含的 Spring Cloud 2020.0.x 和 Spring Cloud 2021.0.x 版本信息如图 1-9 所示。

Version	Vulnerabilities	Repository	Usages	Date
2021.0.5		Central	0	Nov 04, 2022
2021.0.4		Central	0	Sep 07, 2022
2021.0.3		Central	0	May 27, 2022
2021.0.2		Central	0	Apr 28, 2022
2021.0.1		Central	0	Feb 17, 2022
2021.0.0		Central	0	Dec 02, 2021
2020.0.6		Central	0	Jun 30, 2022
2020.0.5		Central	0	Dec 16, 2021
2020.0.4		Central	0	Sep 22, 2021
2020.0.3		Central	0	May 28, 2021
2020.0.2		Central	1	Mar 18, 2021
2020.0.1		Central	1	Jan 28, 2021
2020.0.0		Central	0	Dec 22, 2020
Hoxton.SR12		Central	0	Jul 07, 2021
Hoxton.SR11		Central	0	Apr 22, 2021
Hoxton.SR10		Central	0	Feb 12, 2021
Hoxton.SR9		Central	0	Nov 09, 2020

图 1-9　Maven Repository 官网中包含的 Spring Cloud 2020.0.x 和 Spring Cloud 2021.0.x 版本信息

Spring Cloud 小版本号的说明见表 1-5。

表 1-5 Spring Cloud 小版本号的说明

小版本号	说明
SNAPSHOT	快照版本，不稳定，随时可能会被修改
M（MileStone）	里程碑版本，指按照进度计划推出的实现计划功能的版本。M1 指第一个里程碑版本
SR（ Service Release）	正式版本。SR1 指第一个正式版本
GA（Generally Available）	稳定版本

通常，生产环境需要选择 SR 或 GA 版本的 Spring Cloud。

在创建 Spring Boot+Spring Cloud 项目时，如果没有选择匹配的版本，项目将会报错，因此一定要注意。从 Spring 官网可以查看 Spring 官方给出的组件版本匹配关系，如图 1-10 所示，具体 URL 参见本书资源中的《本书涉及的在线资源和组件安装方法》文档。


```
{"git":{"branch":"b63fdb671d5422ead117d3f62cdbf1bc41bd41db","commit":{"id":"b63fdb6","time":"2022-12-13T20:20:17Z"}},"build":{"version":"0.0.1-
SNAPSHOT","artifact":"start-site","versions":{"spring-boot":"3.0.0","initializr":"0.20.0-SNAPSHOT"},"name":"start.spring.io website","time":"2022-12-
13T20:35:38.244Z","group":"io.spring.start"},"bom-ranges":{"codecentric-spring-boot-admin":{"2.4.3":"Spring Boot >=2.3.0.M1 and <2.5.0-M1","2.5.6":"Spring Boot
>=2.5.0.M1 and <2.6.0-M1","2.6.8":"Spring Boot >=2.6.0.M1 and <2.7.0-M1","2.7.4":"Spring Boot >=2.7.0.M1 and <3.0.0-M1","3.0.0-M4":"Spring Boot >=3.0.0-M1 and <3.1.0-
M1"},"solace-spring-boot":{"1.1.0":"Spring Boot >=2.3.0.M1 and <2.6.0-M1","1.2.2":"Spring Boot >=2.6.0.M1 and <3.0.0-M1"},"solace-spring-cloud":{"1.1.1":"Spring Boot
>=2.3.0.M1 and <2.4.0-M1","2.1.0":"Spring Boot >=2.4.0.M1 and <2.6.0-M1","2.3.2":"Spring Boot >=2.6.0.M1 and <3.0.0-M1"},"spring-cloud":{"Hoxton.SR12":"Spring Boot
>=2.2.0.RELEASE and <2.4.0.M1","2020.0.6":"Spring Boot >=2.4.0.M1 and <2.6.0-M1","2021.0.0-M1":"Spring Boot >=2.6.0-M1 and <2.6.0-M3","2021.0.0-M3":"Spring Boot
>=2.6.0-M3 and <2.6.0-RC1","2021.0.0-RC1":"Spring Boot >=2.6.0-RC1 and <2.6.1","2021.0.5":"Spring Boot >=2.6.1 and <3.0.0-M1","2022.0.0-M1":"Spring Boot >=3.0.0-M1
and <3.0.0-M2","2022.0.0-M2":"Spring Boot >=3.0.0-M2 and <3.0.0-M3","2022.0.0-M3":"Spring Boot >=3.0.0-M3 and <3.0.0-M4","2022.0.0-M4":"Spring Boot >=3.0.0-M4 and
<3.0.0-M5","2022.0.0-M5":"Spring Boot >=3.0.0-M5 and <3.0.0-RC1","2022.0.0-RC1":"Spring Boot >=3.0.0-RC1 and <3.0.0-RC2","2022.0.0-RC2":"Spring Boot >=3.0.0-RC2 and
<3.1.0-M1"},"spring-cloud-azure":{"4.5.0":"Spring Boot >=2.5.0.M1 and <3.0.0-M1","6.0.0-beta.4":"Spring Boot >=3.0.0-M1 and <3.1.0-M1"},"spring-cloud-gcp":
{"2.0.11":"Spring Boot >=2.4.0-M1 and <2.6.0-M1","3.4.0":"Spring Boot >=2.6.0-M1 and <3.0.0-M1"},"spring-cloud-services":{"2.3.0.RELEASE":"Spring Boot >=2.3.0.RELEASE
and <2.4.0-M1","2.4.1":"Spring Boot >=2.4.0-M1 and <2.5.0-M1","3.3.0":"Spring Boot >=2.5.0-M1 and <2.6.0-M1","3.4.0":"Spring Boot >=2.6.0-M1 and <2.7.0-
M1","3.5.0":"Spring Boot >=2.7.0-M1 and <3.0.0-M1"},"spring-shell":{"2.1.4":"Spring Boot >=2.7.0 and <3.0.0-M1","3.0.0-M3":"Spring Boot >=3.0.0-M1 and <3.1.0-
M1"},"vaadin":{"14.9.2":"Spring Boot >=2.1.0.RELEASE and <2.6.0-M1","23.2.11":"Spring Boot >=2.6.0-M1 and <2.7.0-M1","23.3.0":"Spring Boot >=2.7.0-M1 and <2.8.0-
M1"},"wavefront":{"2.0.2":"Spring Boot >=2.1.0.RELEASE and <2.4.0-M1","2.1.1":"Spring Boot >=2.4.0-M1 and <2.5.0-M1","2.2.2":"Spring Boot >=2.5.0-M1 and <2.7.0-
M1","2.3.1":"Spring Boot >=2.7.0-M1 and <3.0.0-M1"}},"dependency-ranges":{"native":{"0.9.0":"Spring Boot >=2.4.3 and <2.4.4","0.9.1":"Spring Boot >=2.4.4 and
<2.4.5","0.9.2":"Spring Boot >=2.4.5 and <2.5.0-M1","0.10.0":"Spring Boot >=2.5.0-M1 and <2.5.2","0.10.1":"Spring Boot >=2.5.2 and <2.5.3","0.10.2":"Spring Boot
>=2.5.3 and <2.5.4","0.10.3":"Spring Boot >=2.5.4 and <2.5.5","0.10.4":"Spring Boot >=2.5.5 and <2.5.6","0.10.5":"Spring Boot >=2.5.6 and <2.5.9","0.10.6":"Spring
Boot >=2.5.9 and <2.6.0-M1","0.11.0-M1":"Spring Boot >=2.6.0-M1 and <2.6.0-RC1","0.11.0-M2":"Spring Boot >=2.6.0-RC1 and <2.6.0","0.11.0-RC1":"Spring Boot >=2.6.0 and
<2.6.1","0.11.0":"Spring Boot >=2.6.1 and <2.6.2","0.11.1":"Spring Boot >=2.6.2 and <2.6.3","0.11.2":"Spring Boot >=2.6.3 and <2.6.4","0.11.3":"Spring Boot >=2.6.4
and <2.6.6","0.11.5":"Spring Boot >=2.6.6 and <2.7.0-M1","0.12.0":"Spring Boot >=2.7.0-M1 and <2.7.1","0.12.1":"Spring Boot >=2.7.1 and <3.0.0-M1"},"okta":
{"1.4.0":"Spring Boot >=2.2.0.RELEASE and <2.4.0-M1","1.5.1":"Spring Boot >=2.4.0-M1 and <2.4.1","2.0.1":"Spring Boot >=2.4.1 and <2.5.0-M1","2.1.6":"Spring Boot
>=2.5.0-M1 and <3.0.0-M1"},"mybatis":{"2.1.4":"Spring Boot >=2.1.0.RELEASE and <2.5.0-M1","2.2.2":"Spring Boot >=2.5.0-M1 and <2.7.0-M1","2.3.0":"Spring Boot >=2.7.0-
M1 and <3.0.0-M1","3.0.0":"Spring Boot >=3.0.0-M1"},"camel":{"3.5.0":"Spring Boot >=2.3.0.M1 and <2.4.0-M1","3.10.0":"Spring Boot >=2.4.0.M1 and <2.5.0-
M1","3.13.0":"Spring Boot >=2.5.0.M1 and <2.6.0-M1","3.17.0":"Spring Boot >=2.6.0.M1 and <2.7.0-M1","3.19.0":"Spring Boot >=2.7.0.M1 and <3.0.0-M1"},"picocli":
{"4.7.0":"Spring Boot >=2.5.0.RELEASE and <3.1.0-M1"},"open-service-broker":{"3.2.0":"Spring Boot >=2.3.0.M1 and <2.4.0-M1","3.3.1":"Spring Boot >=2.4.0-M1 and
<2.5.0-M1","3.4.1":"Spring Boot >=2.5.0-M1 and <2.6.0-M1","3.5.0":"Spring Boot >=2.6.0-M1 and <2.7.0-M1"}}}
```


图 1-10 Spring 官方给出的组件版本匹配关系

从图 1-10 可以看到，以 JSON 字符串的形式展示组件版本的匹配关系，其中 Spring Cloud 和 Spring Boot 的匹配信息如下。

```
"spring-cloud":{"Hoxton.SR12":"Spring Boot >=2.2.0.RELEASE and <2.4.0.M1",
"2020.0.6":"Spring Boot >=2.4.0.M1 and <2.6.0-M1",
"2021.0.0-M1":"Spring Boot >=2.6.0-M1 and <2.6.0-M3",
"2021.0.0-M3":"Spring Boot >=2.6.0-M3 and <2.6.0-RC1",
"2021.0.0-RC1":"Spring Boot >=2.6.0-RC1 and <2.6.1",
"2021.0.5":"Spring Boot >=2.6.1 and <3.0.0-M1",
"2022.0.0-M1":"Spring Boot >=3.0.0-M1 and <3.0.0-M2",
"2022.0.0-M2":"Spring Boot >=3.0.0-M2 and <3.0.0-M3",
"2022.0.0-M3":"Spring Boot >=3.0.0-M3 and <3.0.0-M4",
"2022.0.0-M4":"Spring Boot >=3.0.0-M4 and <3.0.0-M5",
"2022.0.0-M5":"Spring Boot >=3.0.0-M5 and <3.0.0-RC1",
"2022.0.0-RC1":"Spring Boot >=3.0.0-RC1 and <3.0.0-RC2",
"2022.0.0-RC2":"Spring Boot >=3.0.0-RC2 and <3.1.0-M1"}
```

1.3.4　Spring Cloud Alibaba 的版本

在编写本书时，Spring Cloud Alibaba 有两个经常使用的分支，即 2021.x 分支和 2.2.x 分支。访问 GitHub 网站中 Spring Cloud Alibaba 的版本说明页面可以查看 Spring Cloud Alibaba 与 Spring Cloud、Spring Boot 的版本匹配关系，如图 1-11 所示。具体 URL 参见本书资源中的《本书涉及的在线资源和组件安装方法》文档。

图 1-11　Spring Cloud Alibaba 与 Spring Cloud、Spring Boot 的版本匹配关系

由于 Spring Boot 2.4+和以下版本之间的区别较大，因此目前 Spring Cloud Alibaba 的企业级用户老项目相关 Spring Boot 版本仍停留在 Spring Boot 2.4 以下。为了同时满足存量用户和新用户的不同需求，Spring Cloud Alibaba 以 Spring Boot 2.4 为分界线，同时维护 2.2.x 和 2021.x 两个分支迭代，从而规避相关构建过程中的依赖冲突问题。图 1-11 所示的页面中给出了建议的 Spring Cloud Alibaba 2.2.x 与 Spring Cloud、Spring Boot 的版本匹配关系，这是考虑存量用户老项目代码的折中方案。新用户则可以选择更高版本之间的匹配，例如本书介绍的 youlai-mall 开源商城项目使用的 Spring Cloud Alibaba 与 Spring Cloud、Spring Boot 的版本匹配关系如下。

- Spring Cloud Alibaba：2021.1。
- Spring Cloud：2021.0.2。
- Spring Boot：2.7.0。

1.4　youlai-mall 开源商城项目简介

微服务架构应用涉及的组件和服务比较多，而且单纯的微服务项目只提供接口、

不包含界面,学习和理解起来并不直观。为了方便读者学习,同时提高实战能力,本书结合开源商城项目 youlai-mall 介绍基于 Spring Cloud Alibaba 开发微服务架构应用程序的方法。

youlai-mall 是基于 Spring Boot 2.7、Spring Cloud 2021、Spring Cloud Alibaba 2021、Vue 3、Element Plus、uni-app 等全栈主流技术构建的开源商城项目,涉及后端微服务、前端管理、微信小程序和 App 应用等多端的开发。

1.4.1 实例的系统架构

youlai-mall 开源商城项目的系统架构如图 1-12 所示。

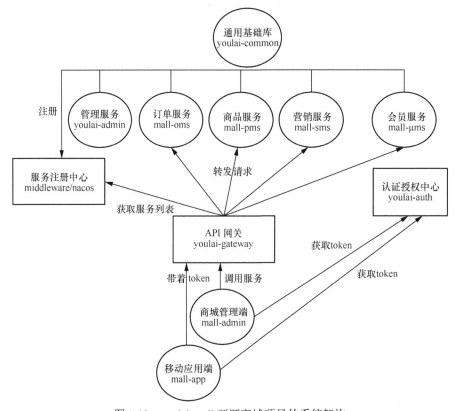

图 1-12 youlai-mall 开源商城项目的系统架构

1.4.2 youlai-mall 开源项目的子项目

可以在 Gitee 上查找到 youlai-mall 的后端微服务项目、商城管理端项目和移动应用端项目的源代码,具体 URL 参见本书资源中的《本书涉及的在线资源和组件安装方法》文档。

由于篇幅所限,本书只介绍后端微服务项目的代码和设计思路。

youlai-mall 项目经常会发布新版本,本书基于 youlai-mall 的 2.0.1 版本的后端微服务项目源代码进行解析,其在 Gitee 上的 URL 参见本书资源中的《本书涉及的在线资源和组件安装方法》文档。

本书的附赠源码包提供了 youlai-mall 后端微服务项目 2.0.1 版本的源代码，项目目录为 youlai-mall-v2.0.1。

youlai-mall-v2.0.1 是主项目，其中还包含一些子项目，如图 1-13 所示。

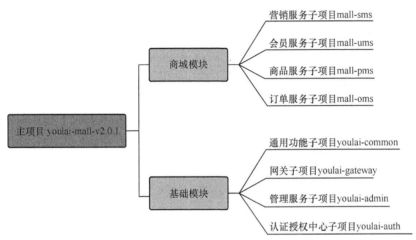

图 1-13　youlai-mall-v2.0.1 中的子项目

1.4.3　代码中项目层次关系的定义

在主项目 youlai-mall-v2.0.1 的 pom.xml 中以模块（module）的形式定义其中包含的子项目，代码如下。

```xml
<groupId>com.youlai</groupId>
<artifactId>youlai-mall</artifactId>
<version>2.0.1</version>
<packaging>pom</packaging>

<modules>
    <!-- 基础模块 -->
    <module>youlai-common</module>
    <module>youlai-gateway</module>
    <module>youlai-admin</module>
    <module>youlai-auth</module>

    <!-- 商城模块 -->
    <module>mall-sms</module>
    <module>mall-ums</module>
    <module>mall-pms</module>
    <module>mall-oms</module>

    <!-- 实验室模块(可忽略,无关业务的真实和模拟交互空间) -->
    <module>youlai-lab</module>
</modules>
```

代码定义了主项目的项目名（artifactId）为 youlai-mall。

在这些子项目的 pom.xml 也需要定义其父项目为 youlai-mall。例如，在项目 mall-oms 的 pom.xml 中定义父项目，代码如下。

```xml
<parent>
    <artifactId>youlai-mall</artifactId>
    <groupId>com.youlai</groupId>
    <version>2.0.1</version>
</parent>
```

1.4.4 实例的运行界面

本书重点介绍 youlai-mall 后端微服务项目的实现方法，但是微服务项目只提供接口，没有界面，不便于读者理解微服务实现的功能。出于读者学习的考虑，youlai-mall 开源项目提供了在线演示的功能。

商城管理端和移动应用端的演示地址参见本书资源中的《本书涉及的在线资源和组件安装方法》文档。

登录后的 youlai-mall 管理端首页如图 1-14 所示。

图 1-14　登录后的 youlai-mall 管理端首页

本书不关注前端项目的实现方法，但是前端项目的功能是通过调用微服务提供的接口实现的。

1.5 开发环境和测试环境

想要基于微服务架构开发 Web 应用程序，需要经过以下几个步骤。

① 微服务架构建设阶段：首先选择一个微服务框架（例如 Spring Cloud Alibaba），确定要使用的微服务框架组件。然后基于微服务框架开发自己的微服务架构应用程序。这属于一个 Web 平台的底层架构建设，也是本书介绍的主要内容。

② 服务开发阶段：根据具体应用将业务功能拆分成服务，然后由程序员开发服务的功能。此阶段取决于具体的应用需求，例如，youlai-mall 开源商城项目中的管理服务、商品服务、订单服务、营销服务等，属于上层应用开发过程。

③ 测试阶段：无论是微服务架构应用程序、Web 应用程序，还是实现业务逻辑的服务都是程序员开发的程序，都可能有 bug。在一个 Web 应用中，服务属于底层应用，负责给前端用户直接操作的上层应用提供接口，而微服务架构应用程序则是底层的底层，因此需要经过大量测试。

④ 上线运行阶段：首先，需要将微服务架构应用程序部署上线，但它并没有实现任何的业务功能，只是实现了一套完整的开发和运维的机制。然后每个实现具体业务功能的服务也需要部署到微服务架构中。近几年，DevOps 这个名词非常流行，它是 Development 和 Operations 的组合词，指在系统运营过程中开发人员和运维人员之间的密切协作。随着 Web 应用的规模越来越大，开发人员和运维人员之间的界限也越来越模糊。当线上应用程序出现问题时，经常有开发人员会说"这是运维人员的事情，程序已经做完了，不关我的事"；而运维人员也会抱怨"程序又不是我做的，我怎么知道该怎么配置"。事实上，很多问题需要开发人员和运维人员配合分析、协作解决。

本书的目标读者是对开发基于微服务架构的应用程序有兴趣的程序员。程序员首先要对自己开发的应用程序进行测试，然后在系统上线后，还要配合运维人员解决系统运行过程中遇到的问题。因此，本书读者需要了解 3 种工作环境，即开发环境、测试环境和生产环境，测试环境通常是生产环境的简化版。根据系统的规模和负载能力不同，生产环境需要考虑服务器集群、负载均衡等机制，而测试环境一般不需要那么复杂。

为了方便读者学习，本节介绍本书所基于的开发环境和测试环境。在阅读本书的过程中，会接触到开发环境和测试环境中使用的工具和软件。

1.5.1 开发环境

要开发 Spring Boot 应用程序，需要安装 JDK、Maven 和集成开发环境。本书内容基于 JDK 8、Maven 3.8.6 和 IntelliJ IDEA。由于篇幅所限，这里不介绍搭建开发环境的具体方法，请查阅相关资料理解。

1.5.2 测试环境

在团队开发中，测试环境是测试人员与开发人员共用的环境。Spring Cloud Alibaba 微服务应用程序通常部署在 Linux 操作系统上。本书的测试环境包括以下系统和软件。
- Oracle VirtualBox：一款开源虚拟机软件。虚拟机是通过软件模拟一个具有完整硬件系统功能的独立运行的计算机系统。

- Ubuntu：一个基于 Debian 的以桌面应用为主的 Linux 操作系统。本书的测试环境基于在 VirtualBox 虚拟机中安装的 Ubuntu 18.04 操作系统。
- WinSCP：从 Windows 宿主机向 Ubuntu 服务器上传文件的工具。
- MySQL：在 Ubuntu 虚拟机中安装 MySQL 数据库，用于存储微服务架构应用的数据。
- Navicat：很流行的图形化 MySQL 数据库管理工具。
- JDK：在 Ubuntu 虚拟机上部署和运行 Spring Boot+Spring Cloud Alibaba 微服务应用需要有 JDK 的支持。本书基于在 Ubuntu 虚拟机上安装 JDK 1.8 搭建测试环境。

第 2 章

服务注册中心 Nacos

微服务架构可以部署很多的服务程序，每个服务程序又可以部署多个实例，从而形成一个架构比较复杂的分布式系统。为了对服务进行统一的管理和定位，管理员需要搭建服务注册中心。每个服务都可以通过配置注册到服务注册中心。管理员可以在服务注册中心查看服务列表，并对服务进行状态监测。本章介绍使用 Spring Cloud Alibaba 搭建服务注册中心的方法。

2.1 概述

本节介绍服务注册中心的概念、主要功能，以及常用的服务注册中心，为使用 Spring Cloud Alibaba 搭建服务注册中心奠定基础。

2.1.1 什么是服务注册中心

顾名思义，服务注册中心可以提供微服务架构中服务注册的机制，从而实现分布式系统中服务的集中管理和监测。

1. 服务注册中心的基本工作原理

服务注册中心的基本工作原理如图 2-1 所示。

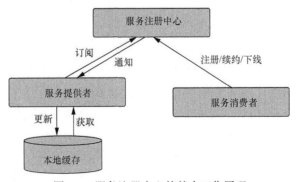

图 2-1 服务注册中心的基本工作原理

在服务的注册和调用过程中包含 3 个主体，即服务注册中心、服务提供者和服务消费者。这 3 个主体分别属于 2 个角色，即服务器和客户端。

服务注册中心是服务器，它负责接受客户端的注册，维护一个服务注册表，并接受客户端对注册表的查询。

服务提供者和服务消费者都属于客户端，它们都需要注册到服务器。服务消费者在远程调用服务提供者的接口前，需要从服务注册中心获取服务列表，从而得到接口的 URL。

2. 服务注册中心的基本功能

服务注册中心可以提供的基本功能有以下几个。

- 提供一组 API：常用的服务注册中心 API 见表 2-1。
- 保障服务的高可用性：为了防止服务由于硬件或软件等因素掉线，通常在生产环境中，每个服务都会部署多个实例，从而实现服务的高可用性。服务消费者无须了解每个服务实例的信息，因为它可以从服务注册中心获取到所有服务的列表，这是非常方便的。
- 服务健康检查：为了让服务注册中心及时了解自己的在线状态，服务提供者通常会定期向服务注册中心发送心跳包。如果超过时限没有收到心跳包，服务注册中心就会将相关的服务提供者从服务注册表中删除。服务注册中心也会主动检查服务的在线状态。
- 白名单机制：服务注册中心维护一个白名单，只有白名单中的服务消费者才能调用服务注册中心中的注册接口，从而防止未经授权调用接口，保障数据的安全。

表 2-1 常用的服务注册中心 API

API	功能描述
服务注册	服务提供者调用该接口实现服务注册功能，即将自己添加到服务注册中心的注册表中。注册信息通常包括服务提供者的服务 ID、IP 地址和端口号
服务注销	服务提供者调用该接口实现服务下线功能，即将自己从服务注册中心的注册表中删除
心跳检查	服务提供者调用该接口，向服务注册中心发送心跳包，上报自己的在线状态
服务查询	服务消费者调用该接口拉取服务列表信息
服务变更查询	当服务信息发生变更时，服务消费者调用该接口拉取最新服务信息

2.1.2 常用的服务注册中心

服务注册中心并不是 Spring Cloud 或 Spring Cloud Alibaba 所独有的。随着分布式系统的普及和推广，实现服务注册中心功能的框架很多，其中常用的服务注册中心包括 ZooKeeper、Eureka、Nacos、Consul 等。它们各具特色，可以根据实际需求进行技术选型。

1. ZooKeeper

ZooKeeper 是开源的分布式应用程序协调服务，是 Hadoop 和 Hbase 的重要组件。也就是说，ZooKeeper 并不是作为服务注册中心推出的。但是阿里巴巴公司推出的开源、高性能服务框架 Dubbo 通常使用 ZooKeeper 作为服务注册中心。

目前在实际应用中，将 ZooKeeper 作为微服务架构服务注册中心的情况并不常见。

2．Eureka

Eureka 是 Spring Cloud 官方发布的服务注册中心。它简单、轻量、便于使用，曾经广泛应用于微服务架构。但是，Eureka 已经进入维护模式。因此，现在选择其作为服务注册中心的情况并不多。另外，已经使用 Eureka 的应用还涉及重新选型的问题。

3．Nacos

Nacos 是 Spring Cloud Alibaba 官方发布的服务注册中心，用于实现动态服务发现、服务配置和服务管理。Nacos 可以实现开箱即用，也就是下载安装后可以直接启动运行。这一点比 Eureka 更加便捷，因为 Eureka 是一个开发组件，需要用户通过简单编码自己开发服务注册中心程序。

Eureka 进入维护模式后，Spring 官方推荐使用 Nacos 替代 Eureka。2.2 节将介绍使用 Nacos 作为服务注册中心的方法。

4．Consul

Consul 是 HashiCorp 公司推出的开源工具，用于实现分布式系统的服务发现和配置。它也是替代 Eureka 的备选方案之一。Consul 也支持配置中心，但是其页面并不支持中文，因此对于国内用户而言，使用起来并不方便。

2.2 使用 Nacos 作为服务注册中心

Nacos 是 Spring Cloud Alibaba 推出的服务注册中心。本书所有实例都使用 Nacos 作为服务注册中心。

2.2.1 Nacos 的作用

Nacos 管理的对象是服务，它几乎支持所有类型的服务，例如 Dubbo 服务、gRPC 服务、Spring Cloud RESTful 服务和 Kubernetes 服务等。本书只介绍开发和使用 Spring Cloud RESTful 服务的方法。

1．RESTful 服务

描述性状态迁移（REST）是一种流行的软件架构风格。因为中文名称比较拗口，所以直接使用英文简称。

软件架构风格通常指在开发系统中组件和接口遵循的一组设计规则。在开发 Web 服务时，REST 是非常关键的设计理念，指在一个没有状态的客户机/服务器架构应用中，Web 服务被视为资源，可以使用 URL 来标识 Web 服务。客户端应用通过调用一组远程方法来使用资源。对资源中方法的 REST 远程调用是基于 HTTP 的，通过 HTTP 方法实现和调用接口。支持 REST 设计理念的架构被称为 RESTful 架构，按照 REST 设计理念开发的服务被称为 RESTful 服务。2.3.1 小节将简单介绍开发 Spring Cloud RESTful 服务的方法。

常用的 HTTP 方法包括 GET 和 POST，具体描述如下。
- GET：用于从指定资源请求数据。GET 可以在 URL 中通过参数向资源提交少量数据，数据的具体长度取决于浏览器，但通常都小于 1MB。
- POST：用于向指定资源提交数据。POST 提交数据的长度可以在 Web 服务器上配置。在 Tomcat 中默认的 POST 数据长度为 2MB。

除了 GET 和 POST，还有两种 HTTP 方法：PUT 和 DELETE。这 4 种方法分别对应软件系统中的 CRUD 操作。CRUD 是 Create（新建）、Read（读取）、Update（更新）和 Delete（删除）的缩写。

因为在很多情况下，通过 HTTP 方法调用接口是用于实现数据库操作的，所以 HTTP 方法与 SQL 语句存在对应关系。HTTP 方法与 SQL 语句和 CRUD 操作的对应关系见表 2-2。

表 2-2　HTTP 方法与 SQL 语句和 CRUD 操作的对应关系

HTTP 方法	SQL 语句	CRUD 操作
POST	INSERT	Create
GET	SELECT	Read
PUT	UPDATE	Update
DELETE	DELETE	Delete
PATCH	UPDATE	Update

PATCH 是新引入的 HTTP 方法，它与 PUT 方法都对应 UPDATE 语句。PATCH 方法与 PUT 方法的区别在于，通常 PUT 方法用于更新表的全部字段值，而 PATCH 方法仅用于局部更新，即更新部分字段值。但是，这种约定并不是强制的，仅用于规范开发代码。

2．Nacos 的主要功能

Nacos 可以提供下面 4 个主要功能。
- 服务发现和服务健康检查：服务提供者程序可以非常简单地将自己注册到 Nacos。Nacos 可以提供实时的服务健康检查功能，以防止服务消费者访问到已经掉线的服务实例。
- 动态配置管理：Nacos 支持中心化地跨各种环境地对所有服务的配置进行动态管理。当配置更新时，无须重新部署应用程序，从而更高效、更灵活地修改配置信息。
- 动态 DNS 服务：Nacos 支持加权路由，更易于在生产环境下的数据中心实现中间层负载均衡、弹性路由策略、流量控制和简单的 DNS 解析服务。所谓"中间层负载均衡"指针对不暴露在网络上的中间层服务器的负载均衡。
- 服务和元数据管理：Nacos 提供一个易用的服务面板。用户可以通过服务面板对服务元数据和配置数据进行管理，对服务健康和性能指标进行统计。

本章只介绍 Nacos 服务注册和服务面板的基本功能，关于服务发现和 Nacos 配置中心的具体情况将在第 5 章中介绍。

2.2.2　安装和运行 Nacos

本小节介绍在 Ubuntu 服务器上安装和运行 Nacos 的方法。可以在 GitHub 上 Nacos

的版本发布页中找到最新稳定版本的 Nacos，具体 URL 参见本书资源中的《本书涉及的在线资源和组件安装方法》文档。

在编写本书时，Nacos 的最新稳定版本是 2.1.2。在下载页面中找到该版本的链接，如图 2-2 所示。

图 2-2　在下载页面中找到最新稳定版本的链接

下载 nacos-server-2.1.2.zip。下载完成后将其解压缩，得到 nacos 文件夹。打开命令窗口，执行以下命令启动 Nacos 服务。

```
cd nacos/bin
startup.cmd -m standalone
```

启动 Nacos 服务的过程如图 2-3 所示。

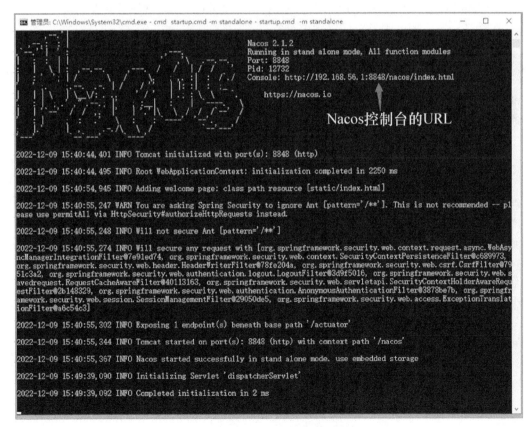

图 2-3　启动 Nacos 服务的过程

也可以将 nacos-server-2.1.2.zip 上传至 Ubuntu 服务器，然后执行以下命令将其解压缩。

```
unzip nacos-server-2.1.2.zip
```

在 Linux 环境下启动 Nacos 服务的命令如下。

```
cd nacos/bin
startup.sh -m standalone
```

Nacos 的默认监听端口号为 8848。启动过程打印了 Nacos 控制台的 URL。在浏览器中访问该 URL 可以打开 Nacos 控制台的登录页面，如图 2-4 所示。

图 2-4　Nacos 控制台的登录页面

默认的用户名和密码都是 nacos。登录后可以进入 Nacos 控制台页面。在左侧导航栏中选择"服务管理"→"服务列表"，可以查看当前注册到 Nacos 的服务列表，如图 2-5 所示。因为还没有注册的服务，所以列表为空。

图 2-5　Nacos 的服务列表

可以通过调用 Nacos Open API 的方式手动注册一个服务到 Nacos。注册服务实例的 API 请求路径如下。

```
/nacos/v1/ns/instance
```

启动 Nacos 服务后，打开一个新的命令窗口，执行以下命令即可在 Nacos 中注册一个名字为 demoService 的演示服务实例，服务实例的 IP 地址为 127.0.0.1，监听端口为 8080。

```
curl -X POST "http://127.0.0.1:8848/nacos/v1/ns/instance?serviceName=demoService&ip
=127.0.0.1&port =8080"
```

执行命令后，刷新 Nacos 服务列表，可以看到注册的服务实例 demoService，如图 2-6 所示。

图 2-6 手动注册的服务实例 demoService

单击操作栏中的"详情"，可以打开"服务详情"页面，如图 2-7 所示。因为是手动注册的服务实例，所以并没有元数据。

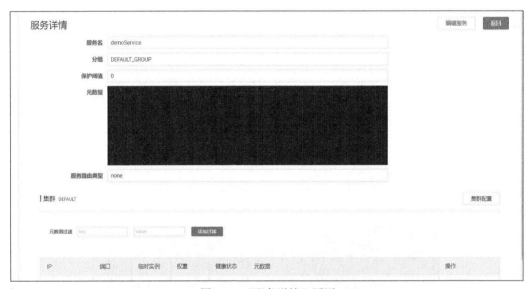

图 2-7 "服务详情"页面

通过调用 Nacos Open API 的方式手动注册的服务实例，不可能定期向 Nacos 发送心跳包表明自己在线，因此很快就会被标识为下线状态，从服务列表中消失。这里仅用于演示 Nacos 注册中心的基本功能。

2.3 注册服务实例

在 Spring Cloud Alibaba 微服务架构中，服务提供者程序只有注册到 Nacos 才能方便地被服务消费者发现和调用。

2.3.1 开发 Spring Cloud RESTful 服务

Spring Cloud RESTful 服务实质上就是使用 Spring Boot 开发的 MVC Web 应用程序，然后将其注册到服务注册中心，供服务消费者调用。本小节介绍在 Spring Boot 框架中开发 MVC Web 应用程序的方法。

1. MVC 开发模式

MVC 开发模式是一种比较经典的垂直架构，它将一个 Web 应用程序拆分为模型、视图和控制器 3 层，如图 2-8 所示。

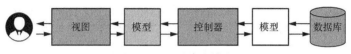

图 2-8　MVC 开发模式

模型、视图和控制器的具体作用如下。

- 模型：由一组实体类组成，负责定义数据结构。模型的结构取决于两个因素，即对应的数据库表的结构和用户界面中显示的数据内容。在很多情况下，这两个因素是一致的。但是有时候用户界面中显示的数据内容来自多个数据库表。
- 视图：对应用户可见的界面，也就是 HTML 页面。视图由前端程序员负责开发。
- 控制器：负责处理业务逻辑。一个经典的实现系统功能的应用场景就是控制器接收从视图传递过来的用户输入的数据，根据业务逻辑利用模型从数据库存取数据，然后把处理的结果返回给视图。

2. 创建项目

在 IDEA 的菜单中依次选择"File"→"New"→"Project"，打开"New Project"窗口，然后在左侧导航栏中选择"Spring Initializr"，如图 2-9 所示。

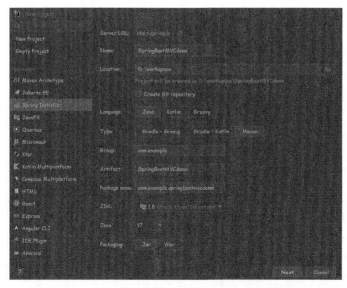

图 2-9　"New Project"窗口

参照以下内容进行填写，其他项目保持默认值即可。
- Name：SpringBootMVCdemo。
- Location：根据个人习惯设置。
- Language：Java。
- Type：Maven。
- JDK：1.8。

配置完成后，单击"Next"，进入设置 Spring Boot 版本和选择项目依赖的页面，如图 2-10 所示。这里暂时只选择 Spring Web。

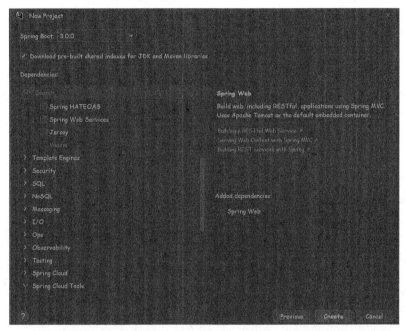

图 2-10　设置 Spring Boot 版本和选择项目依赖的页面

单击"Create"开始创建 Spring Boot 项目。

3．pom.xml 代码

基于 Spring Cloud Alibaba 开发 Spring Cloud RESTful 服务需要在 pom.xml 中引用下面的依赖。
- 使用 Spring Boot 进行 Web 开发的依赖。
- Spring Cloud 框架的相关依赖。
- Spring Cloud Alibaba 框架的相关依赖。

① 定义项目所使用的 JDK、Spring Boot、Spring Cloud 和 Spring Cloud Alibaba 的版本。

微服务架构在应用中涉及的组件很多，而且需要开发的服务不止一个。为了保证服务使用同一个框架，通常需要在所有项目的父项目的 pom.xml 中声明所使用的 JDK、Spring Boot、Spring Cloud 和 Spring Cloud Alibaba 的版本，具体代码如下。

```
<properties>
    <spring-boot.version>2.7.7</spring-boot.version>
```

```xml
<!-- spring cloud -->
<spring-cloud.version>2021.0.5</spring-cloud.version>
<spring-cloud-alibaba.version>2021.1</spring-cloud-alibaba.version>
<java.version>1.8</java.version>
</properties>
```

② 定义父项目。

为了保证微服务架构中所有相关项目使用同一版本的开发包和开发框架,通常需要创建一个父项目,并在其中定义版本信息。

因为这里只是一个独立的演示程序,所以使用 spring-boot-starter-parent 作为父项目,定义代码如下。

```xml
<parent>
    <groupId>org.springframework.boot</groupId>
    <artifactId>spring-boot-starter-parent</artifactId>
    <version>2.7.7</version>
    <relativePath/> <!-- lookup parent from repository -->
</parent>
```

这里指定实例项目使用的 Spring Boot 框架为 2.7.7。

③ 定义使用 Spring Boot 进行 Web 开发的依赖。

使用 Spring Boot 进行 Web 开发的依赖为 spring-boot-starter-web,其提供 Spring Web 开发的全栈支持,包括对 Tomcat 和 spring-webmvc 的支持。在 pom.xml 中引用 spring-boot-starter-web 的代码如下。

```xml
<dependency>
    <groupId>org.springframework.boot</groupId>
    <artifactId>spring-boot-starter-web</artifactId>
</dependency>
```

④ 引用 Spring Cloud 和 Spring Cloud Alibaba 的依赖。

Spring Cloud 和 Spring Cloud Alibaba 的相关依赖都在 dependencyManagement 元素中定义,代码如下。

```xml
<dependencyManagement>
    <dependencies>
        <!-- Spring Cloud 相关依赖  -->
        <dependency>
            <groupId>org.springframework.cloud</groupId>
            <artifactId>spring-cloud-dependencies</artifactId>
            <version>${spring-cloud.version}</version>
            <type>pom</type>
            <scope>import</scope>
        </dependency>
        <!-- Spring Cloud Alibaba 相关依赖  -->
        <dependency>
            <groupId>com.alibaba.cloud</groupId>
            <artifactId>spring-cloud-alibaba-dependencies</artifactId>
            <version>${spring-cloud-alibaba.version}</version>
            <type>pom</type>
            <scope>import</scope>
        </dependency>
```

```xml
        </dependencies>
    </dependencyManagement>
```

这里使用了前面定义的版本变量 spring-cloud.version 和 spring-cloud-alibaba.version。

⑤ 指定打包配置。

如果需要将项目打包，还需要在 build 元素中指定 maven 打包插件 spring-boot-maven-plugin 的版本，代码如下。

```xml
<build>
    <plugins>
        <plugin>
            <groupId>org.springframework.boot</groupId>
            <artifactId>spring-boot-maven-plugin</artifactId>
            <version>${spring-boot.version}</version>
        </plugin>
    </plugins>
</build>
```

这里使用了前面定义的版本变量 spring-boot.version。

4．启动类

本实例的启动类为 SpringBootMvCdemoApplication，代码如下。

```java
@SpringBootApplication
public class SpringBootMvCdemoApplication {

    public static void main(String[] args) {
        SpringApplication.run(SpringBootMvCdemoApplication.class, args);
    }

}
```

注解@SpringBootApplication 定义这是一个标准的 Spring Boot 应用程序。

5．Controller 编程

在 MVC 开发模型中，大多数业务逻辑都在控制器中实现。这里介绍一个简单的控制器编程实例。

在 SpringBootMVCdemo 项目中创建包 com.example.springbootmvcdemo.controllers，然后在其下面创建一个类 MvcController，代码如下。

```java
package com.example.springbootmvcdemo.controllers;
import org.springframework.stereotype.Controller;
import org.springframework.web.bind.annotation.RequestMapping;
import org.springframework.web.bind.annotation.RestController;
@RestController
@RequestMapping( "/mvc" )
public class MvcController {
    @RequestMapping("/hello")
    public String Hello(){
        return "hello";
    }
}
```

@RestController 注解用于定义提供 RESTful 接口的控制器类。@RequestMapping 注解用于将请求 URL 映射到类和方法上。通常访问网页的 URL 格式如下。

```
http://域名:端口号/子路径?参数1=值1&参数2=值2…
```
子路径是可以分级的，例如/a/b/c。在本实例中，访问以下URL可以映射到hello()方法。
```
http://域名:端口号/mvc/hello
```
在使用@RestController注解定义的控制器中，方法的返回值不对应视图，而是作为接口的返回值。

按"Shift+F10"组合键运行项目，然后打开浏览器，访问上面的URL，可以看到图2-11所示的页面。

图2-11 浏览本实例的页面

localhost代表本地计算机的域名。本实例配置Spring Boot应用程序的端口号为8080。mvc/hello是接口的URL路径。使用@RequestMapping注解可以定义URL路径。

6. 实现GET方法

在@RequestMapping注解中，可以指定调用RESTful接口的HTTP方法，具体如下。

```
@RequestMapping(value = "/ test ", method = RequestMethod.GET)
public String hello()
{
    return "Hello world!!";
}
```

method属性的默认值为RequestMethod.GET。本实例中的hello()方法实际上是以GET方法调用的。

也可以使用@GetMapping注解定义以GET方法调用接口，代码如下。

```
@GetMapping("/user")
public User user() {
    User u = new User();
    u.setAge(25);
    u.setName("超级管理员");
    u.setPassword("123456");
    u.setUsername("admin");
    return u;
}
```

7. 实现POST方法

在@RequestMapping注解中，将method属性的值指定为RequestMethod.POST，即标识必须以POST方法调用该接口。可以在接口中使用POJO对象接收提交过来的数据。例如，定义一个代表用户的User类，代码如下。

```
public class User {
    /** 用户名 */
    private String username;
    /** 密码 */
    private String password;
```

```
    /** 姓名 */
    private String name;
    /** 年龄 */
    private int age;
    // 由于篇幅所限，省略掉 getter 和 setter 方法
    …
}
```

定义一个保存用户信息的方法，代码如下。

```
@RequestMapping(value = "/save", method = RequestMethod.POST)
public String save(User user)
{
    // 将 user 保存到数据库
    …
}
```

也可以使用@PostMapping 注解声明以 POST 方法调用接口，代码如下。

```
@PostMapping("/save")
public String save(User user)
{
    // 将 user 保存到数据库
    …
}
```

在前端应用中，可以以 JSON 字符串为参数调用 save()方法。

8. 实现 PUT 方法

在协议规范中，PUT 方法用于完成 INSERT 语句的提交。但是在实际应用中，PUT 方法和 POST 方法很难区分，因为添加数据和编辑数据经常使用同一个页面，提交数据时不一定知道应该插入数据还是修改数据，所以很多时候都是统一使用 POST 方法来提交数据。但在确定的情况下，可以使用 PUT 方法完成 INSERT 操作，代码如下。

```
@RequestMapping(value = "/insert", method = RequestMethod.Put)
public String insert(@RequestBody User user)
{
    // 将 user 插入数据库
    …
}
```

也可以使用@PutMapping 注解声明以 PUT 方法调用接口，代码如下。

```
@PutMapping("value = /insert")
public String insert(@RequestBody User user)
{
    // 将 user 插入数据库
    …
}
```

9. 实现 DELETE 方法

使用 RequestMethod.DELETE 可以指定实现 DELETE 方法，代码如下。

```
@RequestMapping(value = "/ delete", method = RequestMethod.DELETE)
public String delete(String username)
{
    // 根据用户名 username 删除用户
```

```
    …
}
```

也可以使用@DeleteMapping注解声明以DELETE方法调用接口，代码如下。

```
@DeleteMapping("/delete")
public String delete(String username)
{
    // 根据用户名username删除用户数据
    …
}
```

10．实现PATCH方法

使用RequestMethod.PATCH可以指定实现PATCH方法，代码如下。

```
@RequestMapping(value = "/updatestatus", method = RequestMethod.PATCH)
public String updatestatus(int user_id,int state)
{
    // 根据用户id更新用户状态
    …
}
```

也可以使用@PatchMapping注解声明以PATCH方法调用接口，代码如下。

```
@PatchMapping("/updatestatus ")
public String updatestatus(int user_id,int state)
{
    // 根据用户id更新用户状态
    …
}
```

11．MvcController中的其他方法

在本实例中，MvcController只包含一个GET方法hello()。为了在后面章节中演示各种调用接口的方法，在MvcController添加以下代码。

```
    @PostMapping("/save")
    public String save(User user)
    {
        return "Post User: "+ user.getName()+", age: "+ user.getAge();
        // 将user保存到数据库
    }

@PutMapping("value = /insert")
public String insert(@RequestBody User user)
{
    return "Put User: "+ user.getName()+", age: "+ user.getAge(); // 将user插入数据库
}
    @DeleteMapping("/delete")
    public String delete(String username)
    {
        return "Delete User: "+ username;    // 根据用户名username删除用户数据
    }

    @PatchMapping("/updatestatus")
```

```
public String updatestatus(int user_id,int state)
{
    return "Patch user_id: "+ user_id+", state:"+state;   // 根据用户id更新用户状态
}
```

2.3.2 注册到 Nacos

Spring Cloud 服务提供者注册服务实例到 Nacos 的流程如图 2-12 所示。

图 2-12 注册服务实例到 Nacos 的流程

1. 在 pom.xml 中添加 Nacos 服务发现的依赖

在 pom.xml 中添加 Nacos 服务发现依赖的代码如下。

```xml
<!-- Nacos 服务发现 -->
<dependency>
    <groupId>com.alibaba.cloud</groupId>
    <artifactId>spring-cloud-starter-alibaba-nacos-discovery</artifactId>
</dependency>
```

2. 在启动类上添加@EnableDiscoveryClient 注解

@EnableDiscoveryClient 注解的作用是将服务实例的基本信息暴露给服务消费者,基本信息包括 IP 地址、端口号和服务名称。例如,在 SpringBootMVCdemo 项目的启动类上添加@EnableDiscoveryClient 注解的代码如下。

```
package com.example.springbootmvcdemo;
import org.springframework.boot.SpringApplication;
import org.springframework.boot.autoconfigure.SpringBootApplication;
import org.springframework.cloud.client.discovery.EnableDiscoveryClient;
@EnableDiscoveryClient
@SpringBootApplication
public class SpringBootMvCdemoApplication {
    public static void main(String[] args) {
        SpringApplication.run(SpringBootMvCdemoApplication.class, args);
    }
}
```

3. 在配置文件中设置 Nacos 服务的地址

在 application.yml 中添加以下代码。

```
server:
  port: 8080 # 端口号
spring:
  application:
    name: SpringBootMVCdemo # 应用名(服务名)
  cloud:
    nacos:
      server-addr: 127.0.0.1:8848 # Nacos 服务的地址
```

在团队开发环境中，可以将 127.0.0.1 替换为测试服务器的 IP 地址；在生产环境中，可以将 127.0.0.1 替换为 Nacos 服务器的 IP 地址。

Spring Cloud 服务提供者程序必须指定应用名（服务名）和端口号，否则无法成功注册到 Nacos。

启动 Nacos 服务后，运行项目 SpringBootMVCdemo，在 Console 窗格的输出日志中可以看到成功注册到 Nacos 的信息，如图 2-13 所示。

图 2-13　成功注册到 Nacos 的信息

刷新 Nacos 服务列表页面，可以看到服务实例 SpringBootMVCdemo，如图 2-14 所示。

图 2-14　Nacos 服务列表页面出现服务实例 SpringBootMVCdemo

2.4　youlai-mall 中的服务提供者程序解析

开源项目 youlai-mall 包含管理服务、订单服务、商品服务、营销服务和会员服务共 5 个服务提供者项目。本节介绍 youlai-mall 中设计和开发服务提供者程序的方法。

2.4.1　youlai-mall 中服务项目的层次结构

youlai-mall 的主项目是 youlai-mall-master-v2.0.1，其包含管理服务、订单服务、商品服务、营销服务和会员服务共 5 个子项目。子项目又包含相关业务的模块，如服务提供者项目和服务消费者项目。youlai-mall 中服务项目的层次结构如图 2-15 所示。

图 2-15　youlai-mall 中服务项目的层次结构

在每个项目的 pom.xml 中定义项目直接的层次关系。1.4.2 小节已经介绍了主项目与子项目之间定义层次关系的代码。下面介绍子项目与服务消费者项目、服务提供者项目之间的层次关系代码。例如，在管理服务项目 youlai-admin 的 pom.xml 中定义模块的代码如下。

```xml
<artifactId>youlai-admin</artifactId>
    <packaging>pom</packaging>
    <modules>
        <module>admin-api</module>
        <module>admin-boot</module>
    </modules>
```

代码定义了其自身项目名为 youlai-admin，其中包含两个模块，即 admin-api 和 admin-boot。admin-boot 的 pom.xml 定义了 youlai-admin 为其父项目，代码如下。

```xml
<parent>
    <artifactId>youlai-admin</artifactId>
    <groupId>com.youlai</groupId>
    <version>2.0.1</version>
</parent>
```

由于篇幅所限，本小节不可能逐一介绍每个服务提供者项目中每个接口的实现代码。但是，在学习和了解微服务架构应用程序的过程中，除了学习相关编程技术外，下面两点也是非常重要的。

① 了解微服务架构的设计思想，也就是如何根据业务需求拆分服务提供者、每个服务提供者具体实现哪些接口。

② 如何规范地组织包含众多服务功能项目的项目结构，包括项目之间的层次关系和项目内部的程序结构。

开发服务提供者项目所使用的技术大同小异，但是通过了解其中控制器和接口的设计既可以体验微服务架构应用程序的设计思想，又可以了解经典的电商平台实现过程。因此，接下来只以管理服务提供者项目和订单服务提供者项目为例介绍其中的部分代码。

2.4.2 管理服务提供者项目

管理服务提供者项目 admin-boot 主要为商城管理端提供系统管理的相关接口，而商城管理端涉及权限管理，因此，admin-boot 包含的控制器程序比较多，提供的接口也比较多，是比较复杂的服务提供者项目。

1. 应用程序配置文件

项目 admin-boot 包含以下 4 个应用程序配置文件。

- bootstrap.yml：主配置文件。
- bootstrap-dev.yml：开发环境配置文件。
- bootstrap-k8s.yml：Kubernetes 环境配置文件。
- bootstrap-prod.yml：生产环境配置文件。

bootstrap.yml 的代码如下。

```
spring:
  application:
    name: youlai-admin
```

```yaml
profiles:
  active: dev
```

其中定义了应用程序名（服务名）为 youlai-admin。因为是在主配置文件中定义的，所以在各种环境中该服务的名字都是 youlai-admin。

配置项 spring.profiles.active 的值为 dev，即默认使用 bootstrap-dev.yml 中的配置。如果想从开发环境切换到生产环境，只需要将 spring.profiles.active 设置为 prod 即可。

在 bootstrap-dev.yml 中定义 Nacos 注册中心的代码如下。

```yaml
spring:
  cloud:
    nacos:
      # 注册中心
      discovery:
        server-addr: http://localhost:8848
```

在开发环境中使用本地 Nacos 服务。

项目 admin-boot 使用 Nacos 作为配置中心，在 bootstrap-dev.yml 中定义 Nacos 配置中心的代码如下。

```yaml
spring:
  cloud:
    nacos:
      # 配置中心
      config:
        server-addr: http://c.youlai.tech:8848
        file-extension: yaml
```

关于 Nacos 配置中心的具体情况将在第 5 章介绍。

bootstrap-dev.yml 还定义了使用的共享配置文件为 youlai-common.yaml，代码如下。

```yaml
spring:
  cloud:
    nacos:
      # 配置中心
      config:
        shared-configs[0]:
          data-id: youlai-common.yaml
          refresh: true
```

youlai-mall-v2.0.1 项目默认的 Nacos 配置中心数据保存为 youlai-mall-v2.0.1\docs\nacos\DEFAULT_GROUP.zip，将其解压缩后可以得到本项目各组件模块的配置文件。第 5 章将介绍将其导入 Nacos 配置中心并在项目中使用的方法。

解压缩后得到的 youlai-common.yaml 是 youlai-mall-v2.0.1 项目中所有模块使用的共享配置文件，其中定义了项目使用的 Redis、MySQL、RabbitMQ、Seata 和 Sentinel 等组件的相关参数。在各模块中对相关组件进行配置时可以使用这些参数。

admin-boot 使用的配置文件为解压缩后得到的 youlai-admin.yaml，其中对模块使用的 MySQL、RabbitMQ、Seata 和 Sentinel 等组件进行了配置。与路由配置相关的配置代码如下。

```yaml
spring:
  datasource:
```

```yaml
    type: com.alibaba.druid.pool.DruidDataSource
    driver-class-name: com.mysql.cj.jdbc.Driver
    url: jdbc:mysql://${mysql.host}:${mysql.port}/youlai?zeroDateTimeBehavior=convertToNull&useUnicode=true&characterEncoding=UTF-8&serverTimezone=Asia/Shanghai&autoReconnect=true
    username: ${mysql.username}
    password: ${mysql.password}
  redis:
    database: 0
    host: ${redis.host}
    port: ${redis.port}
    password: ${redis.password}
    lettuce:
      pool:
        min-idle: 1
# RabbitMQ 配置
  rabbitmq:
    host: ${rabbitmq.host}
    port: ${rabbitmq.port}
    username: ${rabbitmq.username}
    password: ${rabbitmq.password}
    # 动态创建队列、交换机和绑定关系的配置
    modules:
      - routing-key: canal.routing.key
        queue:
          name: canal.queue
        exchange:
          name: canal.exchange
  elasticsearch:
    rest:
      uris: ["http://d.youlai.tech:9200"]
      cluster-nodes:
        - d.youlai.tech:9200
  cache:
    # 缓存类型：none(不使用缓存)
    type: none
    # 缓存时间（单位：ms）
    redis:
      time-to-live: 3600000
      # 缓存 null 值，防止缓存穿透
      cache-null-values: true
      # 允许使用缓存前缀
      use-key-prefix: true
      # 缓存前缀，没有设置使用注解的缓存名称（value）作为前缀，和注解的 key 用双冒号::拼接组成完整缓存 key
      key-prefix: 'admin:'
```

配置使用了共享配置文件 youlai-common.yaml 中定义的参数。

2．控制器程序的基本功能

项目 admin-boot 中包含以下 6 个控制器程序。

- SysDeptController:提供部门相关接口。
- SysDictItemController:提供字典数据相关接口。
- SysDictTypeController:提供字典类型相关接口。
- SysMenuController:提供菜单相关接口。
- SysRoleController:提供角色相关接口。
- SysUserController:提供管理端用户相关接口。

3. 控制器 SysDeptController 中的接口

控制器 SysDeptController 实现了以下接口。

- listDepartments:根据查询条件返回部门分页列表。
- listDeptOptions:获取部门下拉选项。
- getDeptForm:获取部门详情。
- saveDept:新增部门。
- updateDept:修改部门。
- deleteDepartments:删除部门。

(1) listDepartments 接口

listDepartments 接口的代码如下。

```
@ApiOperation(value = "获取部门列表")
    @GetMapping
    public Result<List<DeptVO>> listDepartments(DeptQuery queryParams) {
        List<DeptVO> list = deptService.listDepartments(queryParams);
        return Result.success(list);
    }
```

deptService 是部门服务类 SysDeptService 对象,用于通过调用 Mapper 类对部门表进行操作。DeptVO 是 Java POJO 类,用于封装部门表的基本信息。类 DeptQuery 用于实现部门分页查询,具体定义可以参照源代码理解。

@ApiOperation 是 Swagger 用于构建项目文档的注解。

com.youlai.common.result.Result 是全局统一的接口响应结构体,在项目 youlai-common 中定义,其中包含响应消息的编码、消息文本和消息数据等字段。这是很标准、规范的接口响应处理方法,可以在开发中借鉴、参考。

(2) getDeptForm 接口

getDeptForm 接口的代码如下。

```
@ApiOperation(value = "获取部门详情")
    @GetMapping("/{deptId}/form")
    public Result<DeptForm> getDeptForm(
            @ApiParam("部门ID") @PathVariable Long deptId
    ) {
        DeptForm deptForm = deptService.getDeptForm(deptId);
        return Result.success(deptForm);
    }
```

参数 deptId 指定获取详情的部门 ID。程序调用 deptService.getDeptForm 获取并返回对应的部门数据。

（3）saveDept 接口

saveDept 接口的代码如下。

```
@ApiOperation(value = "新增部门")
    @PostMapping
    public Result saveDept(
            @Valid @RequestBody DeptForm formData
    ) {
        Long id = deptService.saveDept(formData);
        return Result.success(id);
    }
```

程序调用 deptService.saveDept()方法向部门表中插入数据，并返回新增记录的 ID 值。这是经典的 POST 方法接口。

（4）updateDept 接口

updateDept 接口的代码如下。

```
@ApiOperation(value = "修改部门")
    @PutMapping(value = "/{deptId}")
    public Result updateDept(
            @PathVariable Long deptId,
            @Valid @RequestBody DeptForm formData
    ) {
        deptId = deptService.updateDept(deptId, formData);
        return Result.success(deptId);
    }
```

程序调用 deptService. updateDept ()方法更新部门表中的数据，并返回记录的 ID 值。这是经典的 PUT 方法接口。

（5）deleteDepartments 接口

deleteDepartments 接口的代码如下。

```
@ApiOperation(value = "删除部门")
    @DeleteMapping("/{ids}")
    public Result deleteDepartments(
            @ApiParam("部门ID，多个以英文逗号(,)分割") @PathVariable("ids") String ids
    ) {
        boolean result = deptService.deleteByIds(ids);
        return Result.judge(result);
    }
```

程序调用 deptService. deleteByIds ()方法批量删除部门表中的数据，并返回操作的结果（true 或 false）。这是经典的 DELETE 方法接口。

@ApiParam 是 Swagger 注解，用于指定 REST 接口参数的说明文档。

Result.judge()方法用于根据操作结果 result 生成接口返回的消息体数据。

4．控制器 SysDictItemController 中的接口

控制器 SysDictItemController 中的接口与 SysDeptController 中的接口类似，实现关于字典数据的常规增、删、改、查功能。这里不具体列举其中的接口，请参照源代码理解。

5. 控制器 SysDictTypeController 中的接口

控制器 SysDictTypeController 中的接口也与 SysDeptController 中的接口类似，实现关于字典类型数据的常规增、删、改、查功能。这里同样不具体列举其中的接口，但是除了根据 ID 查询记录的接口外，还有一个根据字典类型编码查询记录的接口 listDictItemsByTypeCode。

6. 控制器 SysMenuController 中的接口

控制器 SysMenuController 实现了以下接口。

- listResources：获取所有资源列表。资源指菜单及其对应权限的数据。该接口为管理端权限管理功能提供数据。
- listMenus：根据条件获取菜单列表。
- listMenuOptions：获取菜单下拉选项。
- listRoutes：获取路由列表。路由列表指资源（菜单+权限）树形列表。管理端页面的导航栏会调用该接口获取数据，并根据当前用户的权限展示菜单列表。
- detail：获取菜单详情。
- addMenu：新增菜单。
- updateMenu：修改菜单。
- deleteMenus：删除菜单。
- updateMenuVisible：修改菜单显示状态。

因为管理端权限管理是针对菜单的权限控制，所以 SysMenuController 包含多个获取菜单数据的接口，用于在不同应用场景下展示菜单数据。

管理端的很多页面都展示菜单，为了不影响页面的加载速度，SysMenuController 引入缓存机制，即 listRoutes 接口调用 SysMenuServiceImpl.listRoutes()方法从数据库中加载菜单及其权限数据，并使用@Cacheable 注解将数据保存在缓存中。SysMenuServiceImpl.listRoutes()方法的代码如下。

```
@Override
@Cacheable(cacheNames = "system", key = "'routes'")
public List<RouteVO> listRoutes() {
    List<RouteBO> menuList = this.baseMapper.listRoutes();
    List<RouteVO> routeList = recurRoutes(SystemConstants.ROOT_NODE_ID, menuList);
    return routeList;
}
```

@Cacheable 注解指定将菜单路由数据保存在缓存 system 中名为 routes 的键中。

在 SysMenuController 的 addMenu、updateMenu 和 deleteMenus 等接口中可以使用 @CacheEvict 注解清除菜单路由缓存数据，因为在新增、修改和删除菜单后，之前加载的缓存数据已经失效。例如，addMenu 接口的代码如下。

```
@ApiOperation(value = "新增菜单")
    @PostMapping
    @CacheEvict(cacheNames = "system", key = "'routes'")
    public Result addMenu(@RequestBody SysMenu menu) {
        boolean result = menuService.saveMenu(menu);
        return Result.judge(result);
    }
```

这里不展开讨论 Spring 的缓存机制，有兴趣的读者可以查阅相关资料了解。在提供高频数据的接口中引入缓存机制是通用的处理方法。

7. 控制器 SysRoleController 中的接口

除了提供常规的增、删、改、查功能的接口外，控制器 SysRoleController 还提供了下面几个与权限有关的接口。

- updateRoleStatus：修改角色状态。角色状态的可选值包括 0 和 1，0 代表禁用，1 代表启用。
- getRoleMenuIds：获取角色有权限的菜单 ID 集合。
- updateRoleMenus：更新角色的资源权限。

大多数管理端系统都是针对角色进行授权的，因此 SysRoleController 的设计思路是具有借鉴意义的。

8. 控制器 SysUserController 中的接口

除了提供管理员对用户数据进行常规的增、删、改、查操作的接口外，SysUserController 还提供了以下与当前登录用户有关的接口。

- updatePassword：修改用户密码。
- getLoginUserInfo：获取登录用户信息。
- getUserAuthInfo：根据用户名获取认证信息。认证信息包括用户密码、用户状态、用户的角色和拥有的权限等。

SysUserController 操作的用户不是前台的会员用户，而是管理端的用户。与会员用户不同的是，管理端用户通常不需要注册，而是由超级管理员统一添加的。因此 SysUserController 还提供了以下与用户数据导入/导出相关的接口。

- downloadTemplate：下载用户导入模板。
- importUsers：导入用户。
- exportUsers：导出用户。

updatePassword 接口使用@PatchMapping 指定本接口用于实现部分更新功能，这里只更新密码字段，代码如下。

```
@ApiOperation(value = "修改用户密码")
@PatchMapping(value = "/{userId}/password")
public Result updatePassword(
        @ApiParam("用户ID") @PathVariable Long userId,
        @RequestParam String password
) {
    boolean result = userService.updatePassword(userId, password);
    return Result.judge(result);
}
```

SysUserController 还通过@PreAuthorize 注解实现了接口的权限控制。顾名思义，@PreAuthorize 注解实现进入方法前的权限验证。@PreAuthorize 注解指定其应用的方法所需要的权限表达式。调用该方法会将当前登录用户的角色所拥有的权限与所需权限进行对比，判断是否允许其调用该接口。SysUserController 中的@PreAuthorize 注解的应用情况见表 2-3。

表 2-3　SysUserController 中的 @PreAuthorize 注解的应用情况

方法	对应的权限表达式
saveUser()	sys:user:add
updateUser()	sys:user:edit
deleteUsers()	sys:user:del

每个方法对应的权限表达式存储在菜单表 sysmenu 的 perm 字段中。

这里以 saveUser() 方法为例进行介绍，代码如下。

```
@ApiOperation(value = "新增用户")
    @PostMapping
    @PreAuthorize("@pms.hasPermission('sys:user:add')")
    public Result saveUser(
            @Validate @RequestBody UserForm userForm
    ) {
        boolean result = userService.saveUser(userForm);
        return Result.judge(result);
    }
```

@pms 是 com.youlai.common.security.service.PermissionService 类的别名。@PreAuthorize 注解中指定的权限表达式实际上是 Redis 存储的权限数据。将每个登录用户的权限数据存储到 Redis 是应用层在用户登录时实现的功能。

com.youlai.common.security.service.PermissionService 类在项目 youlai-common 中定义，用于基于 Spring Security 组件实现自定义权限校验，代码如下。

```
@Service("pms")
@RequiredArgsConstructor
public class PermissionService {
    private final RedisTemplate redisTemplate;
    public boolean hasPermission(String perm) {
        if (StrUtil.isBlank(perm)) {
            return false;
        }
        if (SecurityUtils.isRoot()) {
            return true;
        }
        Long userId = SecurityUtils.getUserId();

        Set<String> perms = (Set<String>) redisTemplate.opsForValue().get("AUTH:USER_PERMS:" + userId);
        if (CollectionUtil.isEmpty(perms)) {
            return false;
        }
        return perms.stream().anyMatch(item -> PatternMatchUtils.simpleMatch(perm, item));
    }
}
```

这里使用 Redis 存储用户的权限数据。

2.4.3 订单服务提供者项目

项目 youlai-mall-v2.0.1 中的订单服务提供者项目为 oms-boot。
1. 应用程序配置文件
与项目 admin-boot 一样，项目 oms-boot 包含 4 个应用程序配置文件。bootstrap.yml 为主配置文件，其代码如下。

```yaml
spring:
  application:
    name: mall-oms
  profiles:
    active: dev
```

其中定义了应用程序名（服务名）为 mall-oms。配置项 spring.profiles.active 的值为 dev，即默认使用 bootstrap-dev.yml 中的配置。在 bootstrap-dev.yml 中定义 Nacos 注册中心和配置中心的代码如下。

```yaml
spring:
  cloud:
    nacos:
      # 注册中心
      discovery:
        server-addr: http://localhost:8848
      # 配置中心
      config:
        server-addr: http://c.youlai.tech:8848
        file-extension: yaml
```

bootstrap-dev.yml 还定义了使用的共享配置文件，代码如下。

```yaml
spring:
  cloud:
    nacos:
      # 配置中心
      config:
        shared-configs[0]:
          data-id: youlai-common.yaml
          refresh: true
```

将默认的配置文件包 DEFAULT_GROUP.zip 解压缩，得到的 mall-oms.yaml 即为 oms-boot 的配置文件，其中对模块使用的 MySQL、RabbitMQ、Redis、Seata 和 OpenFeign 等组件进行了配置，主要的配置代码如下。

```yaml
spring:
  datasource:
    type: com.alibaba.druid.pool.DruidDataSource
    driver-class-name: com.mysql.cj.jdbc.Driver
    url: jdbc:mysql://${mysql.host}:${mysql.port}/mall_oms?zeroDateTimeBehavior=convertToNull&useUnicode=true&characterEncoding=UTF-8&serverTimezone=Asia/Shanghai&autoReconnect=true
    username: ${mysql.username}
    password: ${mysql.password}
```

```yaml
# RabbitMQ 配置
rabbitmq:
…
# Redis 配置
redis:
  database: 0
  host: ${redis.host}
  port: ${redis.port}
  password: ${redis.password}
  lettuce:
    pool:
      min-idle: 1
# Mybatis-plus
mybatis-plus:
…

# Seata 分布式事务配置
…
# OpenFeign 配置
…
```

配置使用了共享配置文件 youlai-common.yaml 中定义的参数。

本书不展开介绍分布式事务解决方案 Seata 的具体情况。

OpenFeign 是 Spring Cloud 框架中调用 RESTful 接口的组件，具体情况将在第 3 章中介绍。

2．oms-boot 中的接口

订单服务提供者项目 oms-boot 包含下面两类接口。

- 为管理端提供的接口：位于 com.youlai.mall.oms.controller.admin 包下，只有 OmsOrderController 一个控制器。
- 为前台应用端提供的接口：位于 com.youlai.mall.oms.controller.app 包下，其中包含 OmsOrderController、CartController、OrderController 和 WxPayCallbackController 这 4 个控制器。下面只以控制器 OmsOrderController 为例介绍 youlai-mall 项目中控制器的设计方法。

控制器 OmsOrderController 用于为管理端提供订单管理的接口，具体见表 2-4。

表 2-4 控制器 OmsOrderController 中的接口

接口	功能描述
listOrderPages	根据查询条件获取订单分页列表
getOrderInfo	获取订单信息，订单信息中包含订单编号和订单状态数据
payOrder	订单支付。这是一个实验室接口，并非商城的业务接口。因为该接口仅从用户的账户余额中扣减订单金额，仅用于在管理端更新订单状态为"已支付"
resetOrder	订单重置。这也是一个实验室接口，用于在管理端更新订单状态为"待支付"

第 3 章

开发服务消费者程序

在微服务架构中,服务消费者程序的主要功能是调用服务提供者程序中的接口。调用接口所使用的技术就是普通的 Web 访问,通过常用的 HTTP 方法即可实现。但是在微服务架构中,每个服务可能会部署多个实例,如何相对均衡地调用不同的服务实例是需要考虑的技术点。在 Spring Cloud Alibaba 中,通过 Spring Cloud Loadbalancer 组件和 OpenFeign 组件可以实现接口调用的负载均衡。

3.1 从客户端调用 Web 服务

服务消费者程序实际上实现了从客户端调用 Web 服务的功能。在开发过程中,通常首先通过 Apipost 等工具调用 Web 服务开放的接口,以测试 Web 服务的功能和状态;然后再开发服务消费者程序,在程序中调用接口。

3.1.1 使用 Apipost 工具调用 Web 服务

Apipost 是一款流行的中文接口测试工具,可以用来测试 Web 服务的功能和状态。

1. 下载并安装 Apipost

可以在 Apipost 官网下载 Apipost,具体 URL 参见本书资源中的《本书涉及的在线资源和组件安装方法》文档。

下载并运行安装程序,根据提示完成安装。运行 Apipost,打开 Apipost 窗口,如图 3-1 所示。

单击窗口左上角的"新建",打开"新建项目"对话框,如图 3-2 所示。

单击"接口",可以打开调用接口的界面,如图 3-3 所示。

启动 Nacos,然后运行 SpringBootMVCdemo 项目。打开 Apipost,参照以下步骤操作 Apipost,一方面熟悉 Apipost 工具的使用方法,另一方面测试 SpringBootMVCdemo 项目提供的接口。

图 3-1 Apipost 窗口

图 3-2 "新建项目"对话框

图 3-3 调用接口的界面

2. 调用 GET 接口

在请求方法的下拉框中选择"GET",在接口地址框中输入以下 URL。

```
127.0.0.1:8080/mvc/hello
```

单击"发送",窗口下部的"实时响应"区域会显示接口的返回结果,如图 3-4 所示。

图 3-4　在 Apipost 中调用 GET 接口

3. 调用 POST 接口

在请求方法的下拉框中选择"POST",在接口地址框中输入以下 URL。

```
127.0.0.1:8080/mvc/save
```

单击"Body",然后选中"raw"选项,并在其后选择"json"。接着在文本框中输入一个 User 对象对应的 JSON 字符串,内容如下。

```
{
    "username": "admin",
    "password": "123456",
    "name": "管理员",
    "age": "25"
}
```

单击"发送",窗口下部的"实时响应"区域会显示接口的返回结果,如图 3-5 所示。

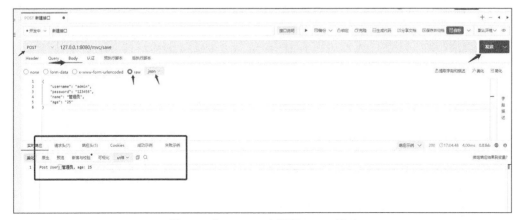

图 3-5　在 Apipost 中调用 POST 接口

4. 调用 PUT 接口

在请求方法的下拉框中选择"PUT",在接口地址框中输入以下 URL。

```
127.0.0.1:8080/mvc/insert
```

单击"Body",然后选中"raw"选项,并在其后选择"json"。接着在文本框中输入一个 User 对象对应的 JSON 字符串,内容与调用 POST 接口时使用的 JSON 字符串相同。单击"发送",窗口下部的"实时响应"区域会显示接口的返回结果,如图 3-6 所示。

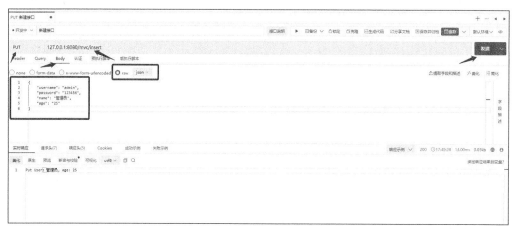

图 3-6　在 Apipost 中调用 PUT 接口

5. 调用 PATCH 接口

在请求方法的下拉框中选择"PATCH",在接口地址框中输入以下 URL。

```
127.0.0.1:8080/mvc/updatestatus
```

单击"Body",然后选中"form-data"选项。接着在参数列表中输入两个参数。一个参数名为 user_id,参数值为 1;另一个参数名为 state,参数值为 2。单击"发送",窗口下部的"实时响应"区域会显示接口的返回结果,如图 3-7 所示。

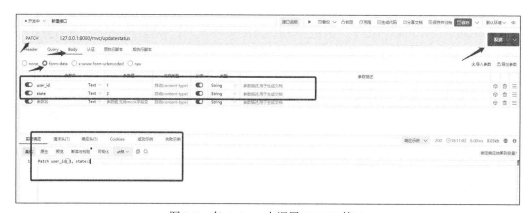

图 3-7　在 Apipost 中调用 PATCH 接口

6. 调用 DELETE 接口

在请求方法的下拉框中选择"DELETE",在接口地址框中输入以下 URL。

```
127.0.0.1:8080/mvc/delete
```

单击"Body",然后选中"form-data"选项。接着在参数列表中输入一个参数,参数名为 username,参数值为 admin。单击"发送",窗口下部的"实时响应"区域会显示接口的返回结果,如图 3-8 所示。

图 3-8　在 Apipost 中调用 DELETE 接口

3.1.2　SpringBootMVCdemo 项目的完善

在微服务架构中,通常微服务是多实例部署的,从而实现微服务架构高并发和高可用的特性。那么服务消费者在调用微服务时就应该尽可能均衡地调用各服务实例提供的接口。

在前面实现的 SpringBootMVCdemo 项目中,当调用一个接口时,并不能知道调用的是哪个服务实例提供的接口。为了演示调用接口的实例情况,需要对 SpringBootMVCdemo 项目的控制器代码进行完善,在接口中返回服务实例信息。

在 MvcController 类中添加以下代码。

```
@Value("${spring.cloud.client.ip-address}")
String ipaddr;
@Value("${server.port}")
int port;
@RequestMapping(value = "/sayHi", method = RequestMethod.GET)
public String hello() {
    return "Hello, 我在" + ipaddr + ":" + port;
}
```

@Value 注解的功能是从配置文件中读取配置项的值并注入变量。配置项 spring.cloud.client.ip-address 表示服务实例的 IP 地址,配置项 server.port 表示服务实例的端口号。hello()函数将返回当前服务的 IP 地址和端口号。

运行项目,打开浏览器,访问以下 URL。

```
http://localhost:8080/user/sayHi
```

访问接口返回的结果如图 3-9 所示。

图 3-9　访问接口返回的结果

3.2 服务调用的负载均衡

借助不同的组件可以实现服务调用的负载均衡，也就是将对服务接口的调用相对均衡地分布在不同的服务实例上。

3.2.1 什么是负载均衡

所谓负载均衡是指将访问按照一定的策略分摊到多台服务器上，由服务器集群共同完成请求处理的任务。负载均衡可以分为硬件负载均衡和软件负载均衡这两种类型。

1．硬件负载均衡

硬件负载均衡指在访问者和服务器集群之间架设一个硬件负载均衡器。硬件负载均衡的网络拓扑如图 3-10 所示。

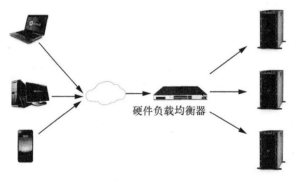

图 3-10　硬件负载均衡的网络拓扑

目前市场上主流的硬件负载均衡器包括 NetScaler、F5、Radware 和 Array 等。它们的工作原理大同小异，以 F5 为例，F5 对于外网而言有一个真实的 IP，对于内网的每个服务器都生成一个虚拟 IP，进行负载均衡和管理工作。

硬件负载均衡的优势在于处理能力比较强，不足之处有两点：成本比较高；一旦硬件负载均衡器本身出现故障，整个服务器集群将无法发挥作用。

2．软件负载均衡

通过软件也可以实现负载均衡的功能。主流的负载均衡软件有以下几种。
- Linux 虚拟服务器（LVS）：一个虚拟的服务器集群系统。LVS 集群采用 IP 负载均衡技术和基于内容请求的分发技术。调度器可以将请求均衡地转移到不同的服务器上执行，且自动屏蔽掉有故障的服务器。
- Nginx：一个高性能的 HTTP 和反向代理服务器。反向代理服务器部署在用户和目标服务器之间。从用户的角度来看，反向代理服务器就是目标服务器，其网络拓扑如图 3-11 所示。

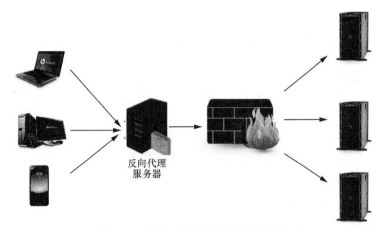

图 3-11　反向代理服务器的网络拓扑

反向代理服务器可以使内网服务器对外提供 Web 服务，提高了内网服务器的安全性，同时也实现了负载均衡的功能。

- HAproxy：使用 C 语言编写的开源软件，可以基于 TCP 和 HTTP 实现负载均衡的功能，适用于负载特别大的 Web 站点。

软件负载均衡可以分为服务器端负载均衡和客户端负载均衡两种类型。顾名思义，服务器端负载均衡就是在服务器端进行负载均衡算法分配。负载均衡服务器管理一个注册服务器的列表，根据心跳机制管理注册服务器的状态。负载均衡服务器捕获到请求，通过其负载均衡算法，从已经注册的多个服务器之间选择一个处理请求。LVS、Nginx 和 HAproxy 都属于服务器端负载均衡。

客户端负载均衡指在客户端进行负载均衡算法分配。本章介绍的 Spring Cloud Loadbalancer 组件是客户端负载均衡工具，它可以从服务注册中心获取到注册服务的列表，然后通过负载均衡算法选择一个服务进行访问。

3．Ribbon 的负载均衡算法

Ribbon 是 Spring Cloud 的客户端负载均衡器，它可以提供一套微服务负载均衡的解决方案。Ribbon 包含以下 7 种负载均衡算法。

- RoundRobinRule：默认负载均衡算法，采用轮询的方式，也就是将请求依次派发给各个服务器。
- RandomRule：采用随机负载均衡算法，也就是将请求随机派发给各个服务器。
- WeightedResponseTimeRule：根据服务器的响应时间来分配权重，响应越快，分配的值越大，被选择的概率也越大。
- BestAvailableRule：选择最空闲的服务器。
- RetryRule：具有重试功能的负载均衡算法。如果在 500ms 内没有选择到可用的服务器，将会循环重试，直至选择了合适的服务器为止。
- ZoneAvoidanceRule：综合判断服务器所在区域的性能和服务器的可用性来选择服务器。
- AvailabilityFilteringRule：过滤掉一直连接失败和连接数超过阈值的服务器，然后根据默认的负载均衡算法选择服务器。

3.2.2 将 SpringBootMVCdemo 服务部署多个实例

在实际的开发过程中，服务提供者程序和服务消费者程序很可能是由不同的程序员开发的，而且同一个微服务可能被不同的程序员调用。为了方便团队开发，通常将微服务部署在测试环境中。本书使用 Ubuntu 服务器搭建测试环境。

1．将 SpringBootMVCdemo 项目打成 jar 包

在测试环境中部署并运行 SpringBootMVCdemo 项目的前提是将 SpringBootMVCdemo 项目打包。为了方便运行，这里选择将其打成 jar 包。

创建 Spring Boot 项目时可以选择打包的类型。

在 pom.xml 的 maven-source-plugin 插件中可以定义打包的选项，代码如下。

```xml
<plugin>
    <groupId>org.apache.maven.plugins</groupId>
    <artifactId>maven-compiler-plugin</artifactId>
    <configuration>
        <source>1.8</source>
        <target>1.8</target>
    </configuration>
</plugin>
<plugin>
    <groupId>org.springframework.boot</groupId>
    <artifactId>spring-boot-maven-plugin</artifactId>
    <executions>
        <execution>
            <goals>
                <goal>repackage</goal>
            </goals>
        </execution>
    </executions>
</plugin>
```

<goal>repackage</goal>指定创建一个自动可执行的 jar 或 war 文件。

在 IDEA 的 Maven 窗口中，展开要打包的项目（模块）的"生命周期"菜单项，双击"package"开始打包，如图 3-12 所示。

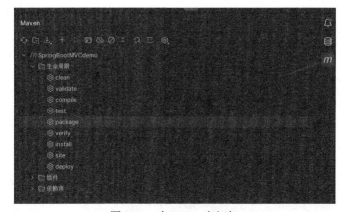

图 3-12　在 IDEA 中打包

打包成功后刷新 target 文件夹。如果看到 SpringBootMVCdemo-0.0.1-SNAPSHOT.jar 文件，则说明打包成功。文件名是由项目名+版本号组合而得的。

在 Ubuntu 服务器上创建/usr/local/src/microservice 目录，用于存储微服务。在该目录下创建两个子目录：SpringBootMVCdemo 和 SpringBootMVCdemo2，用于存储 SpringBootMVCdemo 服务的两个实例。这两个实例的程序是一样的，但使用的配置文件不同。分别将 SpringBootMVCdemo-0.0.1-SNAPSHOT.jar 和项目的配置文件 application.yml 上传至 SpringBootMVCdemo 和 SpringBootMVCdemo2 目录下。

SpringBootMVCdemo 下的 application.yml 代码如下。

```
server:
  port: 10001 # 端口号
spring:
  application:
    name: test  # 应用名（服务名）
  cloud:
    nacos:
      server-addr: 127.0.0.1:8848 # Nacos 服务的地址
```

SpringBootMVCdemo2 下的 application.yml 代码如下。

```
server:
  port: 10002 # 端口号
spring:
  application:
    name:  test # 应用名（服务名）
  cloud:
    nacos:
      server-addr: 127.0.0.1:8848 # Nacos 服务的地址
```

第 4 章介绍网关应用时会根据服务名来调用服务。为了避免遇到各种问题，建议使用小写服务名。因此这里统一将服务 SpringBootMVCdemo 的名字设置为 test，以便后面测试。

2. 搭建 Nacos 测试环境

将第 2 章下载并解压缩得到的 nacos 文件夹上传至 Ubuntu 服务器的/usr/local/src 目录下。编辑 nacos/config/application.properties，找到其中的 "### Connect URL of DB:" 代码段，根据实际情况配置 Nacos 数据库连接信息，如图 3-13 所示。

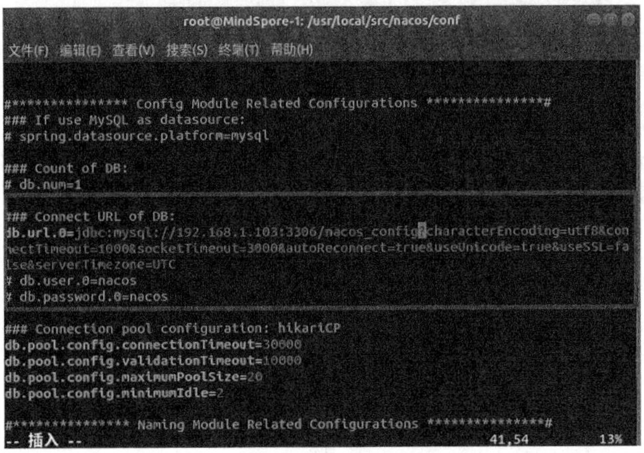

图 3-13　配置 Nacos 数据库连接信息

保存配置信息后,执行以下命令设置 nacos/bin/startup.sh 的执行权限。

```
cd /usr/local/src/nacos/bin
chmod u+x *.sh
```

3. 启动测试环境

执行以下命令以单机模式启动 Nacos。

```
startup.sh -m standalone
```

根据提示,查看/usr/local/src/nacos/logs/start.out 的内容可以了解启动的过程。参照第 2 章的内容打开 Nacos 控制台页面,查看 Nacos 注册中心的服务列表。

在 Ubuntu 桌面系统中打开一个终端窗口,切换到 /usr/local/src/microservice/SpringBootMVCdemo 目录下,执行以下命令启动 SpringBootMVCdemo 服务实例。

```
java -jar SpringBootMVCdemo-0.0.1-SNAPSHOT.jar
```

打开另一个终端窗口,切换到 SpringBootMVCdemo2 目录下的 SpringBoot MVCdemo-0.0.1-SNAPSHOT.jar。然后打开 Nacos 服务列表页面,可以看到服务 SpringBootMVCdemo 有两个实例,如图 3-14 所示。

图 3-14　Nacos 服务列表页面

单击"详情",打开"服务详情"页面,如图 3-15 所示。

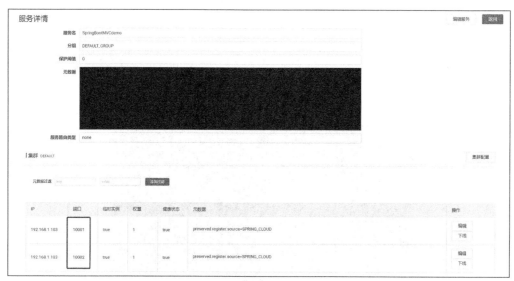

图 3-15　"服务详情"页面

可以看到,此时服务 SpringBootMVCdemo 有两个实例注册到 Nacos,它们的端口号分别为 10001 和 10002。

3.2.3 客户端负载均衡组件 Spring Cloud Loadbalancer

Spring Cloud 原本通过 Spring Cloud Ribbon 组件来实现具有负载均衡能力的调用服务机制，但是 Spring Cloud Ribbon 组件目前已经停止维护。Spring Cloud 官方推荐使用 Spring Cloud Loadbalancer 作为客户端负载均衡组件。使用 Spring Cloud Loadbalancer 组件进行开发的流程如图 3-16 所示。本小节结合一个示例项目 Loadbalancer 介绍使用 Spring Cloud Loadbalancer 组件进行开发的方法。

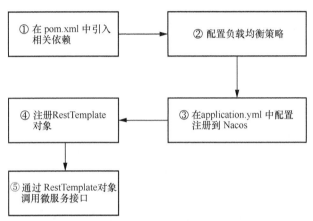

图 3-16 使用 Spring Cloud Loadbalancer 组件进行开发的流程

1. 引入相关依赖

参照 2.3.1 小节的内容，首先在 pom.xml 中定义项目所使用的 JDK、Spring Boot、Spring Cloud 和 Spring Cloud Alibaba 的版本、引入 Spring Cloud 和 Spring Cloud Alibaba 框架的相关依赖。

然后在 pom.xml 中添加 Nacos 服务发现依赖的相关代码。

因为本项目要使用 Spring Cloud Loadbalancer 组件，所以需要在 pom.xml 中添加 Spring Cloud Loadbalancer 依赖，代码如下。

```
<dependency>
<groupId>org.springframework.cloud</groupId>
<artifactId>spring-cloud-starter-loadbalancer</artifactId>
</dependency>
```

2. 配置负载均衡策略

Spring Cloud Loadbalancer 支持的负载均衡策略如下。
- RandomLoadBalancer：随机选择服务实例的负载均衡策略。
- NacosLoadBalancer：基于 Nacos 权重的负载均衡策略。
- RoundRobinLoadBalancer：基于 Nacos 轮询的负载均衡策略。

负载均衡策略需要实现 ReactorLoadBalancer 接口。

为了配置服务消费者使用的负载均衡策略，需要创建一个配置类，假定为 CustomLoadBalancerConfiguration，其代码如下。

```
@Configuration
```

```
public class CustomLoadBalancerConfiguration{
    @Bean
    public ReactorLoadBalancer<ServiceInstance> randomLoadBalancer(Environment environment, LoadBalancerClientFactory loadBalancerClientFactory) {
        String name = environment.getProperty(LoadBalancerClientFactory.PROPERTY_NAME);
        return new RandomLoadBalancer(loadBalancerClientFactory.getLazyProvider(name,
ServiceInstanceListSupplier.class), name);
    }
}
```

代码定义了一个由 Spring 管理的 Bean，指定使用随机选择服务实例的负载均衡策略（RandomLoadBalancer）。

在启动类上可以使用配置类 CustomLoadBalancerConfiguration 指定使用的负载均衡策略。

3. 定义启动类

服务消费者程序的启动类代码如下。

```
@SpringBootApplication
@EnableDiscoveryClient
@LoadBalancerClients(
        @LoadBalancerClient(name = "test", configuration = CustomLoadBalancerConfiguration.class)
)
public class LoadbalancerApplication {
    public static void main(String[] args) {
        SpringApplication.run(LoadbalancerApplication.class, args);
    }
}
```

@EnableDiscoveryClient 注解用于启用服务发现功能，以便调用微服务的接口。

@LoadBalancerClient 注解用于定义一个负载均衡客户端。name 属性指定应用负载均衡策略的微服务名，configuration 属性指定负载均衡策略类。

4. 在 application.yml 中配置注册到 Nacos

服务消费者因为需要获取服务实例列表，所以也需要注册到 Nacos。项目 Loadbalancer 中的 application.yml 的代码如下。

```
server:
  port: 8080 # 端口号
spring:
  application:
    name: loadbalancer # 应用名（服务名）
  cloud:
    nacos:
      server-addr: 192.168.1.103:8848 # Nacos 服务的地址
```

这里假定 192.168.1.103 是测试服务器的 IP 地址。

5. 注册 RestTemplate 对象

RestTemplate 是 Spring 提供的用于访问 REST 接口的客户端库，通过 RestTemplate 可以调用 REST 接口。类 RestTemplate 的常用方法见表 3-1。

表 3-1 类 RestTemplate 的常用方法

方法	具体说明
getForObject	通过 GET 方法获取一个对象
getForEntity	通过 GET 方法获取响应实体，其中包括响应状态、响应头、响应体
headForHeaders	通过 HEAD 方法获取资源的 URI 的请求头数据
postForLocation	通过 POST 方法创建资源，并返回响应中的 URL 数据
postForObject	通过 POST 方法创建资源，并返回响应中的对象数据
postForEntity	通过 POST 方法创建资源，并返回响应中的对象数据。postForObject 与 postForEntity 返回数据的内容是一样的，只是数据的格式不同
put	通过 PUT 方法创建或更新资源
patchForObject	通过 PATCH 方法更新资源，并返回响应中的对象数据
delete	通过 DELETE 方法删除资源
optionsForAllow	通过 ALLOW 方法测试指定资源是否支持 GET、POST、PUT、DELETE 等方法
exchange	提供统一的方法模板进行 POST、PUT、DELETE、GET 等请求
execute	在 URL 上执行特定的 HTTP 方法

为了能在项目中以负载均衡的形式通过 RestTemplate 对象调用微服务接口，需要创建配置类 RestConfig，并在其中注入 RestTemplate 对象 restTemplate，代码如下。

```
@Configuration
public class RestConfig {
    @Bean
    @LoadBalanced
    public RestTemplate restTemplate()
    {
        return new RestTemplate();
    }
}
```

注解@LoadBalanced 指定其作用的对象具有负载均衡的功能。这样服务消费者程序在注入 restTemplate 时，就会具有负载均衡的特性。

6. 使用 RestTemplate 对象调用微服务接口

为了演示使用 RestTemplate 对象调用微服务接口的方法，在项目 Loadbalancer 中创建一个 TestController，代码如下。

```
@RestController
@RequestMapping("/test")
public class TestController {
    // test 是服务端的服务名，spring.application.name 的配置
    private static final String BASE_URL = "http://test";
    @Autowired
    private RestTemplate restTemplate;

    @GetMapping("/hello")
    public String getString() {
        // 调用服务端提供的接口
        return restTemplate.getForObject(BASE_URL+"/mvc/sayHi", String.class);
```

```
    }
}
```

在 restTemplate.getForObject()方法中可以通过以下命令指定要调用的接口路径。

```
http://服务名/接口路径
```

如果服务部署了多个实例，就可以在调用接口按照负载均衡策略分配调用的服务实例。

7. 在测试环境中测试项目 Loadbalancer

首先确认已经在 Ubuntu 服务器上启动 Nacos 服务，并分别启动 SpringBootMVCdemo 服务的两个实例。

然后运行项目 Loadbalancer。运行完成后，打开 Apipost，访问以下 URL。

```
http://127.0.0.1:8080/test/hello
```

多次单击"发送"，如果一切正常，可以看到返回结果在"Hello, 我在: 192.168.1.103:10001"和"Hello, 我在: 192.168.1.103:10002"之间来回切换，说明分别调用了两个服务实例。

3.2.4 OpenFeign 组件

OpenFeign 是 Spring Cloud 框架中另一个调用 RESTful 接口的组件，可以实现声明式的服务调用。所谓"声明式的服务调用"指在程序中可以像调用本地方法一样调用接口。

本小节结合一个示例项目 openfeign 介绍使用 Spring Cloud OpenFeign 组件进行开发的方法。

1. 引用 OpenFeign 依赖

在使用 OpenFeign 组件之前，需要在 pom.xml 中添加 OpenFeign 依赖，代码如下。

```
<dependency>
<groupId>org.springframework.cloud</groupId>
<artifactId>spring-cloud-starter-openfeign</artifactId>
</dependency>
```

当然，使用 OpenFeign 组件的前提是进行 Web 开发并注册到 Nacos 服务。因此，在 pom.xml 中需要添加 spring-boot-starter-web 依赖和 spring-cloud-starter-alibaba-nacos-discovery 依赖，代码如下。

```
<dependency>
<groupId>org.springframework.boot</groupId>
<artifactId>spring-boot-starter-web</artifactId>
</dependency>
<!-- Nacos 服务发现 -->
<dependency>
    <groupId>com.alibaba.cloud</groupId>
    <artifactId>spring-cloud-starter-alibaba-nacos-discovery</artifactId>
</dependency>
```

另外，OpenFeign 组件也支持负载均衡功能，因此需要引用 spring-cloud-starter-loadbalancer 依赖，代码如下。

```
    <dependency>
        <groupId>org.springframework.cloud</groupId>
```

```xml
            <artifactId>spring-cloud-starter-loadbalancer</artifactId>
        </dependency>
```

2．项目的启动类

在需要使用 Spring Cloud Feign 的项目的启动类定义中，应该使用@EnableFeignClients 注解指定项目自动扫描所有@FeignClient 注解。

启动类代码如下。

```java
@SpringBootApplication
@EnableDiscoveryClient
@EnableFeignClients
public class CloudClientApplication {
    public static void main(String [] args) {
        SpringApplication.run(CloudClientApplication.class, args) ;
    }
}
```

3．@FeignClient 注解

@FeignClient 注解定义在接口上，指定以 Feign 组件调用 RESTful 接口的方法。在 com.example.OpenFeign.service 包下创建接口 TestClient，并在其中通过 Feign 组件调用服务 test 的/user/sayHi 接口，代码如下。

```java
@FeignClient (name = "test")
public interface TestClient{
    @RequestMapping(value = "/mvc/sayHi")
    public String hello();
}
```

接口 TestClient 不需要定义实现类，因为 Feign 组件会自动实现接口。

参数 name 指定要调用的服务提供者的应用名称，实际上就是服务 ID，在服务提供者应用 application.yml 中通过 spring.application.name 配置项定义。

当调用接口 TestClient 的 hello()方法时，实际上相当于调用 UserService 服务（服务名为 test）的/user/sayHi 接口。

在 com.example.OpenFeign.controllers 包下创建类 TestController，并在其中通过 Feign 组件调用服务 test 的/mvc/sayHi 接口，代码如下。

```java
@RestController
@RequestMapping("/test")
public class TestController {
    @Autowired
    private TestClient testClient;
    @RequestMapping("/sayHi")
    public String hello() {
        return testClient.hello();
    }
}
```

代码定义了一个 TestClient 对象 testClient，并通过 return testClient.hello()调用 Test 服务的/test /sayHi 接口。

在 application.yml 中添加注册到 Nacos 服务的代码如下。

```
server:
```

```
port: 8080 # 端口号
spring:
  application:
    name: loadbalancer # 应用名（服务名）
  cloud:
    nacos:
      server-addr: 192.168.1.103:8848 # Nacos 服务的地址
```

4．在测试环境中测试项目 openfeign

确认已经在 Ubuntu 服务器上启动 Nacos 服务，并分别启动 SpringBootMVCdemo 服务的两个实例。

运行项目 openfeign，然后打开 Apipost 访问以下 URL。

```
http://localhost:8080/test/sayHi
```

多次单击"发送"，可以看到服务 test 的端口是动态变化的，结果如图 3-17 所示。可见，OpenFeign 组件可以实现负载均衡。

图 3-17　测试项目 openfeign 的结果

3.2.5　Nacos 服务发现编程

在微服务架构中，微服务是可以互相调用的，而服务发现是微服务互相调用的技术基础。

1．服务发现的原理

不止 Nacos 可以提供服务发现的功能，实际上，服务发现是服务注册中心的基本功能，其工作原理如图 3-18 所示。

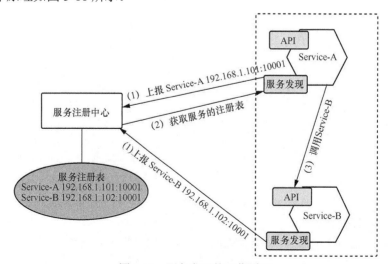

图 3-18　服务发现的工作原理

图 3-18 中有两个微服务 Service-A 和 Service-B，它们在启动时会将自己的 IP 地址和端口上报至服务注册中心并被存储在服务注册表中。如果 Service-A 想调用 Service-B，则会从服务注册中心获取服务的注册表，其中就包含 Service-B 的 IP 地址和端口。根据 Service-B 的 IP 地址和端口就可以调用 Service-B 的接口。

2．开发服务发现客户端程序

使用 Spring Cloud Loadbalancer 组件和 OpenFeign 组件可以自动实现服务发现的功能，无须手动编码获取服务列表。如果需要，也可以通过 DiscoveryClient 对象手动获取服务列表。开发服务发现客户端程序的流程如图 3-19 所示。

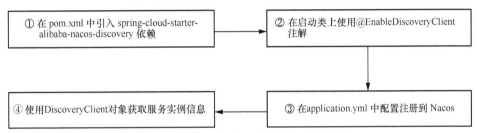

图 3-19　开发服务发现客户端程序的流程

其中①、②和③的具体方法可以参照第 2 章理解。使用 DiscoveryClient 对象获取服务实例信息的代码如下。

```
@Autowired
    private DiscoveryClient discoveryClient;
…
List<ServiceInstance> serviceInstances = discoveryClient.getInstances ("service-
provider");
```

类 ServiceInstance 用于保存微服务实例信息。

如果只希望获取服务 ID，则可以调用 discoveryClient.getServices()方法，代码如下。

```
List<String> serviceIds=discoveryClient.getServices();
```

下面结合一个示例项目 DiscoveryClient 介绍开发 Nacos 服务发现客户端程序的方法。

（1）引入相关依赖

参照 2.3.1 小节的内容，首先在 pom.xml 中定义项目所使用的 JDK、Spring Boot、Spring Cloud 和 Spring Cloud Alibaba 的版本、引入 Spring Cloud 和 Spring Cloud Alibaba 框架的相关依赖。

然后在 pom.xml 中添加 Nacos 服务发现依赖的代码。

（2）启动类

项目 DiscoveryClient 的启动类代码如下。

```
@SpringBootApplication
@EnableDiscoveryClient
public class DiscoveryClientApplication {
    public static void main(String[] args) {
        SpringApplication.run(DiscoveryClientApplication.class, args);
    }
}
```

程序使用@EnableDiscoveryClient 注解启用服务发现功能。

（3）配置文件

在项目 DiscoveryClient 的配置文件 application.yml 中配置项目的基本信息，并注册到 Nacos，代码如下。

```yaml
server:
  port: 8080 # 设置端口号
spring:
  application:
    name: DiscoveryClient # 在注册中心注册的服务名称
  cloud:
    nacos:
      discovery:
        server-addr: 192.168.1.103:8848 # Nacos 注册中心地址
```

（4）获取服务实例信息

在包中创建 TestController 类，并在其中获取名为 test 的服务列表，代码如下。

```java
@TestController
public class TestController {
    // 自动装配 DiscoveryClient
    @Autowired
    private DiscoveryClient discoveryClient;
    @GetMapping("/instances")
    public List<ServiceInstance> intstances(){
        List<ServiceInstance> provider = this.discoveryClient.getInstances("test");
        return provider;
    }
}
```

（5）在测试环境中测试项目 DiscoveryClient

确认已经在 Ubuntu 服务器上启动 Nacos 服务，并分别启动 SpringBootMVCdemo 服务的两个实例。

运行项目 DiscoveryClient。打开 Nacos 服务列表页面，查看测试项目 DiscoveryClient 的结果，确认项目 DiscoveryClient 已经注册到 Nacos，而且服务 test 有两个实例注册到 Nacos，如图 3-20 所示。这是从项目 DiscoveryClient 中获取服务 test 的实例信息的前提。

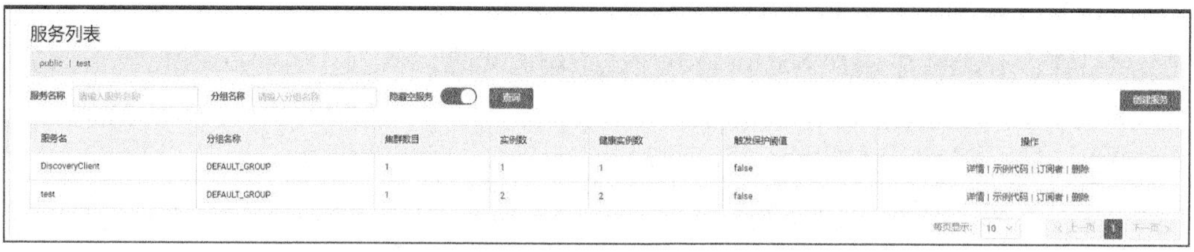

图 3-20　查看测试项目 DiscoveryClient 的结果

打开 Apipost，访问以下 URL。

```
http://127.0.0.1:8080/instances
```

单击"发送"，如果一切正常，就可以看到返回服务 test 的实例信息，如图 3-21 所示。

图 3-21 返回服务 test 的实例信息

3.3 youlai-mall 中的服务消费者程序解析

2.4.1 小节介绍了 youlai-mall 中微服务项目的层次结构，其中包含服务消费者模块，它的主要功能是为微服务之间的互相调用提供 API，这些 API 通过 OpenFeign 组件负载均衡地调用对应微服务的接口。

为了便于读者了解服务消费者程序的实际应用情况，本节以管理服务消费者模块 admin-api 和订单服务消费者模块 oms-api 介绍 youlai-mall 项目中服务消费者程序的具体功能和实现方法。

3.3.1 管理服务消费者模块 admin-api

模块 admin-api 通过 OpenFeign 组件访问管理服务项目 youlai-admin。

1. 接口 UserFeignClient

接口 UserFeignClient 的代码如下。

```
@FeignClient(value = "youlai-admin", fallback = UserFeignFallbackClient.class)
public interface UserFeignClient {
    @GetMapping("/api/v1/users/username/{username}")
    Result<UserAuthDTO> getUserByUsername(@PathVariable String username);
}
```

代码通过 OpenFeign 组件调用服务项目 youlai-admin 的接口/api/v1/users/username/{username}，根据用户名获取用户数据。该接口在 admin-boot 模块的 SysUserController.java 中定义，代码如下。

```
@Api(tags = "用户管理")
@RestController
@RequestMapping("/api/v1/users")
@RequiredArgsConstructor
public class SysUserController {
    private final SysUserService userService;
    …
ApiOperation(value = "根据用户名获取认证信息", notes = "提供用于用户登录的认证信息",
hidden = true)
    @GetMapping("/username/{username}")
    public Result<UserAuthDTO> getAuthInfoByUsername(@ApiParam("用户名")
@PathVariable String username) {
        UserAuthDTO user = userService.getAuthInfoByUsername(username);
        return Result.success(user);
    }
    …
}
```

定义接口 UserFeignClient 使用了@FeignClient 注解的 fallback 属性，用于实现熔断限流的功能。当访问量过大，微服务不能及时响应时，执行 fallback 属性指定的 UserFeignFallbackClient 接口作为降级处理方法。UserFeignFallbackClient 接口的定义代码如下。

```
@Component
@Slf4j
public class UserFeignFallbackClient implements UserFeignClient {
    @Override
    public Result getUserByUsername(String username) {
        log.error("Feign 远程调用系统用户服务异常后的降级方法");
        return Result.failed(ResultCode.DEGRADATION);
    }
}
```

程序并没有真正调用服务项目 youlai-admin，而是返回一个错误对象（错误编码为"B0220"，错误信息为"系统功能降级"）。关于微服务架构的熔断限流功能将在第 7 章详细介绍。

2．接口 OAuth2ClientFeignClient

接口 OAuth2ClientFeignClient 的启动类代码如下。

```
@FeignClient(value = "youlai-admin", contextId = "oauth-client")
public interface OAuth2ClientFeignClient {
    @GetMapping("/api/v1/oauth-clients/getOAuth2ClientById")
    Result<OAuth2ClientDTO> getOAuth2ClientById(@RequestParam String clientId);
}
```

接口 UserFeignClient 和接口 OAuth2ClientFeignClient 都提供对服务 youlai-admin 的访问，为了避免冲突，在接口 OAuth2ClientFeignClient 的@FeignClient 注解中使用了 contextId 属性加以区分。

getOAuth2ClientById()方法用于调用/api/v1/oauth-clients/getOAuth2ClientById 接口，该接口可以根据 clientId 获取 OAuth2 客户端认证信息。关于 OAuth2 身份认证的工作原理和具体情况将在第 6 章介绍。

3.3.2 订单服务消费者模块 oms-api

模块 oms-api 中的接口 OrderFeignClient 通过 OpenFeign 组件访问订单服务项目 mall-oms。

1．修改订单状态

接口 OrderFeignClient 的 updateOrderStatus()方法可以调用服务项目 mall-oms 的接口 /api/v1/orders/{orderId}/status 修改订单状态，代码如下。

```
@PutMapping("/api/v1/orders/{orderId}/status")
Result updateOrderStatus(@PathVariable Long orderId, @RequestParam Integer status,
@RequestParam Boolean orderEx);
```

这是一个"实验室"功能，并没有其他服务调用此方法。

2．获取订单状态

接口 OrderFeignClient 的 getOrderInfo()方法可以调用服务项目 mall-oms 的接口/api/v1/orders/{orderId}/info 获取订单状态，代码如下。

```
@GetMapping("/api/v1/orders/{orderId}/info")
Result<OrderInfoDTO> getOrderInfo(@PathVariable Long orderId);
```

这是一个"实验室"功能，并没有其他服务调用此方法。

第4章

Spring Cloud Gateway

API 网关是微服务架构的入口，客户端应用可以通过 API 网关负载均衡地调用微服务架构的 API。Zuul 在 Spring Cloud Netflix 子项目中提供 API 网关组件。在 Spring Cloud Netflix 子项目进入维护模式后，Spring Cloud 官方推出了 Zuul 的替代方案 Spring Cloud Gateway。本章介绍使用 Spring Cloud Gateway 组件开发 API 网关的方法。

Spring Cloud Gateway 作为微服务架构的大门，其特性如下。

① 可以对访问者进行权限检验。

② Spring Cloud Gateway 本身也需要注册到 Nacos，从而获取到注册服务的列表。

③ Spring Cloud Gateway 并不调用服务接口，它可以动态地将请求路由到不同的后端服务集群。

4.1 Spring Cloud Gateway 的工作原理

Spring Cloud Gateway 组件可以提供简单高效的、对微服务调用的路由方式，同时还关注安全、性能检测和性能度量等因素。

4.1.1 Spring Cloud Gateway 的关键概念

要理解 Spring Cloud Gateway 组件的工作原理，首先应该了解以下几个关键概念。

- 路由（Route）：网关组件中的基本构件，可以通过 ID、一个目标 URI、一组断言和一组过滤器来定义。如果其中断言的合计结果为 true，则匹配此条路由，Spring Cloud Gateway 组件将按此条路由对应的 URI 对 API 调用进行转发。
- 断言（Predicate）：即一个 Java 8 的断言函数，其输入类型是 ServerWebExchange 接口，以匹配各种类型的 HTTP 请求，例如请求头和请求体。在一些资料中断言也被称为谓词。
- 过滤器（Filter）：可以在转发 HTTP 请求之前或之后执行业务逻辑，也就是说可以在转发 HTTP 请求之前修改请求信息或在转发 HTTP 请求之后修改响应信息。

4.1.2 Spring Cloud Gateway 的工作流程

Spring Cloud Gateway 的工作流程如图 4-1 所示。

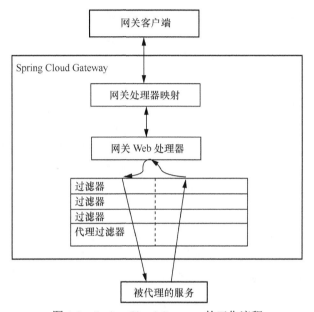

图 4-1 Spring Cloud Gateway 的工作流程

网关客户端向 Spring Cloud Gateway 发送请求，网关处理器映射模块决定请求匹配的路由，并将其发送至网关 Web 处理器。网关 Web 处理器会将请求送入一系列相关的过滤器进行处理。

图 4-1 中的过滤器被一条虚线一分为二，这是因为在逻辑上过滤器可以在代理请求被发送之前或之后运行。首先执行所有前（"pre"）过滤器逻辑，然后转发代理请求，最后再执行后（"post"）过滤器逻辑。

网关处理器映射模块会根据事先定义好的路由断言，将流入的 HTTP 请求匹配到满足条件的路由。所谓"路由断言"就是绑定在指定路由上的布尔表达式，当其值为 true 时，HTTP 请求与指定路由匹配，并将其转发至指定的路由。

4.1.3 HTTP 请求报文的格式

HTTP 请求是路由断言的输入数据，路由断言会根据 HTTP 请求的内容将其与转发的路由进行匹配。HTTP 请求也是过滤器的操作对象，因此有必要了解 HTTP 请求报文的格式，这样才能更直观地理解各种路由断言和过滤器的工作原理。HTTP 请求报文的格式如图 4-2 所示。

请求方法（Method）	空格	请求地址（PATH）	空格	协议版本	\r\n
header1	:	value1			\r\n
header2	:	value2			\r\n
header3	:	value3			\r\n
……		……			\r\n
headerN	:	valueN			\r\n
\r\n					
请求体					

图 4-2　HTTP 请求报文的格式

HTTP 请求报文分为请求行、请求头和请求体 3 个部分。在图 4-2 中，请求行指第 1 行，包括请求方法（即 GET、POST、PUT、DELETE 和 PATCH 等）、请求地址、协议版本等。通过这些内容可以确定请求 HTTP 资源的基本信息。

请求头指从 header1 至 headerN 等 N 行。HTTP 请求报文可以包含各种请求头，header1、header2…headerN 并不是请求头的真正名称，仅用于演示。在实际应用中使用的 HTTP 请求头很多。为了便于读者理解，表 4-1 列出了部分 HTTP 请求头。

表 4-1　部分 HTTP 请求头

HTTP 请求头	具体说明	示例
Accept	指定客户端能够接收的内容类型	Accept: text/plain, text/html, application/json
Accept-Charset	指定浏览器可以接收的字符编码集	Accept-Charset: iso-8859-5
Accept-Encoding	指定浏览器可以支持的 Web 服务器返回内容压缩编码类型	Accept-Encoding: compress, gzip
User-Agent	包含发出请求的用户信息	User-Agent: Mozilla/5.0 (Linux; X11)
X-Forwarded-For	用来识别通过 HTTP 代理或负载均衡方式连接到 Web 服务器的客户端最原始的 IP 地址的 HTTP 请求头字段	X-Forwarded-For: client, proxy1, proxy2

请求体是用户提交的数据。当请求方法为 GET 时，HTTP 请求报文中不包含请求体。当请求方法为 POST 或 PUT 时，HTTP 请求报文中包含请求体。在 Apipost 中可以直观地查看 HTTP 请求报文的格式，如图 4-3 所示。

图 4-3　在 Apipost 中查看 HTTP 请求报文的格式

4.2 开发简单的网关应用

本节创建一个 Spring Boot 项目 GatewayDemo，并介绍使用 Spring Cloud Gateway+Nacos 开发简单网关应用的方法。开发 Spring Cloud Gateway 应用的基本流程如图 4-4 所示。

图 4-4 开发 Spring Cloud Gateway 应用的基本流程

4.2.1 在 pom.xml 中定义框架版本、引用相关依赖

首先参照 2.3.1 小节在 pom.xml 中定义 Spring Boot、Spring Cloud 和 Spring Cloud Alibaba 等框架版本的代码。

然后参照 2.3.1 小节引入 Spring Cloud、Spring Cloud Alibaba 的相关依赖以及 Nacos 服务发现依赖。

因为本项目要开发 Spring Cloud Gateway 应用，所以还需要在 pom.xml 中添加 Spring Cloud Gateway 组件和 Spring Cloud Loadbalancer 组件的依赖，代码如下。

```xml
<dependency>
    <groupId>org.springframework.cloud</groupId>
    <artifactId>spring-cloud-starter-gateway</artifactId>
</dependency>
<dependency>
    <groupId>org.springframework.cloud</groupId>
    <artifactId>spring-cloud-starter-loadbalancer</artifactId>
</dependency>
```

4.2.2 启动类

项目的启动类使用@EnableDiscoveryClient 注解启用服务发现功能，代码如下。

```
@SpringBootApplication
@EnableDiscoveryClient
public class GatewayDemoApplication{
    public static void main(String[] args) {
        SpringApplication.run(ZuulserverApplication.class, args);
    }
}
```

4.2.3 配置文件 application.yml

本项目需要在配置文件 application.yml 中配置以下内容。
- 网关应用的名字和端口号。
- 将网关应用注册到 Nacos 服务器。
- 网关路由数据。

① 配置网关应用的名字和端口号，代码如下。

```yaml
server:
  port: 9090
spring:
  application:
    name: Gateway-demo
```

② 将网关应用注册到 Nacos 服务器，代码如下。

```yaml
spring:
  cloud:
    nacos:
      discovery:
        server-addr: localhost:8848
```

③ 配置网关路由数据，代码如下。

```yaml
spring:
  cloud:
    gateway:
      discovery:
        locator:
          enabled: true
      routes:
      - id: route-test
        uri: lb://test
        predicates:
          - Path=/test/**
```

配置项 spring.cloud. gateway. discovery. locator. enabled 用于开启或关闭网关的功能。

配置项 spring.cloud. gateway.routes 用于设置 Spring Cloud Gateway 的路由数据，其中配置项说明如下。

- id：路由 id，没有特定的命名方式规则，但是要保证全局唯一。
- uri：指定匹配路由后，将 HTTP 请求转发至的目标地址，这里用服务名 test 来指定处理 HTTP 请求的服务，lb://表示使用负载均衡功能访问服务。
- predicates：判断 HTTP 请求是否与当前路由匹配的断言。这里使用的是 Path 路由断言，即通过 HTTP 请求中的路径来判断是否与路由匹配。

概括地说，上面的代码指定当 HTTP 请求的路径满足/test/**格式时，将 HTTP 请求转发至服务名为 test 的微服务。满足/test/**格式的 HTTP 请求的路径包括 http://localhost:8080/test/mvc/hello 和 http://localhost:8080/test/mvc/sayHi 等。请求 http://localhost:8080/test/mvc/hello 将会调用服务 test 的/mvc/hello 接口，请求 http://localhost:8080/test/mvc/sayHi 将会调用服务 test 的/mvc/sayHi 接口。

4.2.4 搭建网关应用的测试环境

为了演示网关应用的作用，本小节在 Ubuntu 服务器上搭建一个测试环境，演示通过网关应用调用微服务的效果。本小节搭建的测试环境架构如图 4-5 所示。

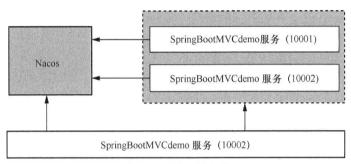

图 4-5　测试环境架构

1. 启动 Nacos 服务

参照 2.2.2 小节，在 Ubuntu 服务器上启动 Nacos 服务。

2. 启动 SpringBootMVCdemo 服务实例

参照 3.2.2 小节，分别启动 SpringBootMVCdemo 服务（服务名被配置为 test）的两个实例。

3. 部署并运行网关应用 GatewayDemo

将 GatewayDemo 项目打成 jar 包，得到 GatewayDemo-0.0.1-SNAPSHOT.jar。在 Ubuntu 服务器的 usr/local/src/ 目录下创建一个 gateway 子目录，并将 GatewayDemo-0.0.1-SNAPSHOT.jar 和网关项目的 application.yml 上传至 gateway 子目录下。打开一个新的终端窗口，并在其中运行 GatewayDemo-0.0.1-SNAPSHOT.jar，代码如下。

```
cd /usr/local/src/gateway/
java -jar GatewayDemo-0.0.1-SNAPSHOT.jar
```

运行完成后，访问 Nacos 服务列表页面，可以看到已经注册到 Nacos 的网关应用 Gateway-demo。

在宿主机中打开 Apipost 并使用 GET 方法调用以下接口。

```
http://192.168.1.103:9090/test/mvc/sayHi
```

根据配置文件中定义的路由规则，请求路径满足/test/**的 HTTP 请求会被转发至服务 test。根据前面的部署，有两个名字为 test 的服务注册到 Nacos，它们的端口号分别为 10001 和 10002。因此，在 Apipost 中多次单击"发送"，通过网关调用服务的返回结果会在两个服务实例间切换，如图 4-6 所示。

Spring Cloud Gateway 和 Spring MVC 有冲突，因此运行项目时有可能会遇到以下错误。

```
Description:
Spring MVC found on classpath, which is incompatible with Spring Cloud Gateway.
Action:
Please set spring.main.web-application-type=reactive or remove spring-boot-starter-web dependency.
```

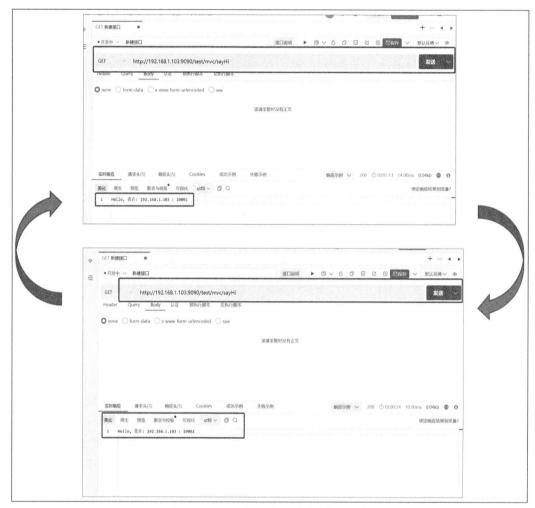

图 4-6 通过网关调用服务的返回结果

如果遇到此错误,只需在 application.yml 中添加以下配置即可。

```
spring:
  main:
    web-application-type: reactive
```

4.3 Spring Cloud Gateway 配置路由的方式

Spring Cloud Gateway 支持两种配置路由的方式,即快捷配置和全扩展参数。

4.3.1 快捷配置

快捷配置使用配置名字作为标识,后面使用等号(=)进行赋值,等号后面是参数名和参数值。参数名和参数值之间使用逗号（,）分隔。例如，下面是网关项目的 application.yml 的示例代码。

```yaml
server:
  port: 7070
spring:
  application:
    name: cloud-gateway-test  # 注册到注册中心的服务名
  cloud:
    nacos:
      server-addr: 127.0.0.1:8848  # Nacos 服务的地址
    gateway:
      discovery:
        locator:
          enabled: true  # 开启网关
      routes:
        - id: baidu-id  # 路由 id，保持唯一
          uri: https://www.baidu.com  # 目标地址
          predicates:
            - Cookie=mycookie,mycookievalue
```

代码中使用 spring.cloud.gateway.routes.predicates 配置项定义了路由断言工厂 Cookie，其定义的参数名为 mycookie，参数值为 mycookievalue。如果 HTTP 请求中包含此 Cookie 数据，则满足此断言。

4.3.2 全扩展参数

全扩展参数更像是包含键值对的标准 yaml 配置文件，通常有一个 name 键和一个 args 键。args 的值是配置断言和过滤器的键值对映射。

使用全扩展参数方式定义路由断言工厂和网关过滤器工厂的示例代码如下。

```yaml
spring:
  application:
    name: cloud-gateway-test  # 注册到注册中心的服务名
  cloud:
    gateway:
      discovery:
        locator:
          enabled: true  # 开启网关
      routes:
        - id: baidu-id  # 路由 id，保持唯一
          uri: https://www.baidu.com  # 目标地址
          predicates:
            - name: Cookie
              args:
                name: mycookie
                regexp: mycookievalue
```

上述代码的作用与 4.3.1 小节中的示例代码作用相同。

4.4 路由断言工厂

4.2 节介绍了根据请求路径匹配路由的断言实例。在 spring.cloud.gateway.routes.predicates 配置项中定义的不同类型的路由断言又被称为路由断言工厂。

Spring Cloud Gateway 包含很多内置的路由断言工厂。每种路由断言工厂可以创建特定的断言对象，这些断言与 HTTP 请求的不同属性所匹配。由于篇幅所限，本节只介绍部分路由断言工厂的基本情况。

4.4.1 After 路由断言工厂

After 路由断言工厂只有一个参数（Java 的 ZonedDateTime 对象）。此断言与指定时间之后发送的请求相匹配。下面是配置 After 路由断言的示例代码。

```
spring:
  application:
    name: cloud-gateway-test  # 注册到注册中心的服务名
spring:
  cloud:
    gateway:
      routes:
      - id: after_route
        uri: https://example.org
        predicates:
        - After=2023-01-20T17:42:47.789-07:00[America/Denver]
```

4.4.2 Before 路由断言工厂

与 After 路由断言工厂一样，Before 路由断言工厂也只有一个参数（Java 的 ZonedDateTime 对象）。此断言与指定时间之前发送的请求相匹配。下面是配置 Before 路由断言的示例代码。

```
spring:
  cloud:
    gateway:
      routes:
      - id: before_route
        uri: https://example.org
        predicates:
        - Before=2023-01-20T17:42:47.789-07:00[America/Denver]
```

4.4.3 Between 路由断言工厂

Between 路由断言工厂有两个参数：datetime1 和 datetime2，它们都是 Java 的 Zoned

DateTime 对象。Between 断言与发生在 datetime1 之后、datetime2 之前的请求相匹配，因此 datetime2 必须大于 datetime1。下面是配置 Between 路由断言的示例代码。

```yaml
spring:
  cloud:
    gateway:
      routes:
      - id: between_route
        uri: https://example.org
        predicates:
        - Between=2023-01-20T17:42:47.789-07:00[America/Denver], 2023-01-21T17:42:47.789-07:00[America/Denver]
```

4.5 过滤器

过滤器用于拦截并处理 HTTP 请求，通常可以在过滤器中实现鉴权、限流、输出日志等功能。本节将结合全局过滤器介绍在网关中实现白名单功能的方法。

根据作用范围的不同，Spring Cloud Gateway 的过滤器可以分为全局过滤器（GlobalFilter）和网关过滤器（GatewayFilter）两种类型。

4.5.1 全局过滤器

全局过滤器实现 GlobalFilter 接口，指不需要在配置文件中配置，默认作用于所有路由的过滤器。

网关应用可以定义多个全局过滤器。每个全局过滤器都具备下面两个特性。

- 运行的顺序：可以使用@Order 注解定义。
- 类型：用来定义请求被路由的阶段。Spring Cloud Gateway 支持 pre 和 post 两种类型的过滤器。pre 过滤器在 HTTP 请求被转发之前被执行，post 过滤器在 HTTP 请求被转发之后被执行。

一个配置类可以定义多个全局过滤器。例如，参照 4.2 节介绍的项目 GatewayDemo 创建一个网关项目 GatewayFilter，并在其中创建一个配置类 com.example.GatewayFilter.configuration.MyConfiguration，代码如下。

```java
@Configuration
public class MyConfiguration {
    @Bean
    @Order(-1)
    public GlobalFilter a() {
        return (exchange, chain) -> {

            System.out.println("first pre filter");
            return chain.filter(exchange).then(Mono.fromRunnable(() -> {
                System.out.println("third post filter");
```

```
            }));
        };
    }
    @Bean
    @Order(0)
    public GlobalFilter b() {
        return (exchange, chain) -> {
            System.out.println("second pre filter");
            return chain.filter(exchange).then(Mono.fromRunnable(() -> {
                System.out.println("second post filter");
            }));
        };
    }
    @Bean
    @Order(1)
    public GlobalFilter c() {
        return (exchange, chain) -> {
            System.out.println("third pre filter");
            return chain.filter(exchange).then(Mono.fromRunnable(() -> {
                System.out.println("first post filter");
            }));
        };
    }
}
```

配置类 MyConfiguration 定义了 3 个全局过滤器 a、b 和 c，每个全局过滤器都使用 @Order 注解定义了一个顺序值，具体见表 4-2。

表 4-2　配置类 MyConfiguration 定义的全局过滤器的顺序值

全局过滤器	顺序值
a	−1
b	0
c	1

顺序值小的过滤器会被优先处理。因此，当网关接收到一个 HTTP 请求时，会先后触发全局过滤器 a、b 和 c。

每个全局过滤器都使用下面的 Lambda 表达式定义一个过滤器处理函数。

```
return (exchange, chain) -> {
        …
};
```

Lambda 表达式是一个匿名函数，它定义的过滤器处理函数包含下面两个参数。

- ServerWebExchange exchange：一次 HTTP 请求/响应的交互。通过 exchange 对象可以获取 HTTP 请求的更多信息，也可以控制对 HTTP 请求的响应信息，例如禁止未经授权的访问，具体方法将在 4.5.2 小节结合网关白名单功能的实现进行介绍。

通过下面的方法可以从 exchange 对象获取 HTTP 请求信息。

```
ServerHttpRequest request = exchange.getRequest();
```

通过下面的方法可以从 exchange 对象获取 HTTP 响应信息。

```
org.springframework.http.server.reactive.ServerHttpResponse response = exchange.get
Response();
```
- GatewayFilterChain chain：网关过滤器链表。过滤器如果不控制响应信息，则可以直接通过下面的语句转发 HTTP 请求。

```
return chain.filter(exchange);
```

转发 HTTP 请求后，Spring Cloud Gateway 组件将根据定义的路由策略对 HTTP 请求进行处理。

每个全局过滤器都使用下面的 Lambda 表达式定义一个 post 过滤器处理函数。

```
return (exchange, chain) -> {
        // pre 过滤器处理代码
        …
        return chain.filter(exchange).then(Mono.fromRunnable(() -> {
            // post 过滤器处理代码
            // …
        }));
    };
```

post 过滤器处理函数在 HTTP 请求被转发之后被执行。

在 4.2.4 小节搭建的测试环境中运行本项目 GatewayFilter。在 Apipost 中以 GET 方法访问以下 URL。

```
http://127.0.0.1:9090/test/mvc/sayHi
```

观察项目 GatewayFilter 的 Console 窗格，可以看到以下输出信息。

```
first pre filter
second pre filter
third pre filter
first post filter
second post filter
third post filter
```

这正是 a、b 和 c 这 3 个全局过滤器的 pre 处理函数和 post 处理函数的打印信息。

4.5.2　利用全局网关过滤器实现网关白名单功能

网关作为外部消费者请求内部服务的唯一入口，担负着守卫内部服务安全的职责。通常可以通过设置白名单来禁止未经授权的访问。这里所指的白名单实际上就是一个 IP 地址的列表。网关程序可以判断每个请求的 IP 地址是否在白名单中，如果该 IP 地址不在白名单中，则拒绝请求。

1．获取请求的 IP 地址

全局过滤器可以得到 ServerHttpRequest 对象。ServerHttpRequest 对象代表来自客户端的请求，从中可以获取客户端的信息。调用 ServerHttpRequest 对象的 getHeader()方法可以返回指定名称的请求头字符串。而名字为 X-Forwarded-For 的请求头中包含着客户端的 IP 地址。

在项目 GatewayFilter 中，创建一个全局过滤器类 IPCheckFilter，并在其中定义一个 getIP()方法，用于获取 HTTP 请求的 IP 地址，代码如下。

```java
@Component
public class IPCheckFilter implements GlobalFilter, Ordered {
    ...
    // 多次反向代理后会有多个IP值的分割符
    private final static String IP_UTILS_FLAG = ",";
    // 未知IP
    private final static String UNKNOWN = "unknown";
    // 本地IP
    private final static String LOCALHOST_IP = "0:0:0:0:0:0:0:1";
    private final static String LOCALHOST_IP1 = "127.0.0.1";

    private String getIP(ServerHttpRequest request) {
        // 根据HttpHeaders获取请求的IP地址
        String ip = request.getHeaders().getFirst("X-Forwarded-For");
        if (StringUtils.isEmpty(ip) || UNKNOWN.equalsIgnoreCase(ip)) {
            ip = request.getHeaders().getFirst("x-forwarded-for");
            if (ip != null && ip.length() != 0 && !UNKNOWN.equalsIgnoreCase(ip)) {
                // 多次反向代理后会有多个IP值，第一个IP才是真实IP
                if (ip.contains(IP_UTILS_FLAG)) {
                    ip = ip.split(IP_UTILS_FLAG)[0];
                }
            }
        }
        if (ip == null || ip.length() == 0 || UNKNOWN.equalsIgnoreCase(ip)) {
            ip = request.getHeaders().getFirst("Proxy-Client-IP");
        }
        if (ip == null || ip.length() == 0 || UNKNOWN.equalsIgnoreCase(ip)) {
            ip = request.getHeaders().getFirst("WL-Proxy-Client-IP");
        }
        if (ip == null || ip.length() == 0 || UNKNOWN.equalsIgnoreCase(ip)) {
            ip = request.getHeaders().getFirst("HTTP_CLIENT_IP");
        }
        if (ip == null || ip.length() == 0 || UNKNOWN.equalsIgnoreCase(ip)) {
            ip = request.getHeaders().getFirst("HTTP_X_FORWARDED_FOR");
        }
        if (ip == null || ip.length() == 0 || UNKNOWN.equalsIgnoreCase(ip)) {
            ip = request.getHeaders().getFirst("X-Real-IP");
        }
        // 兼容K8s集群获取IP
        if (StringUtils.isEmpty(ip) || UNKNOWN.equalsIgnoreCase(ip)) {
            ip = request.getRemoteAddress().getAddress().getHostAddress();
            if (LOCALHOST_IP1.equalsIgnoreCase(ip) || LOCALHOST_IP.equalsIgnoreCase(ip)) {
                // 根据网卡获取本机配置的IP
                InetAddress iNet = null;
                try {
                    iNet = InetAddress.getLocalHost();
                } catch (UnknownHostException e) {
                    try {
                        log.error("getClientIp error: ", e);
                    } catch (Exception e1) {
```

```
                    // TODO Auto-generated catch block
                    e1.printStackTrace();
                }
            }
            ip = iNet.getHostAddress();
        }
    }
    return ip;
}
```

2. 配置白名单 IP 地址列表

在实际应用中，通常可以将白名单 IP 地址列表保存在数据库或 Redis 中。为了便于演示，在配置文件 application.yml 中通过以下代码配置网关白名单。

```
filter:
 ip:
  whitelistenabled: true
  whitelist: xxx.xxx.xxx.xxx,yyy.yyy.yyy.yyy
```

filter.ip.whitelistenabled 用于配置是否启用网关白名单功能；filter.ip.whitelist 用于配置白名单的 IP 地址列表，IP 地址之间使用逗号（,）分隔。

过滤器类 IPCheckFilter 通过@Value 注解将配置项 filter.ip.whitelistenabled 绑定在变量 WhitelistEnabled 上，配置项 filter.ip.whitelist 绑定在变量 strIPWhitelist 上，代码如下。

```
@Value("${filter.ip.whitelist}")
private String strIPWhitelist;
@Value("${filter.ip.whitelistenabled}")
private String WhitelistEnabled;
```

过滤器 IPCheckFilter 定义了一个 validateWhiteList()方法，用于判断指定的 IP 地址是否在白名单中，代码如下。

```
public boolean validateWhiteList(String ipAddr) {
    List<String> ips = new ArrayList<String>();
    for (int i = 0; i < whitelist.length; ++i) {
        System.out.println(whitelist[i]);
        ips.add(whitelist[i]);
    }
    return ips.contains(ipAddr);
}
```

3. 处理 HTTP 请求

过滤器 IPCheckFilter 的 filter()方法可以对 HTTP 请求进行处理。例如，本实例通过 filter()方法检查发送请求的客户端 IP 地址是否在白名单中，代码如下。

```
@Override
public Mono<Void> filter(ServerWebExchange exchange, GatewayFilterChain chain)
{
    ServerHttpRequest request = exchange.getRequest();
    String ip = getIP(request);
    log.info("filter.ip.whitelist: {}", strIPWhitelist);
    log.info("filter.ip.whitelistenabled: {}", WhitelistEnabled);
    log.info("IP Address: {}", ip);
```

```
            whitelist = strIPWhitelist.split("\\,");
            // 判断是否开启白名单功能、符合白名单
            if ("true".equalsIgnoreCase(WhitelistEnabled) && !validateWhiteList(ip)) {
                // 构造错误信息
                org.springframework.http.server.reactive.ServerHttpResponse response = 
exchange.getResponse();
                response.setStatusCode(HttpStatus.FORBIDDEN); // 禁止访问，设置状态码
                 String msg = " invalid IP Address. ";
                byte[] bits = msg.getBytes(StandardCharsets.UTF_8);
                DataBuffer buffer = response.bufferFactory().wrap(bits);
                response.getHeaders().add("Content-Type", "text/plain;charset=UTF-8");
                return response.writeWith(Mono.just(buffer));
            }
            return chain.filter(exchange);
        }
```

如果 IP 地址在白名单中，则 filter( )方法直接通过 return chain.filter(exchange);语句转发请求；否则，程序员自己构造一个编码为 HttpStatus.FORBIDDEN、提示信息为"invalid IP Address."的响应信息。

4．测试白名单功能

在 4.2.4 小节搭建的测试环境中，首先修改项目 GatewayFilter 的配置项 filter.ip.whitelistenabled 为 true，即开启网关白名单功能；然后将配置项 filter.ip.whitelist 设置为空，即没有白名单 IP 地址，此时所有访问都会被禁止。

运行项目 GatewayFilter。在 Apipost 中以 GET 方法访问以下 URL。

```
http://127.0.0.1:9090/test/mvc/sayHi
```

观察项目 GatewayFilter 的 Console 窗格，可以看到以下输出信息。

```
filter.ip.whitelist:
[2m2022-12-26 15:28:40.649[0;39m [32m INFO[0;39m [35m7012[0;39m [2m---[0;39m [2m[nio-
9090-exec-1][0;39m [36mc.e.G.configuration.IPCheckFilter        [0;39m [2m:[0;39m
filter.ip.whitelistenabled: true
[2m2022-12-26 15:28:40.649[0;39m [32m INFO[0;39m [35m7012[0;39m [2m---[0;39m [2m[nio-
9090-exec-1][0;39m [36mc.e.G.configuration.IPCheckFilter        [0;39m [2m:[0;39m IP
 Address: 192.168.56.1
```

其中，192.168.56.1 就是 HTTP 请求中包含的客户端 IP 地址。此时 Apipost 中的返回信息如下。

```
invalid IP Address.
```

这是因为 192.168.56.1 不在白名单中。

将 192.168.56.1 添加到白名单中，然后重新运行项目。在 Apipost 中再次单击"发送"，可以获取到正常的结果，可见白名单功能已经生效。

4.5.3 网关过滤器工厂

与全局过滤器不同，网关过滤器被限定应用于特定的路由范围内。网关过滤器可以在配置文件中被定义，spring.cloud.gateway.filters 配置项中每种定义网关过滤器的配置代码又被称为一种网关过滤器工厂。Spring Cloud Gateway 内置了很多网关过滤器工厂。由

于篇幅所限，本书只介绍部分网关过滤器工厂的基本情况，其他的内置网关过滤器工厂可以参照 Spring Cloud Gateway 的技术文档理解。

1. AddRequestHeader 网关过滤器工厂

AddRequestHeader 网关过滤器工厂可以在所有匹配请求的流出请求头中添加数据，它有一个参数，参数中包含名字和值。例如，下面是配置 AddRequestHeader 网关过滤器的示例代码。

```
spring:
  cloud:
    gateway:
      routes:
      - id: add_request_header_route
        uri: https://example.org
        filters:
        - AddRequestHeader=X-Request-red, blue
```

spring.cloud.gateway.routes.filters 配置项用于配置网关过滤器列表，其中包含一个 AddRequestHeader 网关过滤器，指定为所有匹配请求的流出请求头添加 X-Request-red:blue 头。

AddRequestHeader 网关过滤器可以通过 URI 变量匹配路径或主机。例如，下面的示例代码使用了 URI 变量{segment}。

```
spring:
  cloud:
    gateway:
      routes:
      - id: add_request_header_route
        uri: https://example.org
        predicates:
        - Path=/red/{segment}
        filters:
        - AddRequestHeader=X-Request-Red, Blue-{segment}
```

2. AddRequestHeadersIfNotPresent 网关过滤器工厂

AddRequestHeadersIfNotPresent 网关过滤器工厂可以向所有匹配请求的流出请求头添加一组数据，它有一个集合参数，其中包含由冒号（:）分隔的键值对。例如，下面是配置 AddRequestHeadersIfNotPresent 网关过滤器的示例代码。

```
spring:
  cloud:
    gateway:
      routes:
      - id: add_request_headers_route
        uri: https://example.org
        filters:
        - AddRequestHeadersIfNotPresent=X-Request-Color-1:blue,X-Request-Color-2:green
```

此代码向所有匹配请求的流出请求头添加两个头：X-Request-Color-1:blue 和 X-Request-Color-2:green。

3. AddRequestParameter 网关过滤器工厂

AddRequestParameter 网关过滤器工厂可以在匹配请求的流出请求的查询字符串中添加数据，它有一个参数，参数中包含名字和值。例如，下面是配置 AddRequestParameter 网关过滤器的示例代码。

```
spring:
  cloud:
    gateway:
      routes:
      - id: add_request_parameter_route
        uri: https://example.org
        filters:
        - AddRequestParameter=red, blue
```

此代码会在匹配请求的流出请求的查询字符串中添加 red=blue。

4. AddResponseHeader 网关过滤器工厂

AddResponseHeader 网关过滤器工厂可以在所有匹配请求的输出响应头中添加数据，它有一个参数，参数中包含名字和值。例如，下面是配置 AddResponseHeader 网关过滤器的示例代码。

```
spring:
  cloud:
    gateway:
      routes:
      - id: add_response_header_route
        uri: https://example.org
        filters:
        - AddResponseHeader=X-Response-Red, Blue
```

此代码会在所有匹配请求的输出响应头中添加 X-Response-Red:Blue 数据。AddResponseHeader 网关过滤器工厂还可以使用 URI 变量。例如，下面的示例代码使用了 URI 变量{segment}。

```
spring:
  cloud:
    gateway:
      routes:
      - id: add_response_header_route
        uri: https://example.org
        predicates:
        - Host: {segment}.myhost.org
        filters:
        - AddResponseHeader=foo, bar-{segment}
```

4.6 youlai-mall 中的网关子项目解析

youlai-mall-v2.0.1 项目中的 youlai-gateway 就是一个网关子项目。本节介绍子项目 youlai-gateway 的基本框架。

4.6.1 pom.xml

youlai-gateway 作为 youlai-mall-v2.0.1 项目的子项目,定义 Spring Boot、Spring Cloud 和 Spring Cloud Alibaba 等框架版本以及 Spring Cloud 和 Spring Cloud Alibaba 相关依赖的代码都包含在父项目中。另外,youlai-gateway 的 pom.xml 还包含以下依赖。

1. 支持 Bootstrap 配置文件的依赖

youlai-gateway 使用 Nacos 作为配置中心,其配置数据从 Nacos 中获取。使用 Nacos 作为配置中心需要支持 Bootstrap 配置文件。支持 Bootstrap 配置文件的依赖代码如下。

```xml
<dependency>
    <groupId>org.springframework.cloud</groupId>
    <artifactId>spring-cloud-starter-bootstrap</artifactId>
</dependency>
```

2. Spring Cloud Gateway 的相关依赖

作为网关应用,youlai-gateway 需要引入 Spring Cloud Gateway 和 Spring Cloud Loadbalancer 的相关依赖,代码如下。

```xml
<dependency>
    <groupId>org.springframework.cloud</groupId>
    <artifactId>spring-cloud-starter-gateway</artifactId>
</dependency>
<dependency>
    <groupId>org.springframework.cloud</groupId>
    <artifactId>spring-cloud-starter-loadbalancer</artifactId>
</dependency>
```

3. Nacos 注册中心的相关依赖

作为网关应用,youlai-gateway 还需要注册到 Nacos 注册中心,以获取服务实例列表。引入 Nacos 注册中心相关依赖的代码如下。

```xml
<dependency>
    <groupId>com.alibaba.cloud</groupId>
    <artifactId>spring-cloud-starter-alibaba-nacos-discovery</artifactId>
</dependency>
```

4. Nacos 配置中心的相关依赖

youlai-gateway 使用 Nacos 作为配置中心,具体方法将在第 5 章介绍。

5. OAuth 2.0 的相关依赖

youlai-gateway 基于 Spring Cloud OAuth2 + Spring Cloud Gateway + JWT 实现统一认证鉴权功能,因此需要引入 OAuth 2.0 的相关依赖,具体方法将在第 6 章介绍。

6. Sentinel 的相关依赖

youlai-gateway 通过集成 Sentinel 实现流控和熔断降级的功能,因此需要引入 Sentinel 的相关依赖,具体方法将在第 7 章中介绍。

4.6.2 配置文件

youlai-gateway 使用 Nacos 作为配置中心,因此其主配置文件只包含应用名和默认环境的配置，代码如下。

```yaml
spring:
  application:
    name: youlai-gateway
  profiles:
    active: dev
```

youlai-mall-v2.0.1 项目默认的 Nacos 配置中心数据保存在 youlai-mall-v2.0.1\docs\nacos\DEFAULT_GROUP.zip，将其解压缩后可以得到本项目各组件模块的配置文件。第 5 章会介绍将其导入 Nacos 配置中心并在项目中使用的方法。

youlai-gateway 使用的配置文件为解压缩后得到的 youlai-gateway.yaml，其中与路由配置相关的代码如下。

```yaml
cloud:
  gateway:
    discovery:
      locator:
        enabled: true # 启用服务发现
        lower-case-service-id: true
    routes:
      - id: 认证中心
        uri: lb://youlai-auth
        predicates:
          - Path=/youlai-auth/**
        filters:
          - StripPrefix=1
      - id: 系统服务
        uri: lb://youlai-admin
        predicates:
          - Path=/youlai-admin/**
        filters:
          - StripPrefix=1
      - id: 订单服务
        uri: lb://mall-oms
        predicates:
          - Path=/mall-oms/**
        filters:
          - StripPrefix=1
      - id: 商品服务
        uri: lb://mall-pms
        predicates:
          - Path=/mall-pms/**
        filters:
          - StripPrefix=1
      - id: 会员服务
        uri: lb://mall-ums
        predicates:
          - Path=/mall-ums/**
        filters:
          - StripPrefix=1
```

```yaml
      - id: 营销服务
        uri: lb://mall-sms
        predicates:
          - Path=/mall-sms/**
        filters:
          - StripPrefix=1
      - id: 实验室
        uri: lb://youlai-lab
        predicates:
          - Path=/youlai-lab/**
        filters:
          - StripPrefix=1
```

youlai-gateway 中定义的路由信息见表 4-3。

表 4-3　youlai-gateway 中定义的路由信息

HTTP 请求路径	网关转发的服务	具体说明
/youlai-auth/**	youlai-auth	认证中心
/youlai-admin/**	youlai-admin	系统服务
/mall-oms/**	mall-oms	订单服务
/mall-pms/**	mall-pms	商品服务
/mall-ums/**	mall-ums	会员服务
/mall-sms/**	mall-sms	营销服务
/youlai-lab/**	youlai-lab	实验室

第5章

服务治理

在微服务架构中，服务启动后，架构会采取措施对服务进行治理，保障服务能够可靠、稳定地运行。本章介绍 Spring Cloud Alibaba 中服务治理的相关功能。

5.1 服务治理基础

服务治理是一个宽泛的概念，通常是指保证微服务可靠运行的策略。这些策略涵盖开发态、运行态和运维态等微服务生命周期。

5.1.1 服务治理的概念

服务治理包含各种策略，但是又不仅限于策略。概括地说，服务治理可以理解为一组原则和方法。为了快捷地在一个组织的 IT 环境中应用微服务架构，需要建立各种策略、标准，并将其落地应用。

单体应用的服务治理是中心化的，策略的制定和执行是由上至下的，并且必须保证策略被严格地执行。但这种做法并不适用于微服务架构。微服务架构是支持多语言、多工具和各种数据存储方式的分布式系统，是基于去中心化的核心应用场景而构建和运行的。因此，微服务架构更适合使用去中心化模型。去中心化服务治理的优势在于微服务开发团队可以自由地选择不同技术栈的各种开发组件。

5.1.2 服务治理包含的项目

在落地应用微服务架构的过程中，服务治理扮演着至关重要的角色。一旦服务治理出现问题，整个架构将进入不可管理和不稳定的状态。好的服务治理可以使微服务架构稳定运行，避免服务端出现雪崩等，造成服务瘫痪。

稳健的服务治理机制应该基于人、技术和过程 3 个要素，它们的关系如图 5-1 所示。

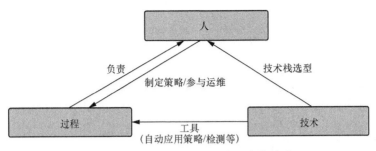

图 5-1　服务治理机制中 3 个要素的关系

服务治理不只是技术问题，在人、技术、过程 3 个要素中，人是核心要素。因为人不仅要完成技术选型，从众多兼容的框架、组件、工具中选择适合实际需求的、稳定的、易于扩展的技术，而且还要制定服务治理策略、参与运维。最关键的是策略中的责任和实效性必须是可以度量的，每个服务、每项运维工作都应该有明确的负责人和操作规范。

过程指微服务架构应用开发、测试、上线、运行的全过程。在过程中，应该明确每个环境的操作规范，例如服务的上线审批和下线通知；还应该编写完善的服务文档，例如服务的依赖关系、接口文档等。

服务治理包含以下技术因素。

- 服务注册与服务发现：这是微服务架构应用运转的基本功能。第 2 章已经介绍了服务注册的基本情况；服务发现是服务消费者程序的基本功能，3.2.5 小节已经介绍了服务发现的原理和实现。
- 服务配置：对服务路由、服务权重、服务容错等各种服务治理策略的管理。5.2 节将介绍 Nacos 配置中心的使用方法。
- 服务保护：指在一些高并发场景下，对服务采取服务限流、服务熔断、服务降级等保护措施，使服务在应对海量访问的特殊情况下仍然可以保持工作状态。相关内容将在第 7 章介绍。
- 服务安全：例如建立基于黑/白名单的服务鉴权和基于令牌的认证授权机制。第 6 章中将介绍搭建认证授权中心的方法。
- 服务编排：即实现服务的组合和协调，第 10 章将结合 Docker Compose 服务编排技术介绍微服务架构容器化部署的方法。
- 服务监测：实时监测服务工作状态是对服务进行治理的重要依据。5.3 节将介绍利用 Spring Boot Admin 实现服务监测的方法。
- 链路追踪：指在跨服务完成的请求间记录逻辑请求信息，帮助开发人员优化性能和追踪问题。5.4 节将介绍实现链路追踪的方法。

5.2　Nacos 配置中心

Nacos 除了可以作为服务注册中心，还可以作为微服务架构的配置中心。通过配置中心可以实现微服务的中心化配置管理。本节介绍使用 Nacos 配置中心的方法。

5.2.1 什么是微服务配置中心

微服务配置中心是对微服务架构中各项目的配置数据进行集中管理的组件,可以实现配置数据的动态修改机制。传统的 Spring Boot 应用程序通常采用配置文件的形式来管理配置数据。这种形式在微服务架构应用中存在如下不足之处。

- 配置数据是项目的一部分,与源代码一起保存在代码库中,存在配置泄露的安全隐患。
- 修改配置后,需要重启服务才能生效。既影响系统的稳定性,又影响配置数据的时效性。
- 无法实现功能的动态调整,例如一键开启或关闭日志功能。
- 微服务架构可以包含很多服务,每个服务又可以部署多个实例。因此在修改配置的时候,运维人员可能需要修改很多实例的配置文件,工作量大,而且容易出错。

除了 Nacos,比较常见的配置中心还包括携程配置中心 Apollo、Spring Cloud Config、Consul 和 Dubbo 等。如果选择 Spring Cloud Alibaba 开发微服务应用,那么使用 Nacos 作为配置中心是最方便的。

Nacos 配置中心默认使用 MySQL 数据库存储配置数据。修改配置数据后,使用 Nacos 配置中心的应用会自动刷新并应用新的配置数据。

5.2.2 Nacos 配置中心的相关概念

在 Nacos 配置中心中使用 namespce、group 和 dataID 等概念来管理配置文件,具体说明如下。

- namespce:即命名空间,用于区分部署环境。例如可以为开发环境、测试环境和生产环境创建不同的命名空间。每个命名空间都有一个命名空间 ID 作为其唯一标识。
- group:用于在命名空间内对配置文件进行分组。对于中小型项目,通常无须再进行分组。
- dataID:即配置文件的文件名,用于区分不同的配置文件。

5.2.3 Nacos 配置中心的管理页面

启动 Nacos 服务并访问 Nacos 控制台页面。在左侧导航栏中,选择"命名空间",打开 Nacos 配置中心的命名空间管理页面,如图 5-2 所示。

图 5-2 Nacos 配置中心的命名空间管理页面

可以看到，列表中包含保留命名空间 public。单击"新建命名空间"，可以打开"新建命名空间"页面，添加新的命名空间。

在左侧导航栏中，选择"配置管理"→"配置列表"，可以打开 Nacos 配置列表页面，如图 5-3 所示。

图 5-3　Nacos 配置列表页面

单击"创建配置"可以打开"新建配置"页面，如图 5-4 所示。

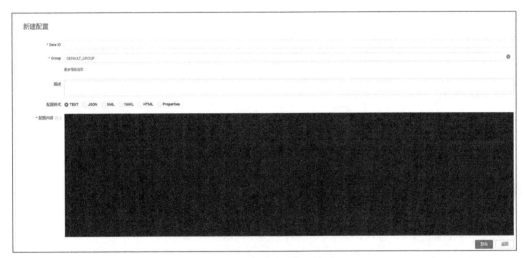

图 5-4　"新建配置"页面

5.2.4　Nacos 配置中心的数据存储

在默认情况下，Nacos 配置中心使用嵌入式数据库存储数据。在单机模式下可以配置使用 MySQL 数据库，方法如下。

1．创建数据库

执行以下 SQL 语句创建数据库 nacos_config。

```
create database 'nacos_config'
DEFAULT CHARACTER SET utf8 COLLATE utf8_general_ci;
```

2．创建数据库表

打开 Navicat，连接数据库 nacos_config。在系统菜单中依次选择"文件"→"打开外部文件"，打开 nacos\config\ mysql-schema.sql，在窗口中选择数据库 nacos_config，然

后单击"运行",即可创建 Nacos 使用的数据库表。

3. 在 Nacos 的配置文件中指定使用 MySQL 数据库

编辑 nacos\config\application.properties,在其中添加以下配置代码。

```
spring.datasource.platform=mysql

## Count of DB:
db.num=1

## Connect URL of DB:
db.url.0=jdbc:mysql://127.0.0.1:3306/nacos_config?characterEncoding=utf8&connectTime
out=1000&socketTimeout=3000&autoReconnect=true&useUnicode=true&useSSL=false&server
Timezone=UTC
db.user.0=nacos
db.password.0=nacos
```

根据实际情况设置 MySQL 数据库的 IP 地址、用户名和密码。

重新启动 Nacos 服务,打开 Nacos 控制台页面。在图 5-2 所示的命名空间管理页面中添加一条命名空间 develop,在表 tenant_info 中可以看到新增的记录,如图 5-5 所示。

图 5-5 在表 tenant_info 中可以看到新增的记录

5.2.5 开发 Nacos 配置中心客户端应用

开发 Nacos 配置中心客户端应用的流程如图 5-6 所示。

图 5-6 开发 Nacos 配置中心客户端应用的流程

本小节介绍开发一个 Nacos 配置中心客户端应用项目 nacos-config-client 的完整流程。

1. 准备演示

为了演示读取项目 nacos-config-client 中 Nacos 配置中心的配置数据的方法,首先在 Nacos 配置中心创建一个命名空间 test,描述为"测试命名空间",假定命名空间 ID 为 3d5799c2-36f9-45e3-a19a-3e4d923cb57e。然后在命名空间 test 下新建一个配置文件 nacos-config-client-dev.yaml,其分组为 devGroup,其中的配置代码如下。

```
data:
  env: dev
```

新建配置文件的页面如图 5-7 所示。

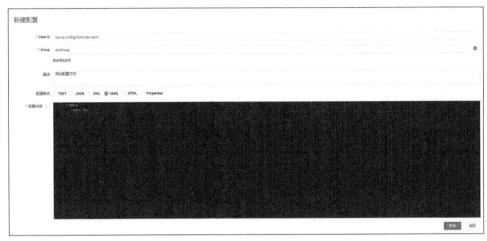

图 5-7　新建配置文件 nacos-config-client-dev.yaml 的页面

2. 在 pom.xml 中添加相关依赖

项目 nacos-config-client 的 pom.xml 中与微服务框架相关的依赖如下。

- Spring Boot 的相关依赖。
- Spring Cloud 的相关依赖。
- Spring Cloud Alibaba 的相关依赖。
- Nacos 配置中心的相关依赖。

（1）Spring Boot、Spring Cloud 和 Spring Cloud Alibaba 相关依赖

项目 nacos-config-client 使用 Spring Boot 2.7.0、Spring Cloud 2021.0.2、Spring Cloud Alibaba 2021.1。pom.xml 中的相关代码如下。

```
    <dependencyManagement>
<dependencies>
    <dependency>
        <groupId>org.springframework.boot</groupId>
        <artifactId>spring-boot-dependencies</artifactId>
        <version>2.7.0</version>
        <type>pom</type>
        <scope>import</scope>
    </dependency>
    <dependency>
        <groupId>org.springframework.cloud</groupId>
        <artifactId>spring-cloud-dependencies</artifactId>
        <version>2021.0.2</version>
        <type>pom</type>
        <scope>import</scope>
    </dependency>
    <dependency>
        <groupId>com.alibaba.cloud</groupId>
        <artifactId>spring-cloud-alibaba-dependencies</artifactId>
        <version>2021.1</version>
        <type>pom</type>
        <scope>import</scope>
```

```
        </dependency>
    </dependencies>
</dependencyManagement>
```

（2）Nacos 配置中心的相关依赖

项目 nacos-config-client 的 pom.xml 需要导入 Nacos 注册中心和 Nacos 配置中心的相关依赖。如果在代码中使用@value 注解读取配置数据，还需要导入 spring-cloud-starter-bootstrap，相关代码如下。

```
<dependencies>
    <!-- value 注入时要用 bootstrap -->
    <dependency>
        <groupId>org.springframework.cloud</groupId>
        <artifactId>spring-cloud-starter-bootstrap</artifactId>
    </dependency>
    <!-- Nacos 服务发现 -->
    <dependency>
        <groupId>com.alibaba.cloud</groupId>
        <artifactId>spring-cloud-starter-alibaba-nacos-discovery</artifactId>
    </dependency>
    <!-- Nacos 配置中心 -->
    <dependency>
        <groupId>com.alibaba.cloud</groupId>
        <artifactId>spring-cloud-starter-alibaba-nacos-config</artifactId>
    </dependency>
    …
</dependencies>
```

3．启动类

项目 nacos-config-client 的启动类代码如下。

```
@SpringBootApplication
@EnableDiscoveryClient
public class UserServiceApplication {
    public static void main(String[] args) {
        SpringApplication.run(UserServiceApplication.class, args);
    }
}
```

代码通过@EnableDiscoveryClient 注解指定将服务实例的基本信息暴露给服务消费者，基本信息包括 IP 地址、端口号和服务名称。

4．设置配置文件

Nacos 配置中心客户端应用需要创建 2 个配置文件：bootstrap.yaml 和 application.yaml。bootstrap.yaml 的优先级要高于 application.yaml。

（1）bootstrap.yaml

bootstrap.yaml 用于定义以下配置项。

- 应用名。
- 应用使用的端口号。
- Nacos 注册中心的地址。
- Nacos 配置中心的地址。

- Nacos 配置中心中配置文件的相关属性，包括扩展名、分组、命名空间 ID。

项目 nacos-config-client 的 bootstrap.yaml 代码如下。

```yaml
server:
  port: 8001

spring:
  application:
    name: nacos-config-client
  cloud:
    nacos:
      discovery:
        server-addr: localhost:8848    # 注册中心地址
      config:
        server-addr: localhost:8848    # 配置中心地址
        file-extension: yaml    # 后缀名
        group: devGroup          # 分组
        namespace: 3d5799c2-36f9-45e3-a19a-3e4d923cb57e      # 命名空间 ID
```

（2）application.yaml

application.yaml 可以通过配置项 spring.profiles.active 定义应用程序的环境配置。例如，在开发环境下，可以将 spring.profiles.active 设置为 dev；在生产环境下，可以将 spring.profiles.active 设置为 prod。

项目 nacos-config-client 的 application.yaml 代码如下。

```yaml
spring:
  profiles:
    active: dev    # 激活的环境
```

根据 bootstrap.yaml 和 application.yaml 中的配置项，可以得到项目 nacos-config-client 所使用的配置文件名，格式如下。

```
{spring.application.name}-{spring.profiles.active}.{spring.cloud.nacos.file-extension}
```

根据实际的配置项值，可以得到项目 nacos-config-client 所使用的配置文件为 nacos-config-client-dev.yaml。

5．在控制器中获取配置数据

在控制器中添加@RefreshScope 注解可以设置动态刷新配置数据，还可以使用@Value 注解将配置数据绑定在变量上。

在项目 nacos-config-client 的 nacosconfigclient.controllers 包下创建控制器 NacosConfigController，代码如下。

```java
@RestController
@Slf4j
@RefreshScope  // 动态刷新
public class NacosConfigController {
    @Value("${data.env}")
    private String info;        // 该属性值是从 Nacos 配置中心获取的

    @GetMapping("/testConfig")
    public String testConfig(){
```

```
        return info;
    }
}
```

运行项目，然后在浏览器中访问以下 URL。

```
http://localhost:8001/testConfig
```

访问结果如图 5-8 所示，可见已经从 Nacos 配置中心获取到配置项 data.env 的数据。

图 5-8　访问结果

5.2.6　在项目 youlai-mall 中使用 Nacos 作为配置中心

项目 youlai-mall 使用 Nacos 作为配置中心，首先需要将配置数据导入 Nacos，然后将项目中的所有模块作为 Nacos 配置中心客户端应用，使用 Nacos 配置中心中的配置数据。

1. 将配置数据导入 Nacos

在 youlai-mall-v2.0.1 的源代码中，配置数据保存在 docs\nacos 目录下。配置数据以 zip 压缩包的形式存储，具体如下。

- DEFAULT_GROUP.zip：各模块的标准配置文件。
- SEATA_GROUP.zip：Seata Server 的配置文件。Seata 是阿里巴巴推出的微服务分布式事务组件。
- SENTINEL_GROUP.zip：Sentinel 的配置文件，用于配置网关的流量控制规则。Sentinel 是 Spring Cloud Alibaba 包含的高可用流量管理框架，具体情况将在第 7 章介绍。

首先在 Ubuntu 服务器上启动 Nacos 服务，然后访问 Nacos 配置中心的管理页面，单击其中的"导入配置"，打开"导入配置"对话框，如图 5-9 所示。

图 5-9　"导入配置"对话框

单击"上传文件"，选择 DEFAULT_GROUP.zip，将其导入 Nacos 配置中心。导入完成后，在配置管理页面可以看到导入的配置文件，如图 5-10 所示，其中包含以下 9 个配置文件。

- mall-oms.yaml：订单服务 mall-oms 的配置文件。
- mall-pms.yaml：商品服务 mall-pms 的配置文件。
- mall-sms.yaml：营销服务 mall-sms 的配置文件。
- mall-ums.yaml：会员服务 mall-ums 的配置文件。
- youlai-admin.yaml：系统服务 youlai-admin 的配置文件。
- youlai-auth.yaml：认证授权中心 youlai-auth 的配置文件。
- youlai-common.yaml：各模块共用的配置文件。
- youlai-gateway.yaml：网关模块 youlai-gateway 的配置文件。
- youlai-lab.yaml：实验室模块 youlai-lab 的配置文件。

图 5-10　导入 Nacos 配置中心的配置文件

单击配置文件后面的"详情"，可以查看配置文件的内容，如图 5-11 所示。

图 5-11　查看配置文件的内容

2. 将项目中的所有模块作为 Nacos 配置中心客户端应用

项目 youlai-mall 中的模块都使用 Nacos 配置中心，因此需要引入相关依赖，并进行基本的配置。这里以网关模块 youlai-gateway 为例介绍具体方法。

因为项目使用 bootstrap.yml 作为配置文件，所以需要引入 spring-cloud-starter-bootstrap，代码如下。

```
<dependency>
    <groupId>org.springframework.cloud</groupId>
    <artifactId>spring-cloud-starter-bootstrap</artifactId>
</dependency>
```

还要引入 Nacos 配置中心的相关依赖，代码如下。

```
<dependency>
    <groupId>com.alibaba.cloud</groupId>
    <artifactId>spring-cloud-starter-alibaba-nacos-discovery</artifactId>
</dependency>
```

在配置文件 bootstrap.yml 中配置应用名和使用的环境，代码如下。

```
spring:
  application:
    name: youlai-gateway
  profiles:
    active: dev
```

因为 spring.profiles.active 被设置为 dev，所以项目会使用 bootstrap-dev.yml 作为配置文件。bootstrap-dev.yml 定义了应用的端口号、Nacos 注册中心和 Nacos 配置中心的基本信息。

5.3 利用 Spring Boot Admin 实现服务监控

Spring Cloud Alibaba 并不包含服务监控组件，通常可以使用 Spring Boot Admin 实现服务监控。Spring Boot Admin 是一个基于 Spring Boot 开发的可视化监控项目。

5.3.1 Spring Boot Admin 的工作原理

Spring Boot Admin 用于监控 Spring Boot 项目的各种状态和实时指标，监控的对象可以是单体的 Spring Boot 服务，也可以是 Spring Cloud 微服务。

1. Spring Boot Actuator

Spring Boot Actuator 模块是一个采集应用内部信息暴露给外部的模块，Spring Boot Admin 通过整合 Spring Boot Actuator 模块实现对服务的监控功能。在项目中导入 Spring Boot Actuator 模块的代码如下。

```
<dependency>
    <groupId>org.springframework.boot</groupId>
    <artifactId>spring-boot-starter-actuator</artifactId>
```

```
</dependency>
```

2．Spring Boot Admin 的工作原理

Spring Boot Admin 的工作原理，如图 5-12 所示。

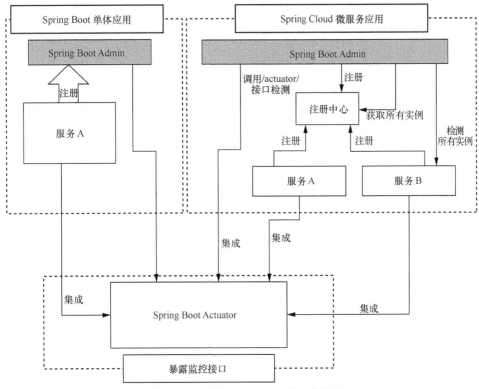

图 5-12　Spring Boot Admin 的工作原理

① 对于 Spring Boot 单体应用而言，其中的服务需要集成 Spring Boot Actuator 模块，并注册到 Spring Boot Admin，这样 Spring Boot Admin 就可以通过 Spring Boot Actuator 模块对服务进行检测。

② 对于 Spring Cloud 微服务应用而言，其中的微服务需要集成 Spring Boot Actuator 模块，并注册到注册中心。Spring Boot Admin 也需要注册到注册中心，这样 Spring Boot Admin 就可以从注册中心获取其中的所有服务实例，并通过 Spring Boot Actuator 模块对服务进行检测。

5.3.2　在 Spring Cloud Alibaba 中集成 Spring Boot Admin

本小节结合第 2 章中的实例 SpringBootMVCdemo，介绍在 Spring Cloud Alibaba 中集成 Spring Boot Admin 的方法。这么做的好处是 SpringBootMVCdemo 本身既是注册到 Nacos 的服务提供者，也是 Spring Boot Admin 应用，无须启动其他服务，即可通过监控自身状态演示 Spring Boot Admin 的工作情况。

1．开发 Spring Boot Admin 应用

在 Spring Cloud Alibaba 中集成 Spring Boot Admin 的前提是项目已经导入了 Spring Cloud 和 Spring Cloud Alibaba 框架，并且已经注册到 Nacos。在此基础上开发 Spring Boot Admin 应用的流程如图 5-13 所示。

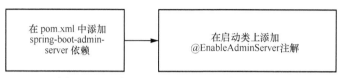

图 5-13　开发 Spring Boot Admin 应用的流程

在 pom.xml 中添加 spring-boot-admin-server 依赖的代码如下。

```
<dependency>
    <groupId>de.codecentric</groupId>
    <artifactId>spring-boot-admin-starter-server</artifactId>
    <version>2.7.9</version>
</dependency>
```

本实例启动类的代码如下。

```
@EnableDiscoveryClient
@SpringBootApplication
@EnableAdminServer
public class SpringBootMvCdemoApplication {
    public static void main(String[] args) {
        SpringApplication.run(SpringBootMvCdemoApplication.class, args);
    }
}
```

启动 Nacos，然后运行项目，打开浏览器访问以下 URL 可以查看 Spring Boot Admin 页面，如图 5-14 所示。

```
http://localhost:8080/applications
```

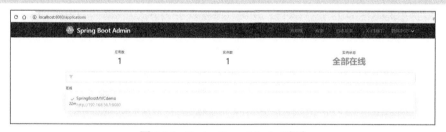

图 5-14　Spring Boot Admin 页面

从图 5-14 可以看到，有一个服务实例 SpringBootMVCdemo 在监控中。单击服务实例，可以查看服务实例详情，如图 5-15 所示。

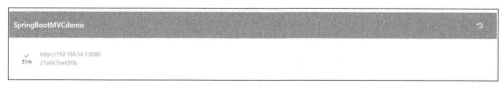

图 5-15　查看服务实例详情

在顶部导航条中单击"应用墙",可以查看当前监控的应用,如图 5-16 所示。

图 5-16　Spring Boot Admin 应用墙页面

此时只有一个应用 SpringBootMVCdemo。单击应用名,可以查看应用详情,如图 5-17 所示。

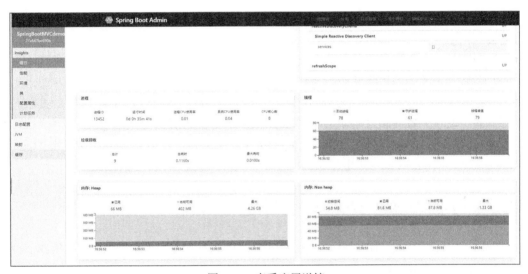

图 5-17　查看应用详情

可以监控的项目很多,这里不进行具体介绍。读者可以自行选择左侧导航菜单查看了解。

2. 开发 Spring Boot Admin 客户端应用

一个 Spring Boot 应用要想被 Spring Boot Admin 监控就需要导入 spring-boot-starter-actuator 依赖。项目 SpringBootMVCdemo 并没有导入 spring-boot-starter-actuator 依赖,但是也可以被监控,那是因为 Spring Boot Admin 内置了 spring-boot-starter-actuator 依赖。

在配置文件中添加以下代码可以开启检测端点。

```
management:
  health:
    db:
      enabled: true
  endpoint:
    health:
```

```
    show-details: always
endpoints:
  web:
    exposure:
      include: '*'
```

将 management.health.db.enabled 设置为 false 即可关闭检测端点。

在浏览器中访问以下 URL 可以获取到包含所有实例健康数据的 JSON 字符串。基于此，自己可以开发 Spring Cloud 微服务的健康监控应用。

```
http://localhost:8080/actuator
```

5.4 链路追踪

微服务架构可能包含很多服务，它们之间可能会互相调用。来自外界的一次调用，可能会在微服务架构内部引发一系列连锁反应。比如电商系统的一个订单请求可能会涉及用户服务、订单服务、商品服务、支付服务等诸多微服务。这些微服务之间的调用会影响整个微服务架构的工作效率，是优化微服务架构的重要因素。如果这个请求出现错误，那么排查问题就很麻烦，因为涉及的微服务太多，而且微服务之间的调用错综复杂，并不直观。这就需要借助分布式链路追踪系统来解决这个问题。

Spring Cloud Sleuth 是 Spring Cloud 框架中的分布式跟踪解决方案，通常与 Zipkin 集成在一起，实现微服务架构的链路追踪。

5.4.1 Spring Cloud Sleuth 的基本功能

Spring Cloud Sleuth 可以为 Spring Cloud 链路追踪解决方案提供 API，其中集成了分布式跟踪系统 OpenZipkin Brave。

通过 Spring Cloud Sleuth 可以对用户的请求和消息进行追踪，从而将通信与对应的日志记录关联在一起；也可以将追踪信息导出到外部系统，以可视化的形式展现。Spring Cloud Sleuth 支持与 OpenZipkin 兼容的系统一起使用。

Spring Cloud Sleuth 借用了谷歌公司推出的大规模分布式系统链路追踪基础设施 Dapper 中的一些术语。

1. Span（跨度）

Span 是 Spring Cloud Sleuth 的基本工作单元，发送一个 RPC 请求就是一个新的 Span。Span 还包含其他数据，例如描述信息、时间戳事件、键值对注解和 Span 的 ID 等。

Spring Cloud Sleuth 可以启动或停止 Span 并追踪其时序信息。一旦启动 Span 后，就必须在将来的某个时间点将其停止，否则会不停地产生追踪信息。

2. Trace（追踪）

Trace 是由一组 Span 构成的树形结构，用于记录一个完整的调用链路。例如，调用微服务系统的一个 API 就会启动一个新的 Span，而这个 API 又会调用一些其他的微服务，每个调用又会启动一个新的 Span。这些 Span 组合在一起就构成了此次调用的 Trace。

3．Annotation（注解）/Event（事件）

Annotation 用于及时记录事件（Event）。在经典的 RPC 场景中，这些事件可以标记发生了哪些动作。Annotation 用于定义一个 Span 的开始和结束。Spring Cloud Sleuth 支持的注解包括以下几种。

- cs：Client Sent。此注解描述一个 Span 的开始，表示客户端发送了一个请求。
- sr：Server Received。此注解描述服务器端接收到一个请求，并开始对其进行处理。此时间戳减去 cs 时间戳可以反映网络的时延情况。
- ss：Server Sent。此注解描述请求的处理已经完成，即已经向发起请求的客户端发送响应信息。此时间戳减去 sr 时间戳可以反映服务器端处理请求所需要的时间。
- cr：Client Received。此注解描述 Span 的结束，表明客户端已经成功接收到服务器端的响应信息。此时间戳减去 cs 时间戳可以反映从发起请求到收到响应的整个时间。

图 5-18 演示了一次服务调用的过程。整个调用过程被标记为 Id=X 的 Trace，共调用服务 1、服务 2、服务 3 和服务 4 共 4 个服务，经历了 A~G 共 7 个 Span。过程中发生了 Client Sent、Client Received、Server Sent、Server Received 等事件。

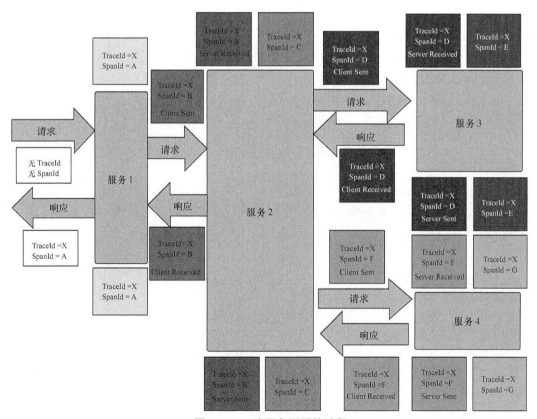

图 5-18　一次服务调用的过程

Span 之间的层次关系如图 5-19 所示。

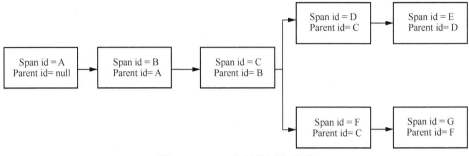

图 5-19　Span 之间的层次关系

5.4.2　在 Spring Boot 项目中集成 Spring Cloud Sleuth

在 Spring Boot 项目中集成 Spring Cloud Sleuth 的方法很简单，只要在项目中引入相关依赖，然后在控制器中记录日志即可，日志会自动包含接口的调用信息。本小节结合实例项目 sleuthDemo 介绍在 Spring Boot 项目中集成 Spring Cloud Sleuth 的方法。

1．引入相关依赖

创建项目 sleuthDemo。首先在 pom.xml 中定义 Spring Boot、Spring Cloud 和 Spring Cloud Alibaba 等框架版本。

然后引入 Spring Cloud、Spring Cloud Alibaba 的相关依赖以及 spring-boot-starter-web 和 Nacos 服务发现依赖。

还需要在 pom.xml 中添加集成 Spring Cloud Sleuth 组件的依赖，代码如下。

```xml
<dependency>
        <groupId>org.springframework.cloud</groupId>
        <artifactId>spring-cloud-starter-sleuth</artifactId>
</dependency>
```

2．配置文件 application.yml

在项目的配置文件 application.yml 中配置应用名和端口号，并将日志级别设置为 DEBUG，代码如下。

```yaml
server:
  port: 8080
spring:
  application:
    name: sleuth_demo
logging:
  level:
    org:
      springframework:
        web:
          servlet:
            DispatcherServlet: DEBUG
```

3．添加控制器

在包 com.example.sleuthdemo.controllers 下创建一个测试控制器 TestController，代码如下。

```
@RestController
public class TestController {
    private static final Logger log = LoggerFactory.getLogger(TestController.class);
    @RequestMapping("/hello")
    public String home() {
        log.info("Hello world!");
        return "Hello World!";
    }
}
```

4．运行项目

运行项目 sleuthDemo，打开 Apipost 访问以下 URL。

```
http://localhost:8080/hello
```

在 IDEA 的 Console 窗格中可以看到项目运行日志，如图 5-20 所示。

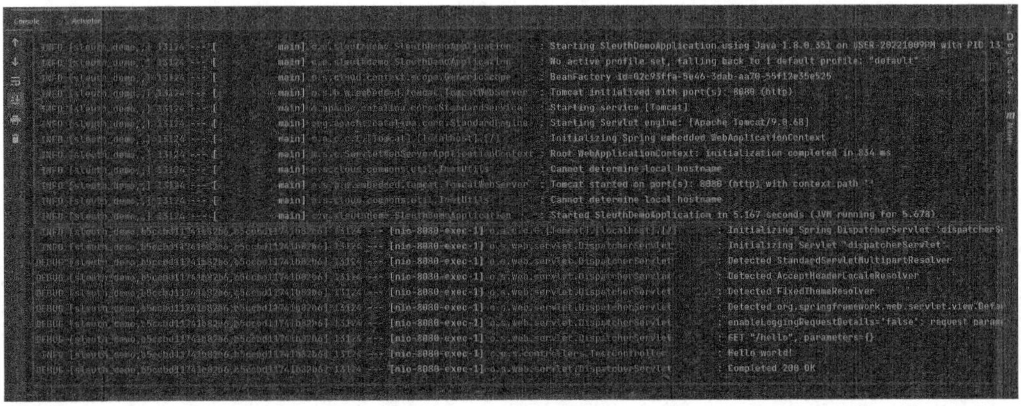

图 5-20　项目运行日志

从图 5-20 可以看到，与接口调用过程有关的日志前面出现了一个前缀"[sleuth_demo, b5ccbd11741b82b6,b5ccbd11741b82b6]"，而项目的启动日志则没有此前缀。日志前缀的格式为"[应用名,TraceId, SpanId]"，用于表示调用链。本实例因为只有一级调用，没有对其他服务的调用链，所以 TraceId 和 SpanId 是相同的。

虽然目前记录的调用链信息很简单，看似没有实际意义，但这就是链路追踪的基础数据。

5.4.3　在微服务项目中集成 Spring Cloud Sleuth

5.4.2 小节介绍的项目是普通的 Spring Boot 项目，并没有体现出服务之间的调用关系。本小节演示在一个小型微服务项目中集成 Spring Cloud Sleuth 的方法。

本小节项目的基本架构如图 5-21 所示。

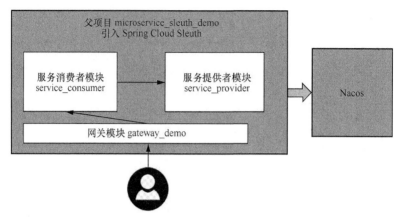

图 5-21 本小节项目的基本架构

1. 创建父项目

创建一个 Maven 项目 microservice_sleuth_demo 作为父项目，其 pom.xml 代码如下。

```xml
<?xml version="1.0" encoding="UTF-8"?>
<project xmlns="http://×××.apache.org/POM/4.0.0"
         xmlns:xsi="http://www.××××.org/2001/XMLSchema-instance"
         xsi:schemaLocation="http://×××.apache.org/POM/4.0.0 http://×××.apache.org/xsd/maven-4.0.0.xsd">
    <modelVersion>4.0.0</modelVersion>

    <parent>
        <groupId>org.springframework.boot</groupId>
        <artifactId>spring-boot-starter-parent</artifactId>
        <version>2.7.7</version>
        <relativePath/> <!-- lookup parent from repository -->
    </parent>
    <groupId>org.example</groupId>
    <artifactId>microservice_sleuth_demo</artifactId>
    <version>1.0-SNAPSHOT</version>
    <packaging>pom</packaging>

    <modules>
        <!-- 网关模块 -->
        <module>gateway_demo</module>
        <!-- 服务提供者模块 -->
        <module>service_provider</module>
        <!-- 服务消费者模块 -->
        <module>service_consumer</module>
    </modules>
    <properties>
        <maven.compiler.source>8</maven.compiler.source>
        <maven.compiler.target>8</maven.compiler.target>
        <project.build.sourceEncoding>UTF-8</project.build.sourceEncoding>

        <spring-boot.version>2.7.7</spring-boot.version>
        <!-- spring cloud -->
```

```xml
        <spring-cloud.version>2021.0.5</spring-cloud.version>
        <spring-cloud-alibaba.version>2021.1</spring-cloud-alibaba.version>
        <java.version>1.8</java.version>

    </properties>
    …
    </dependencyManagement>
</project>
```

代码定义了 Spring Boot、Spring Cloud 和 Spring Cloud Alibaba 等框架版本。pom.xml 还需要引入以下依赖。

- Spring Cloud 和 Spring Cloud Alibaba 等框架相关的依赖。
- spring-boot-starter-web、Nacos 服务发现的相关依赖。
- spring-cloud-starter-sleuth 依赖。

具体代码可以参照源代码理解。

项目 microservice_sleuth_demo 还定义了 gateway_demo、service_provider 和 service_consumer 这 3 个模块。在父项目中引入的依赖可以直接在模块中使用。

2. 模块 service_provider

在项目 microservice_sleuth_demo 中创建一个 Spring Initializer 模块 service_provider。

（1）pom.xml

在模块 service_provider 的 pom.xml 中定义父项目的代码如下。

```xml
<parent>
    <artifactId>microservice_sleuth_demo</artifactId>
    <groupId>org.example</groupId>
    <version>1.0-SNAPSHOT</version>
</parent>
```

（2）application.yml

在 application.yml 中配置项目的名字和端口号，并注册到 Nacos，代码如下。

```yaml
server:
  port: 8081 # 端口号
spring:
  application:
    name: service-provider # 应用名（服务名）
  cloud:
    nacos:
      server-addr: 192.168.1.103:8848 # Nacos 服务的地址
```

（3）启动类

模块 service_provider 的启动类代码如下。

```java
@SpringBootApplication
@EnableDiscoveryClient
public class ServiceProviderApplication {
    public static void main(String[] args) {
        SpringApplication.run(ServiceProviderApplication.class, args);
    }
}
```

代码使用@EnableDiscoveryClient 注解将服务实例的信息暴露给服务消费者。

（4）控制器

在包 com.example.service_provider.controllers 下创建一个控制器 TestController，其中包含一个简单的接口，代码如下。

```
@RestController
@RequestMapping("test")
public class TestController {
    private static final Logger log = LoggerFactory.getLogger(TestController.class);
    @GetMapping("/hello")
    public  String hello()
    {
        log.debug("Hello world!");
        return  "Hello World";
    }
}
```

3. 模块 service_consumer

在项目 microservice_sleuth_demo 中创建一个 Spring Initializer 模块 service_consumer。

（1）pom.xml

在模块 service_consumer 的 pom.xml 中定义父项目的代码如下。

```xml
<parent>
    <artifactId>microservice_sleuth_demo</artifactId>
    <groupId>org.example</groupId>
    <version>1.0-SNAPSHOT</version>
</parent>
```

因为在模块 service_consumer 中要使用 Spring Cloud OpenFeign 组件调用服务提供者，所以需要引用 Spring Cloud OpenFeign 依赖和 Spring Cloud Loadbalancer 依赖，代码如下。

```xml
<dependency>
<groupId>org.springframework.cloud</groupId>
<artifactId>spring-cloud-starter-openfeign</artifactId>
</dependency>
<dependency>
    <groupId>org.springframework.cloud</groupId>
    <artifactId>spring-cloud-starter-loadbalancer</artifactId>
</dependency>
```

（2）application.yml

在 application.yml 中配置项目的名字和端口号，并注册到 Nacos，代码如下。

```yaml
server:
  port: 8082 # 端口号
spring:
  application:
    name: service-consumer # 应用名（服务名）
  cloud:
    nacos:
      server-addr: 192.168.1.103:8848 # Nacos 服务的地址
```

（3）启动类

模块 service_consumer 的启动类代码如下。

```
@SpringBootApplication
```

```
@EnableDiscoveryClient
@EnableFeignClients
public class ServiceConsumerApplication {
    public static void main(String[] args) {
        SpringApplication.run(ServiceConsumerApplication.class, args);
    }
}
```

（4）接口 TestClient

在 com.example.service_consumer.service 包下创建接口 TestClient，并在其中通过 Feign 组件调用服务 service_provider 的/test/hello 接口，代码如下。

```
@FeignClient (name = "service-provider")
public interface TestClient{
    @RequestMapping(value = "/test/hello")
    public String hello();
}
```

（5）控制器

在包 com.example.service_consumer.controllers 下创建一个控制器 FeignController，其中包含一个简单的接口，代码如下。

```
@RestController
@RequestMapping("/feign")

public class FeignController {
    private static final Logger log = LoggerFactory.getLogger(FeignController.class);

    @Autowired
    private TestClient testClient;

    @RequestMapping("/hello")
    public String hello() {
        log.info("feign, Hello world!");
        return testClient.hello();
    }
}
```

代码通过接口 TestClient 调用/test/ hello。

4．模块 gateway_demo

在项目 microservice_sleuth_demo 中创建一个 Spring Initializer 模块 gateway_demo。

（1）pom.xml

在模块 gateway_demo 的 pom.xml 中定义父项目的代码如下。

```xml
<parent>
    <artifactId>microservice_sleuth_demo</artifactId>
    <groupId>org.example</groupId>
    <version>1.0-SNAPSHOT</version>
</parent>
```

因为在模块 gateway_demo 中要使用 Gateway 组件调用服务提供者，所以需要引用 Spring Cloud Gateway 依赖和 Load Balancer 依赖，代码如下。

```xml
<dependency>
<groupId>org.springframework.cloud</groupId>
<artifactId> spring-cloud-starter-gateway</artifactId>
</dependency>
<dependency>
    <groupId>org.springframework.cloud</groupId>
    <artifactId>spring-cloud-starter-loadbalancer</artifactId>
</dependency>
```

（2）application.yml

在 application.yml 中配置项目的名字和端口号，并注册到 Nacos，代码如下。

```yaml
server:
  port: 9090
spring:
  …
  cloud:
    nacos:
      discovery:
        server-addr: 192.168.1.103:8848
    gateway:
      discovery:
        locator:
          enabled: true
      routes:
        - id: route_service-consumer
          uri: lb://service-consumer
          predicates:
            - Path=/service-consumer/**
  zipkin:
    base-url: http://192.168.1.103:9411/  # Zipkin Server 的请求地址
    # Zipkin 不注册到 Nacos
    discovery-client-enabled: false
    sender:
      type: web # 请求方式，默认以 HTTP 的方式向 Zipkin Server 发送追踪数据
    enabled: true
  sleuth:
    sampler:
      probability: 1.0 # 采样的百分比
logging:
  level:
    org:
      springframework:
        web:
          servlet:
            DispatcherServlet: DEBUG
```

网关项目也需要配置 Zipkin Server 和 Spring Cloud Sleuth 的信息。

5. 运行项目

首先启动测试环境中的 Nacos 服务，然后依次运行 gateway_demo、service_provider 和 service_consumer 这 3 个模块。在 IDEA 的 Services 窗口中，可以看到这 3 个模块都处

于 Running 状态，如图 5-22 所示。

图 5-22　本实例的 3 个模块都处于 Running 状态

打开 Nacos 的服务列表页，确认相关服务已经注册到 Nacos，如图 5-23 所示。这是本实例顺利运行的前提。注意，本实例中的项目名和服务名并不一致。

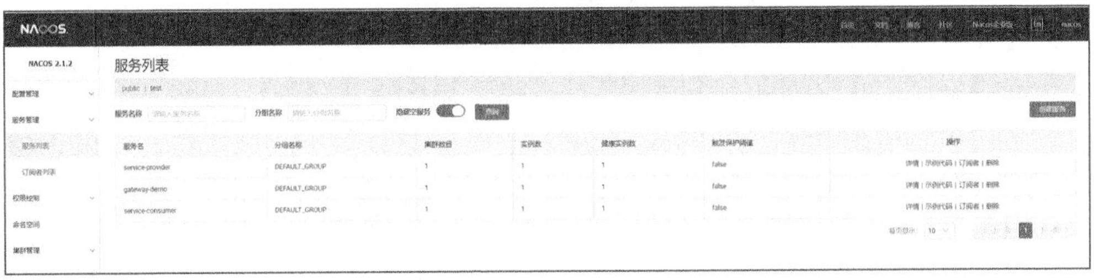

图 5-23　确认相关服务已经注册到 Nacos

在 Apipost 中访问以下 URL。

```
http://localhost:9090/service-consumer/feign/hello
```

在 IDEA 的 Services 窗口中选择 service_consumer，可以看到调用服务的相关日志，如图 5-24 所示。

图 5-24　在 service_consumer 中调用服务的相关日志

注意观察日志中的 TraceId 和 SpanId。以编者测试的结果为例，本次调用在 service_consumer 中记录的 TraceId 为 d9d562e65766009e，SpanId 为 cdeeb4906bb1541d。

在 IDEA 的 Services 窗口中选择 service_provider，可以看到调用服务的相关日志，如图 5-25 所示。

图 5-25　在 service_provider 中调用服务的相关日志

注意观察日志中的 TraceId 和 SpanId。以编者测试的结果为例，本次调用在 service_provider 中记录的 TraceId 为 d9d562e65766009e，SpanId 为 371207c9370dc67f。

可以看到，本次调用在 service_consumer 和 service_provider 中记录的 TraceId 相同，但是 SpanId 不同。可见，在这两个项目中发生的服务调用是一个调用链上的。

Spring Cloud Sleuth 虽然可以记录微服务的调用链信息，但是在实际应用中，微服务的数量可能会很多，对微服务的调用可能也很多，从众多日志中分析服务的调用链无异于大海捞针。因此，仅仅依靠 Spring Cloud Sleuth 来进行链路追踪是不够的，还需要借助 Zipkin，通过图形界面进行分析。

5.4.4 Zipkin 的基本功能

Zipkin 是 Twitter 公司推出的分布式实时数据追踪系统，它基于前面提及的 Google Dapper 设计思想，因此与 Spring Cloud Sleuth 高度兼容。Spring Cloud 微服务架构经常使用 Spring Cloud Sleuth+Zipkin 作为分布式跟踪解决方案。

1．Zipkin 的基本架构

Zipkin 可以分为 Zipkin Server 和 Zipkin Client 两个部分，具体说明如下。

- Zipkin Server：负责实现数据采集、数据存储、数据分析和数据展示等功能。
- Zipkin Client：基于不同的语言和框架封装的一系列客户端工具，可以完成追踪数据的生成和上报功能。

Zipkin 的基本架构如图 5-26 所示。

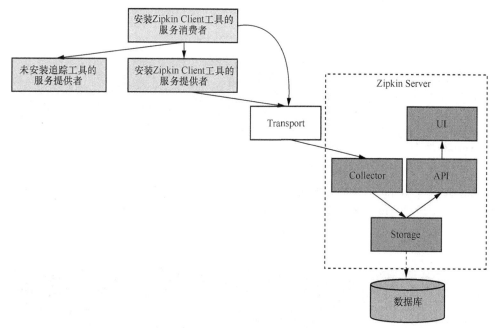

图 5-26 Zipkin 的基本架构

Zipkin Server 包含下面 4 个模块。

- Collector：接收或收集各种应用传输的数据。
- Storage：存储 Collector 模块传来的数据，目前支持内存、MySQL、Cassandra 和 Elasticsearch 等存储方式。
- API：提供接口负责查询存储在 Storage 中的数据。
- UI：提供简单的 Web 界面，通过调用 API 查询并展示存储在 Storage 中的数据。

在微服务架构应用中，Zipkin 监控的对象包括服务提供者和服务消费者。要想被 Zipkin 记录调用链路，服务提供者或服务消费者就必须安装 Zipkin Client。这样，调用链路每经过一个服务，Zipkin Client 的服务就会以 Span 的形式将自身的请求通过 Transport 上报至 Zipkin Server。这些调用数据会被存储在 Storage 中，并呈现在 Web 界面。

2．Zipkin 服务追踪的流程

图 5-27 是用户代码调用资源/foo 的 HTTP 追踪序列示例。这次调用会产生一个 Span，在用户代码收到 HTTP 响应后，服务会将此 Span 异步发送至 Zipkin。

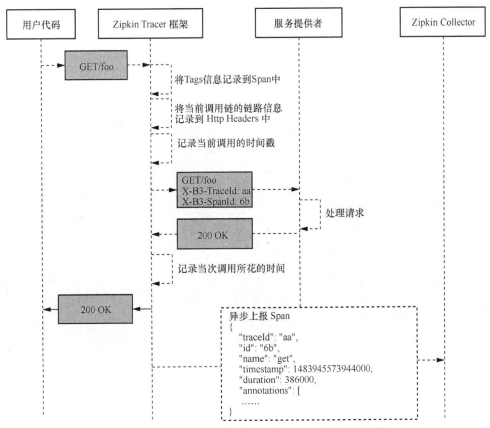

图 5-27　用户代码调用资源/foo 的 HTTP 追踪序列示例

用户代码发起 HTTP GET 请求访问资源/foo，经过 Zipkin Tracer 框架的拦截，再经过以下步骤，将调用链路信息发送到 Zipkin Server 中。

① 将 Tag 信息记录到 Span 中。
② 将当前调用链的链路信息记录到 Http Headers 中。
③ 记录当前调用的时间戳。

④ 发送 HTTP 请求，并携带链路相关的请求头。例如 X-B3-TraceId:aa、X-B3-SpanId:6b。

⑤ 调用结束后，记录当次调用所花的时间。

⑥ 将上述步骤构成的调用链汇总成一个 Span，并将其异步上报至 Zipkin Collector。

5.4.5　下载和启动 Zipkin Server

Zipkin Server 无须开发，可以直接从官网下载 jar 包运行。

1．下载 Zipkin Server 的 jar 包

在 Ubuntu 服务器上执行以下命令可以下载 Zipkin Server 的 jar 包。

```
wget -O zipkin.jar 'https://search.maven.org/remote_content?g=io.zipkin.java&a=zipkin-server&v=LATEST&c=exec'
```

下载结束后得到 zipkin.jar。

2．启动和访问 Zipkin Server

执行以下命令可以启动 Zipkin Server。

```
java -jar zipkin.jar
```

启动完成后，从打印的日志信息可以看到 Zipkin Server 在端口 9411 上监听，如图 5-28 所示。

图 5-28　Zipkin Server 在端口 9411 上监听

访问以下 URL 可以打开 Zipkin Server 主页，如图 5-29 所示。

```
http://192.168.1.103:9411/zipkin/
```

图 5-29　Zipkin Server 主页

其中 192.168.1.103 是 Ubuntu 虚拟机的 IP 地址。按照服务名、Span 名称、时间等条件可以查询服务调用数据。因为还没有开发和启动 Zipkin Client 应用，所以 Zipkin Server 暂时没有服务调用数据。

5.4.6　开发基于微服务的 Zipkin Client 项目

本小节演示在一个小型微服务项目中集成 Zipkin Client 的方法。本小节项目的基本架构如图 5-30 所示。

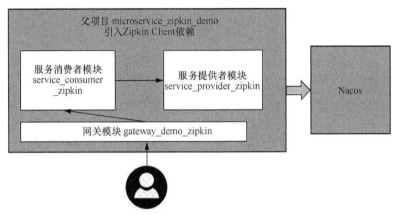

图 5-30　本小节项目的基本架构

1．创建父项目

创建一个 Maven 项目 microservice_zipkin_demo 作为父项目，其 pom.xml 代码如下。

```xml
…
<groupId>org.example</groupId>
<artifactId>microservice_zipkin_demo</artifactId>
…
<parent>
  <groupId>org.springframework.boot</groupId>
  <artifactId>spring-boot-starter-parent</artifactId>
  <version>2.7.7</version>
  <relativePath/> <!-- lookup parent from repository -->
</parent>
<modules>
  <!-- 网关模块 -->
  <module>gateway_demo_zipkin</module>
  <!-- 服务提供者模块 -->
  <module>service_provider_zipkin</module>
  <!-- 服务消费者模块 -->
  <module>service_consumer_zipkin</module>
</modules>
<properties>
  <maven.compiler.source>8</maven.compiler.source>
  <maven.compiler.target>8</maven.compiler.target>
  <project.build.sourceEncoding>UTF-8</project.build.sourceEncoding>
```

```xml
    <spring-boot.version>2.7.7</spring-boot.version>
    <!-- spring cloud -->
    <spring-cloud.version>2021.0.5</spring-cloud.version>
    <spring-cloud-alibaba.version>2021.1</spring-cloud-alibaba.version>
    <java.version>1.8</java.version>
</properties>
<dependencies>
    <dependency>
        <groupId>org.springframework.boot</groupId>
        <artifactId>spring-boot-starter-web</artifactId>
    </dependency>

    <!-- Nacos 服务发现 -->
    <dependency>
        <groupId>com.alibaba.cloud</groupId>
        <artifactId>spring-cloud-starter-alibaba-nacos-discovery</artifactId>
    </dependency>
    <dependency>
            <groupId>org.springframework.cloud</groupId>
            <artifactId>spring-cloud-starter-sleuth</artifactId>
        </dependency>
        <dependency>
            <groupId>org.springframework.cloud</groupId>
            <artifactId>spring-cloud-sleuth-zipkin</artifactId>
        </dependency>
        <dependency>
            <groupId>org.springframework.cloud</groupId>
            <artifactId>spring-cloud-starter-zipkin</artifactId>
        </dependency>

    <dependency>
        <groupId>org.springframework.boot</groupId>
        <artifactId>spring-boot-starter-test</artifactId>
        <scope>test</scope>
    </dependency>
</dependencies>
<dependencyManagement>
    <dependencies>
        <!-- Spring Cloud 相关依赖 -->
        <dependency>
            <groupId>org.springframework.cloud</groupId>
            <artifactId>spring-cloud-dependencies</artifactId>
            <version>${spring-cloud.version}</version>
            <type>pom</type>
            <scope>import</scope>
        </dependency>

        <!-- Spring Cloud Alibaba 相关依赖 -->
        <dependency>
            <groupId>com.alibaba.cloud</groupId>
            <artifactId>spring-cloud-alibaba-dependencies</artifactId>
```

```xml
            <version>${spring-cloud-alibaba.version}</version>
            <type>pom</type>
            <scope>import</scope>
        </dependency>
    </dependencies>
</dependencyManagement>
</project>
```

代码定义了 Spring Boot、Spring Cloud 和 Spring Cloud Alibaba 等框架版本。pom.xml 还需要引入以下依赖。

- Spring Cloud 和 Spring Cloud Alibaba 等框架相关的依赖。
- spring-boot-starter-web、Nacos 服务发现的相关依赖。
- Spring Cloud Sleuth 和 Zipkin 的相关依赖。

项目 microservice_zipkin_demo 还定义了 gateway_demo_zipkin、service_provider_zipkin 和 service_consumer_zipkin 这 3 个模块。在父项目中引入的依赖可以直接在模块中使用。

2. 模块 service_provider_zipkin

在项目 microservice_zipkin_demo 中创建一个 Spring Initializer 模块 service_provider_zipkin。

（1）pom.xml

在模块 service_provider_zipkin 的 pom.xml 中定义父项目的代码如下。

```xml
<parent>
    <artifactId>microservice_zipkin_demo</artifactId>
    <groupId>org.example</groupId>
    <version>1.0-SNAPSHOT</version>
</parent>
```

（2）application.yml

在 application.yml 中配置项目的名字和端口号，并注册到 Nacos，代码如下。

```yaml
server:
  port: 8081 # 端口号
spring:
  application:
    name: service_provider_zip # 应用名（服务名）
  cloud:
    nacos:
      server-addr: 192.168.1.103:8848 # Nacos 服务的地址
  zipkin:
    base-url: http://192.168.1.103:9411/ # Zipkin Server 的请求地址
    sender:
      type: web # 请求方式，默认以 HTTP 的方式向 Zipkin Server 发送追踪数据
  sleuth:
    sampler:
      probability: 1.0 # 采样的百分比
...
```

配置项 spring.zipkin.base-url 指定 Zipkin Server 的监听地址。spring.zipkin.sender.type 指定向 Zipkin Server 发送消息的方式，web 表示以 HTTP 方式向 Zipkin Server 发送

消息。

配置项 spring.sleuth.sampler.probability 指定 Spring Cloud Sleuth 的采样百分比。1.0 表示100%采样。

（3）控制器

在包 com.example.service_provider_zipkin.controllers 下创建一个控制器 Test Controller，其中包含一个简单的接口，代码如下。

```
@RestController
@RequestMapping("test")
public class TestController {
    private static final Logger log = LoggerFactory.getLogger(TestController.class);
    @GetMapping("/hello")
    public  String hello()
    {
        log.debug("Hello world!");
        return  "Hello World";
    }
}
```

3. 模块 service_consumer_zipkin

在项目 microservice_zipkin_demo 中创建一个 Spring Initializer 模块 service_consumer_zipkin。

（1）pom.xml

在模块 service_consumer_zipkin 的 pom.xml 中定义父项目的代码如下。

```
<parent>
    <artifactId>microservice_zipkin_demo</artifactId>
    <groupId>org.example</groupId>
    <version>1.0-SNAPSHOT</version>
</parent>
```

因为在模块 service_consumer_zipkin 中要使用 Spring Cloud OpenFeign 组件调用服务提供的接口，所以需要引用 Spring Cloud OpenFeign 依赖和 Spring Cloud Loadbalancer 依赖，代码如下。

```
<dependency>
<groupId>org.springframework.cloud</groupId>
<artifactId>spring-cloud-starter-openfeign</artifactId>
</dependency>
<dependency>
    <groupId>org.springframework.cloud</groupId>
    <artifactId>spring-cloud-starter-loadbalancer</artifactId>
</dependency>
```

（2）application.yml

在 application.yml 中配置项目的名字和端口号，并注册到 Nacos，代码如下。

```
server:
  port: 8082 # 端口号
spring:
  application:
```

```yaml
    name: service-consumer # 应用名（服务名）
cloud:
  nacos:
    server-addr: 192.168.1.103:8848 # Nacos 服务的地址
zipkin:
  base-url: http://192.168.1.103:9411/ # Zipkin Server 的请求地址
  # Zipkin 不注册到 Nacos
  discovery-client-enabled: false
  sender:
    type: web # 请求方式，默认以 HTTP 的方式向 Zipkin Server 发送追踪数据
  enabled: true
sleuth:
  sampler:
    probability: 1.0 # 采样的百分比
…
```

与模块 service_provider_zipkin 一样，这里也需要配置 Zipkin Server 和 Spring Cloud Sleuth 的相关参数。

（3）接口 TestClient

在 com.example.service_consumer_zipkin.service 包下创建接口 TestClient，并在其中通过 Feign 组件调用服务 service_provider 的/test/hello 接口，代码如下。

```java
@FeignClient (name = "service_provider")
public interface TestClient{
    @RequestMapping(value = "/test/hello")
    public String hello();
}
```

（4）控制器

在包com.example.service_consumer_zipkin.controllers下创建一个控制器FeignController，其中包含一个简单的接口，代码如下。

```java
@RestController
@RequestMapping("/feign")
public class FeignController {
    private static final Logger log = LoggerFactory.getLogger(FeignController.class);
    @Autowired
    private TestClient testClient;
    @RequestMapping("/hello")
    public String hello() {
        log.info("feign, Hello world!");
        return testClient.hello();
    }
}
```

代码通过接口 TestClient 调用/test/hello。

4. 模块 gateway_demo_zipkin

在项目 microservice_zipkin_demo 中创建一个 Spring Initializer 模块 gateway_demo_zipkin。

（1）pom.xml

在模块 gateway_demo_zipkin 的 pom.xml 中定义父项目的代码如下。

```xml
<parent>
    <artifactId>microservice_zipkin_demo</artifactId>
    <groupId>org.example</groupId>
    <version>1.0-SNAPSHOT</version>
</parent>
```

因为在模块 gateway_demo_zipkin 中要使用 Gateway 组件调用服务提供者，所以需要引用 Spring Cloud Gateway 依赖和 Load Balancer 依赖，代码如下。

```xml
<dependency>
<groupId>org.springframework.cloud</groupId>
<artifactId> spring-cloud-starter-gateway</artifactId>
</dependency>
<dependency>
    <groupId>org.springframework.cloud</groupId>
    <artifactId>spring-cloud-starter-loadbalancer</artifactId>
</dependency>
```

（2）application.yml

在 application.yml 中配置项目的名字和端口号，并注册到 Nacos，代码如下。

```yaml
server:
  port: 9090
spring:
  main:
    web-application-type: reactive
  application:
    name: gateway-demo
  cloud:
    nacos:
      discovery:
        server-addr: 192.168.1.103:8848
    gateway:
      discovery:
        locator:
          enabled: true
      routes:
        - id: route_service-consumer
          uri: lb://service-consumer
          predicates:
            - Path=/service-consumer/**
  zipkin:
    base-url: http://192.168.1.103:9411/   # Zipkin Server 的请求地址
    # Zipkin 不注册到 Nacos
    discovery-client-enabled: false
    sender:
      type: web  # 请求方式，默认以 HTTP 的方式向 Zipkin Server 发送追踪数据
    enabled: true
  sleuth:
    sampler:
      probability: 1.0  # 采样的百分比
...
```

代码配置了网关应用的应用名、端口号和路由。与模块 service_provider_zipkin 一样，这里也需要配置 Zipkin Server 和 Spring Cloud Sleuth 的相关参数。

5．运行项目

首先启动测试环境中的 Nacos 服务，然后依次运行 gateway_demo_zipkin、service_provider_zipkin 和 service_consumer_zipkin 这 3 个模块。在 IDEA 的 Services 窗口中，可以看到这 3 个模块都处于 Running 状态，如图 5-31 所示。

图 5-31　本实例的 3 个模块都处于 Running 状态

打开 Nacos 的服务列表页，确认相关服务已经注册到 Nacos，如图 5-32 所示。这是本实例顺利运行的前提。注意，本实例中的项目名和服务名并不一致。

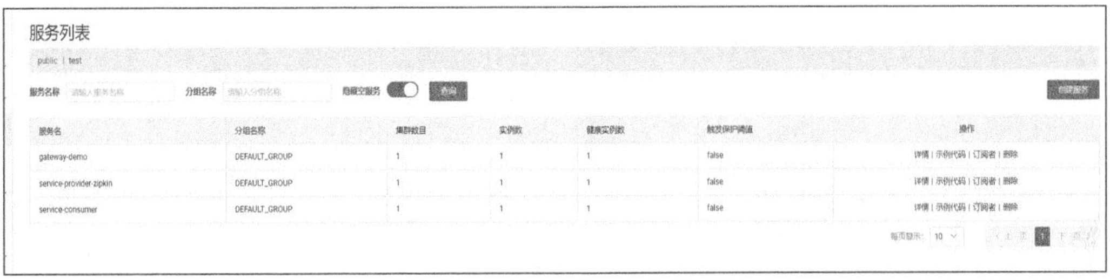

图 5-32　确认相关服务已经注册到 Nacos

启动 Zipkin Server，在 Apipost 中访问以下 URL。

```
http://localhost:9090/service-consumer/feign/hello
```

连续 3 次单击"发送"，然后访问 Zipkin Server 页面，如图 5-33 所示。

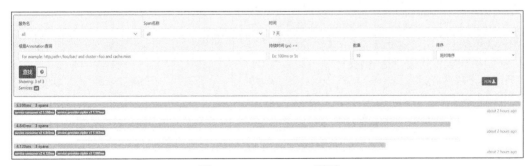

图 5-33　Zipkin Server 页面

从图 5-33 可以看到 3 个调用链。单击其中一个调用链，可以查看其详情，如图 5-34 所示。

图 5-34 查看 Zipkin Server 的调用链详情

图 5-34 显示了调用链涉及的每个微服务和调用链接。

在 Zipkin Server 的主页中单击"依赖"，可以查看微服务之间的依赖关系，如图 5-35 所示。

图 5-35 查看微服务之间的依赖关系

6．通过 Zipkin 分析服务调用问题

借助 Zipkin 可以很方便地分析服务调用问题。在模块 service_consumer_zipkin 中添加一个控制器 TestController，代码如下。

```
@RestController
@RequestMapping("/test")
public class TestController {
    private static final Logger log = LoggerFactory.getLogger(FeignController.class);
    @RequestMapping("/hello")
    public String hello() {
        log.debug("Hello world!");
        int i=1;
        int x = 1/(i-1);
        return "Hello world!";
    }
}
```

首先启动测试环境中的 Nacos 服务，然后依次运行 gateway_demo_zipkin、service_provider_zipkin 和 service_consumer_zipkin 这 3 个模块。

启动 Zipkin Server，在 Apipost 中访问以下 URL。

```
http://localhost:9090/service-consumer/test/hello
```

单击"发送"，返回的结果如下。

```
{
    "timestamp": "2022-12-31T14:28:31.585+00:00",
    "status": 500,
    "error": "Internal Server Error",
    "path": "/test/hello"
}
```

发现错误后，访问 Zipkin Server 页面。选择按"时间降序"，然后单击"查找"，可以查看最近发生的调用链，如图 5-36 所示。

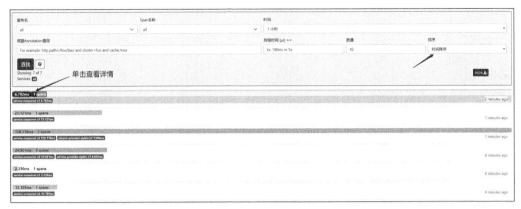

图 5-36　查看最近发生的调用链

单击最后一个调用链查看详情，如图 5-37 所示。

图 5-37　查看调用链详情

在调用链详情中可以看到 get /error 调用链接。单击"get /error"可以查看错误详情，如图 5-38 所示。单击"展现 ID"，可以查看调用链的 traceId，也可以查看造成错误的原因为"/ by zero"。

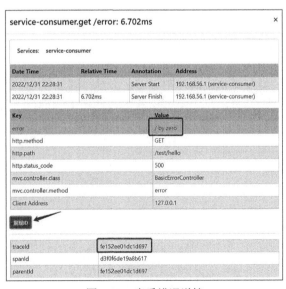

图 5-38　查看错误详情

记录 traceId，访问以下 URL，查看 traceId 为 fe152ee01dc1d697 的调用链详情。

```
http://192.168.1.103:9411/zipkin/traces/fe152ee01dc1d697
```

第 6 章

搭建认证授权中心

微服务架构的主要职责是提供对数据资源的查询和操作服务。出于数据安全方面的考虑，微服务架构必须对其访问者（服务消费者）进行身份验证。本章介绍开发 Spring Cloud 微服务架构认证授权中心的方法。

6.1 微服务架构的安全机制

认证是指对需要调用微服务架构中 API 的用户或应用程序进行身份确认。通过认证后，访问者才可以成功调用 API。Spring Cloud 微服务架构可以借助 Spring Boot Security 和 Spring Cloud OAuth2 搭建基于令牌（access token）的安全认证机制。

6.1.1 认证授权中心的作用和工作原理

认证授权中心负责微服务架构的边界安全，也就是说，访问者在调用接口之前，需要经过认证授权中心授权，否则将无法调用微服务架构中的接口。认证授权中心在微服务架构中的作用如图 6-1 所示。

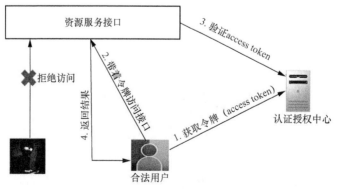

图 6-1 认证授权中心在微服务架构中的作用

没有得到授权的非法用户或应用将被资源服务拒绝访问。合法用户或应用调用资源服务接口的过程如下。

① 认证授权中心进行身份验证，通过后可以获得 access token。
② 以 access token 为参数调用资源服务接口。
③ 资源服务对 access token 进行验证。
④ 确认访问者有调用接口的权限，然后执行接口程序，返回结果。
⑤ 如果访问者没有调用接口的权限，则拒绝访问。
通过认证授权中心进行身份验证的方法将在 6.2 节介绍。

6.1.2 OAuth 2.0 安全协议

OAuth 2.0 是对用户进行身份验证和获取用户授权的标准协议。应用程序可以借助 OAuth 2.0 安全协议以安全且标准的方式从某个第三方网站或应用（比如微信平台）获取指定用户的私密资源（例如用户个人信息、头像、视频、联系人列表等）。此功能需要经过用户授权后才能使用，而且在获取过程中，用户无须将其在第三方网站或应用的用户名和密码提供给应用程序。因此，OAuth 2.0 是安全的。

1．通过 OAuth 2.0 进行授权的案例

通过 OAuth 2.0 进行授权的一个经典案例就是有些应用通过 OAuth 2.0 获取当前微信用户的基本信息，包括昵称、头像、地区和性别等。想要获取用户信息，就要通过用户授权。当用户在微信中访问集成 OAuth 2.0 授权功能的网页时，微信会出现类似如图 6-2 所示的微信应用授权页面，要求用户确认登录。

图 6-2　微信应用授权页面

在微信公众平台中使用 OAuth 2.0 实现用户授权的过程如图 6-3 所示。

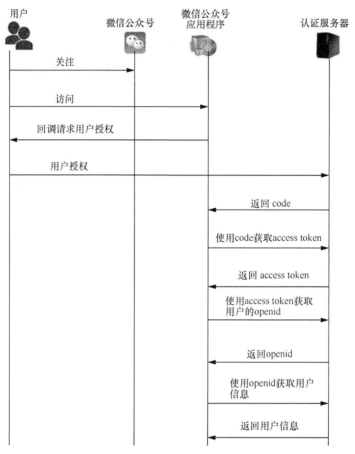

图 6-3 在微信公众平台中使用 OAuth 2.0 实现用户授权的过程

具体过程如下。

① 用户关注微信公众号。
② 微信公众号为来访的用户提供微信公众号应用程序的入口。
③ 用户访问微信公众号应用程序，其中包含请求授权的页面。
④ 访问请求授权的页面，向认证服务器发起用户授权请求。
⑤ 认证服务器询问用户是否同意授权给微信公众号应用程序。
⑥ 用户同意授权。
⑦ 认证服务器通过回调将 code 传给微信公众号应用程序。
⑧ 微信公众号应用程序使用 code 获取 access token。
⑨ 认证服务器通过回调将 access token 传给微信公众号应用程序。
⑩ 微信公众号应用程序使用 access token 获取用户的 openid。
⑪ 认证服务器通过回调将 openid 传给微信公众号应用程序。
⑫ 微信公众号应用程序使用 openid 获取用户信息。
⑬ 认证服务器通过回调将用户信息传给微信公众号应用程序。

2．access token

在上述过程中，有一个关键的概念 access token。access token 简称 token，是由认证服务器生成的一个字符串,作为授予客户端应用的一个临时密钥,标识着客户端应用已经通过了身份验证。

access token 可以分为 Bearer Token 和 MAC Token 两种类型。Bearer Token 比较简单,不需要对请求进行签名,但是需要使用 HTTPS 保证信息传输安全。Bearer Token 有有效期,过期后可以使用 Refresh Token 进行刷新;而 MAC Token 是长期有效的。

JSON 格式的互联网令牌(JWT)是最流行的 token 编码方式,是为了在网络应用环境间传递 token 而设计的一种基于 JSON 的开放标准。本章介绍的认证授权中心通过 JWT 对客户端应用进行授权。

3.授权模式

OAuth 2.0 提供 4 种授权模式,即授权码授权模式、隐式授权模式、密码授权模式和客户端凭证授权模式。

(1)授权码授权模式

授权码授权模式通常适用于终端用户直接访问需要授权的应用网页这种应用场景。图 6-3 所示的微信公众平台用户授权过程使用的就是授权码授权模式。

在授权码授权模式中,使用授权码获取 token 的过程在客户端的后台服务器实现,对客户端是不可见的,因此是非常安全的。

(2)隐式授权模式

隐式授权模式也称为客户端模式,适用于没有服务器端程序的应用,例如在静态页面使用 JavaScript 语言实现简单的交互。在这种情况下,应用的密钥是不安全的,因为前端代码可以在浏览器中查看到密钥。如果采取授权码授权模式,则会存在泄漏密钥的可能性。隐式授权模式的流程如图 6-4 所示。

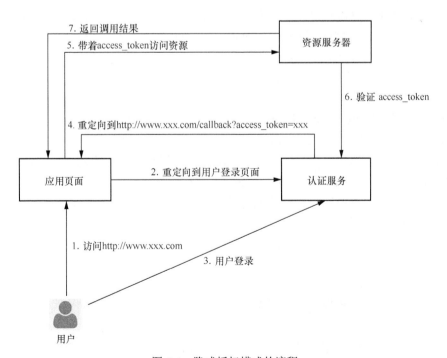

图 6-4　隐式授权模式的流程

用户在访问集成隐式授权模式 OAuth 2.0 的应用页面后，页面会重定向到认证服务的用户登录页面。用户成功登录后，页面跳转至指定的回调页面，并以 URL 参数的形式传递 access-token。客户端应用得到 access-token 后就可以带着 access-token 访问资源了。

资源服务器在收到访问请求后，会解析出 access-token，并去认证服务验证 access-token。如果 access-token 有效，则返回调用结果；否则拒绝访问。

（3）密码授权模式

在密码授权模式中，客户端直接使用资源服务器的用户名和密码。也就是说客户端和资源服务器之间存在着高度的信任，比如都是企业整体平台的组成部分。

密码授权模式的流程如图 6-5 所示。

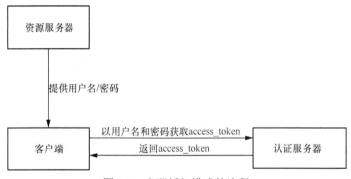

图 6-5　密码授权模式的流程

（4）客户端凭证授权模式

在客户端凭证授权模式中，客户端用自己的客户端凭证请求获取 access token。客户端凭证包括 Client Id 和 Client Secret，Client Id 用于标识一个需要访问资源服务器的客户端应用程序，Client Secret 相当于客户端的密码。当客户端应用程序使用 Client Id 和 Client Secret 向认证服务器申请 access token 时，认证服务器会依据下面的逻辑决定是否发放 access token。

- Client Id 是否标识一个有效的应用程序。
- Client Id 对应的 Client Secret 是否正确。

每个资源服务器都有一个唯一的 Resource Id。资源服务器接收到访问请求时，会使用自己的 Resource Id 和请求者提供的 access token 去认证服务器验证。认证服务器会依据下面的逻辑判断申请者是否有权限访问资源服务器。

- access token 是否有效。
- access token 对应的 Client Id 所标识的应用程序是否对 Resource Id 标识的资源服务器有访问权限。

6.1.3　通过 JWT 实现身份验证和鉴权

JWT 规定了数据传输的结构。一个完整的 JWT 由下面 3 个段落组成，每个段落用英文句号（.）连接。

- Header：包含加密的方式和类型。
- Payload：包含实际传递的参数内容。
- Signature：包含签名数据。

通过 JWT 进行身份验证和鉴权的流程如图 6-6 所示。

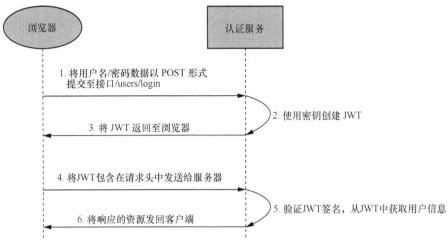

图 6-6　通过 JWT 进行身份验证和鉴权的流程

通过 OAuth2.0 协议可以搭建一个支持 JWT 的认证服务，具体方法将在 6.2 节中介绍。

6.2　开发基于 OAuth 2.0 和 JWT 的认证服务

本节结合一个简单的微服务应用介绍开发基于 OAuth 2.0 和 JWT 的认证服务的过程。

6.2.1　开发认证服务的流程

开发基于 OAuth 2.0 和 JWT 的认证服务的流程如图 6-7 所示。

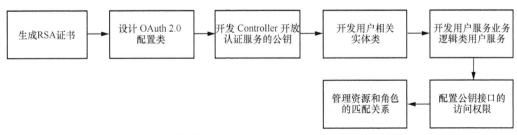

图 6-7　开发基于 OAuth 2.0 和 JWT 的认证服务的流程

后文将结合微服务示例项目 AuthServerDemo 介绍开发认证服务的方法。

6.2.2　示例项目 AuthServerDemo 的架构

示例项目 AuthServerDemo 的架构如图 6-8 所示。

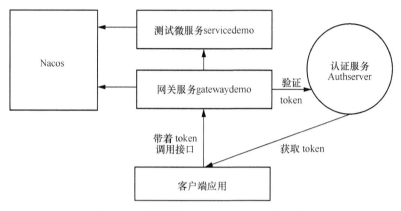

图 6-8　示例项目 AuthServerDemo 的架构

创建一个 Maven 项目 AuthServerDemo 作为父项目，其 pom.xml 代码如下。

```xml
<?xml version="1.0" encoding="UTF-8"?>
<project xmlns:xsi="http://www.××××.org/2001/XMLSchema-instance" xmlns="http://×××.apache.org/POM/4.0.0"
        xsi:schemaLocation="http://×××.apache.org/POM/4.0.0 https://×××.apache.org/xsd/maven-4.0.0.xsd">
    <modelVersion>4.0.0</modelVersion>
    <parent>
        <groupId>org.springframework.boot</groupId>
        <artifactId>spring-boot-starter-parent</artifactId>
        <version>2.7.7</version>
        <relativePath/> <!-- lookup parent from repository -->
    </parent>
     <modules>
        <!-- 认证模块 -->
        <module>Authserver</module>
        <!-- 网关模块 -->
        <module>gatewaydemo</module>
        <!-- 测试微服务模块 -->
        <module>servicedemo</module>
    </modules>

    <groupId>com.example</groupId>
    <artifactId>AuthServerDemo</artifactId>
    <version>0.0.1-SNAPSHOT</version>
    <name>AuthServerDemo</name>
    <description>AuthServerDemo</description>
    <packaging>pom</packaging>
    <properties>
```

```xml
            <maven.compiler.source>8</maven.compiler.source>
            <maven.compiler.target>8</maven.compiler.target>
            <project.build.sourceEncoding>UTF-8</project.build.sourceEncoding>

            <spring-boot.version>2.7.7</spring-boot.version>
            <!-- spring cloud -->
            <spring-cloud.version>2021.0.5</spring-cloud.version>
            <spring-cloud-alibaba.version>2021.1</spring-cloud-alibaba.version>
            <java.version>1.8</java.version>
    </properties>
    <dependencies>
        <dependency>
            <groupId>org.springframework.boot</groupId>
            <artifactId>spring-boot-starter-web</artifactId>
        </dependency>
        <!-- Nacos 服务发现 -->
        <dependency>
            <groupId>com.alibaba.cloud</groupId>
            <artifactId>spring-cloud-starter-alibaba-nacos-discovery</artifactId>
        </dependency>

        <dependency>
            <groupId>org.springframework.boot</groupId>
            <artifactId>spring-boot-starter-test</artifactId>
            <scope>test</scope>
        </dependency>
    </dependencies>
    <dependencyManagement>
        <dependencies>
            <!-- Spring Cloud 相关依赖 -->
            <dependency>
                <groupId>org.springframework.cloud</groupId>
                <artifactId>spring-cloud-dependencies</artifactId>
                <version>${spring-cloud.version}</version>
                <type>pom</type>
                <scope>import</scope>
            </dependency>

            <!-- Spring Cloud Alibaba 相关依赖 -->
            <dependency>
                <groupId>com.alibaba.cloud</groupId>
                <artifactId>spring-cloud-alibaba-dependencies</artifactId>
                <version>${spring-cloud-alibaba.version}</version>
                <type>pom</type>
                <scope>import</scope>
            </dependency>
        </dependencies>
    </dependencyManagement>

</project>
```

代码定义了 Spring Boot、Spring Cloud 和 Spring Cloud Alibaba 等框架版本，引入 Spring Cloud 和 Spring Cloud Alibaba 等框架相关的依赖，还引入了 spring-boot-starter-web、Nacos 服务发现的相关依赖。

项目 AuthServerDemo 还定义了 Authserver、gatewaydemo 和 servicedemo 这 3 个模块。在父项目中引入的依赖可以直接在模块中使用。

6.2.3 开发认证服务

本小节介绍按照图 6-7 所示的流程开发认证服务的方法。在项目 AuthServerDemo 中创建一个 Spring Initializer 模块 Authserver。

1．pom.xml

在模块 Authserver 的 pom.xml 中定义父项目，代码如下。

```xml
<parent>
<artifactId>AuthServerDemo</artifactId>
<groupId>com.example</groupId>
<version>0.0.1-SNAPSHOT</version>
</parent>
```

还需要在 pom.xml 中添加 Spring Security、OAuth、JWT 和 Redis 的相关依赖，代码如下。

```xml
<dependencies>
    <dependency>
        <groupId>org.springframework.boot</groupId>
        <artifactId>spring-boot-starter-web</artifactId>
    </dependency>
    <dependency>
        <groupId>org.springframework.boot</groupId>
        <artifactId>spring-boot-starter-security</artifactId>
    </dependency>
    <dependency>
        <groupId>org.springframework.cloud</groupId>
        <artifactId>spring-cloud-starter-oauth2</artifactId>
        <version>2.2.5.RELEASE</version>
    </dependency>

    <dependency>
        <groupId>com.nimbusds</groupId>
        <artifactId>nimbus-jose-jwt</artifactId>
        <version>8.16</version>
    </dependency>
    <!-- redis -->
    <dependency>
        <groupId>org.springframework.boot</groupId>
        <artifactId>spring-boot-starter-data-redis</artifactId>
    </dependency>
    <dependency>
```

```xml
            <groupId>org.springframework.boot</groupId>
            <artifactId>spring-boot-starter</artifactId>
        </dependency>

        <dependency>
            <groupId>org.springframework.boot</groupId>
            <artifactId>spring-boot-starter-test</artifactId>
            <scope>test</scope>
        </dependency>
    </dependencies>
```

2. 配置文件 application.yml

在模块 Authserver 的配置文件 application.yml 中配置项目的名称和端口号，并注册到 Nacos，代码如下。

```yaml
server:
  port: 9001
spring:
  profiles:
    active: dev
  application:
    name: authserver
  cloud:
    nacos:
      discovery:
        server-addr: 192.1681.103:8848
  jackson:
    date-format: yyyy-MM-dd HH:mm:ss
  redis:
    database: 0
    port: 6379
    host: 192.168.1.103
    password:
```

其中配置项 spring.redis 指定 Redis 服务器的相关配置，这里假定在 Ubuntu 虚拟机中安装了 Redis Server，IP 地址为 192.168.1.103，端口号为 6379。

因为 JWT 中包含日期数据，为了统一标准，所以使用 spring.jackson.date-format 配置全局时间格式。

3. 启动类

模块 Authserver 的启动类代码如下。

```java
@SpringBootApplication
@EnableDiscoveryClient
public class AuthserverApplication {

    public static void main(String[] args) {
        SpringApplication.run(AuthserverApplication.class, args);
    }

}
```

代码使用@EnableDiscoveryClient 注解启用服务发现。

4. 生成 RSA 证书

JWT 中包含签名数据，因此需要生成 RSA 证书，用于对数据进行签名。在 Ubuntu 服务器上执行以下命令可以生成 RSA 证书 jwt.jks。

```
keytool -genkey -alias jwt -keyalg RSA -keystore jwt.jks
```

按提示依次输入名字与姓氏、组织单位名称、组织名称、所在的城市或区域名称、所在的省/市/自治区名称、单位的双字母国家/地区代码，这些信息会保存在证书中，可以根据实际情况输入。生成 RSA 证书的过程如图 6-9 所示。

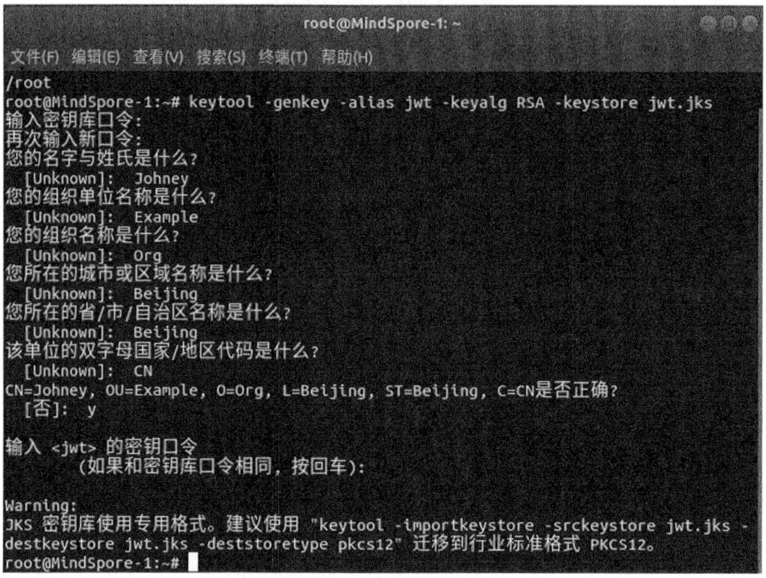

图 6-9 生成 RSA 证书的过程

将生成的证书文件 jwt.jks 下载到本地，复制到模块 Authserver 的 resources 文件夹下备用，如图 6-10 所示。

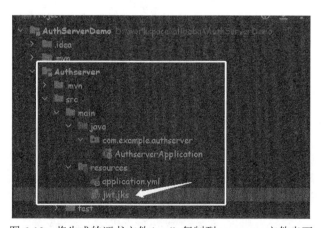

图 6-10 将生成的证书文件 jwt.jk 复制到 resources 文件夹下

5. 设计 OAuth 2.0 配置类

配置 Spring Security OAuth 2.0 的方法是编写@Configuration 类继承 Authorization

ServerConfigurerAdapter，重写 void configure(ClientDetailsServiceConfigurer clients) 方法。

在 com.example.authserver.config 下创建一个 OAuth 2.0 配置类 Oauth2ServerConfig，代码如下。

```java
@AllArgsConstructor
@Configuration
@EnableAuthorizationServer
public class Oauth2ServerConfig extends AuthorizationServerConfigurerAdapter {

    private final DataSource dataSource;
    private final PasswordEncoder passwordEncoder;
    private final UserServiceImpl userDetailsService;
    private final AuthenticationManager authenticationManager;

    public static final String CLIENT_ID = "client-app";
    public static final String CLIENT_SECRET = "12345678";

/*    @Override
    public void configure(ClientDetailsServiceConfigurer clients) throws Exception {
        clients.inMemory()
                .withClient(CLIENT_ID)
                .secret(passwordEncoder.encode(CLIENT_SECRET))
                .scopes("all")
                .authorizedGrantTypes("password", "refresh_token")
                .accessTokenValiditySeconds(3600)
                .refreshTokenValiditySeconds(86400);
    }*/

    @Override
    public void configure(ClientDetailsServiceConfigurer clients) throws Exception {
        // 从 JDBC 查出数据来存储
        clients.withClientDetails(new JdbcClientDetailsService(dataSource));
    }

    @Override
    public void configure(AuthorizationServerSecurityConfigurer security) throws Exception {
        security.allowFormAuthenticationForClients();
    }

    @Override
    public void configure(AuthorizationServerEndpointsConfigurer endpoints) throws Exception {
        TokenEnhancerChain enhancerChain = new TokenEnhancerChain();
        enhancerChain.setTokenEnhancers(Lists.newArrayList(tokenEnhancer(), accessTokenConverter())); // 配置 JWT 的内容增强器
        endpoints
                .authenticationManager(authenticationManager)
                // 配置加载用户信息的服务
```

```java
                .userDetailsService(userDetailsService)
                // 配置 JwtAccessToken 转换器
                .accessTokenConverter(accessTokenConverter())
                .tokenEnhancer(enhancerChain);
    }

    /**
     * 使用非对称加密算法对 token 进行签名
     */
    @Bean
    public JwtAccessTokenConverter accessTokenConverter() {
        JwtAccessTokenConverter jwtAccessTokenConverter = new JwtAccessTokenConverter();
        jwtAccessTokenConverter.setKeyPair(keyPair());
        return jwtAccessTokenConverter;
    }

    @Bean
    public KeyPair keyPair() {
        // 从 classpath 下的证书中获取密钥对
        String password = "123456";
        KeyStoreKeyFactory keyStoreKeyFactory = new KeyStoreKeyFactory(new ClassPathResource("jwt.jks"), password.toCharArray());
        return keyStoreKeyFactory.getKeyPair("jwt", password.toCharArray());
    }

    /**
     * 向 JWT 中添加自定义信息
     */
    @Bean
    public TokenEnhancer tokenEnhancer() {
        return (accessToken, authentication) -> {
            SecurityUser securityUser = (SecurityUser) authentication.getPrincipal();
            Map<String, Object> info = new HashMap<>();
            // 把用户 ID 设置到 JWT 中
            info.put("userId", securityUser.getId());
            ((DefaultOAuth2AccessToken) accessToken).setAdditionalInformation(info);
            return accessToken;
        };
    }

    public static void main(String[] args) {
        BCryptPasswordEncoder encoder = new BCryptPasswordEncoder();
        System.out.println(encoder.encode("12345678"));
    }
}
```

OAuth 2.0 配置类 Oauth2ServerConfig 中定义的方法见表 6-1。

表 6-1　OAuth 2.0 配置类 Oauth2ServerConfig 中定义的方法

方法名	具体说明
void configure(ClientDetailsServiceConfigurer clients)	配置客户端应用的认证选项。此功能通过设置 ClientDetailsService Configurer 对象 clients 的以下选项实现。 • .inMemory()：指定在内存中管理客户端应用的凭据。 • .withClient()：指定客户端应用的唯一标识 CLIENT_ID。 • .secret()：指定 CLIENT_ID 对应的密码 CLIENT_SECRET。 • .scopes ()：指定客户端访问资源的范围，使用"all"表示指定客户端应用可以访问所有资源。 • .authorizedGrantTypes()：指定客户端的授权方式。本实例采用"password"+"refresh_token"的授权方式。"password"授权方式指客户端应用程序收集用户凭据，并发送用户凭据（用户名和密码）和客户端应用自己的凭据（CLIENT_ID 和 CLIENT_SECRET）以获取令牌。此流程将授权与身份验证混合在一起。"refresh_token"指定使用刷新令牌模式，即除了返回 access_token 外，还返回一个 refresh_token。只有在授权码模式和密码模式才会生效。 • accessTokenValiditySeconds()：指定 access token 的有效期，单位为 s。 • refreshTokenValiditySeconds()：指定 refresh token 的有效期，单位为 s。 内存管理客户端应用凭据的方案，通常仅在测试和演示时采用。在实际应用中，通常将客户端应用的凭据保存在数据库的表 oauth_client_details 中。指定使用数据库管理客户端应用凭据的语句如下。 clients.withClientDetails(new JdbcClientDetailsService(dataSource));
configure(AuthorizationServerSecurityConfigurer security)	通过参数 AuthorizationServerSecurityConfigurer 对象配置令牌端点（Token Endpoint）的安全约束，即指定获取 token 的方式。security.allowFormAuthenticationForClients() 指定支持以 client_id 和 client_secret 进行登录认证，通过认证后可以获取到 token
void configure(AuthorizationServerEndpointsConfigurer endpoints)	通过参数 AuthorizationServerEndpointsConfigurer 对象 endpoints 配置授权和令牌的访问端点与令牌服务。上述代码指定了以下信息。 • 配置 JWT 的内容增强器为 tokenEnhancer()，通过 tokenEnhancer 可以在 JWT 中添加自定义信息。 • 指定通过 authenticationManager 进行身份认证。 • 指定通过自定义类 UserServiceImpl 加载用户信息。想要获取 token，除了需要提供 client_id 和 client_secret 外，还需要提供使用客户端应用的用户的用户名和密码。 • 指定 accessTokenConverter 为 JwtAccessToken 转换器。JwtAccessToken 转换器负责使用非对称加密算法对 token 进行签名
JwtAccessTokenConverter accessTokenConverter()	定义 JwtAccessToken 转换器
KeyPair keyPair()	从证书中获取密钥对
TokenEnhancer tokenEnhancer()	定义 JWT 的内容增强器

accessTokenConverter()用于定义 JwtAccessToken 转换器，代码如下。

```
@Bean
public JwtAccessTokenConverter accessTokenConverter() {
```

```
    JwtAccessTokenConverter jwtAccessTokenConverter = new JwtAccessTokenConverter();
    jwtAccessTokenConverter.setKeyPair(keyPair());
    return jwtAccessTokenConverter;
}
```

代码调用 keyPair()方法,从证书中获取密钥对,并将其赋值到 JwtAccessTokenConverter 对象中,用于对 token 进行签名。keyPair()方法的代码如下。

```
@Bean
public KeyPair keyPair() {
    // 从classpath下的证书中获取密钥对
    String password = "123456";
    KeyStoreKeyFactory keyStoreKeyFactory = new KeyStoreKeyFactory(new ClassPathResource("jwt.jks"), password.toCharArray());
    return keyStoreKeyFactory.getKeyPair("jwt", password.toCharArray());
}
```

代码从证书文件 jwt.jks 中加载密钥对,这里假定生成证书时设置的密码为 123456。
tokenEnhancer()是 JWT 的内容增强器,用于向 JWT 中添加自定义信息,代码如下。

```
@Bean
public TokenEnhancer tokenEnhancer() {
    return (accessToken, authentication) -> {
        SecurityUser securityUser = (SecurityUser) authentication.getPrincipal();
        Map<String, Object> info = new HashMap<>();
        info.put("userId", securityUser.getId());
        ((DefaultOAuth2AccessToken) accessToken).setAdditionalInformation(info);
        return accessToken;
    };
}
```

代码将用户 ID 设置到 JWT 中,并返回 JWT。

6. 开发 Controller 开放认证服务的公钥

资源服务(本示例中是网关服务)使用认证服务的 RSA 公钥来验证签名是否合法,所以认证服务需要设计一个接口把公钥暴露出来。

在 com.example.authserver.controllers 包下创建一个控制器 KeyPairController,通过接口/rsa/publicKey 提供 RSA 公钥,代码如下。

```
@RestController
@RequestMapping("/rsa")
public class KeyPairController {

    @Autowired
    private KeyPair keyPair;

    @GetMapping("/publicKey")
    @ResponseBody
    public Map<String, Object> getKey() {
        RSAPublicKey publicKey = (RSAPublicKey) keyPair.getPublic();
        RSAKey key = new RSAKey.Builder(publicKey).build();
        return new JWKSet(key).toJSONObject();
    }
}
```

```
@GetMapping("/publicKeystring")
public String publicKeystring() {
    RSAPublicKey publicKey = (RSAPublicKey) keyPair.getPublic();
    String publicKeyString = new String(Base64.encodeBase64(publicKey.getEncoded()));

    return publicKeyString;
}
}
```

控制器 KeyPairController 定义了下面 2 个接口。
- /rsa/publicKey：返回公钥对象，其中包含密钥的类型、RSA 算法中的公开幂和 RSA 算法中的合数模等数据。此接口用于在资源服务获取公钥数据以验证 JWT。
- /rsa/publicKeystring：返回公钥字符串，用于手动获取公钥字符串，以备需要时使用。

7. 用户相关实体类

客户端应用通过发送用户凭据（用户名和密码）和客户端应用自己的凭据（client_id 和 client_secret）换取令牌。为了实现此功能，需要定义用户相关实体类，具体如下。
- User：定义用户的基本信息，包括用户 id、用户名、原密码、电话、邮箱、用户状态和角色列表等。
- UserDTO：派生自 org.springframework.security.core.userdetails.UserDetails（Spring Security 提供的核心用户信息接口），用于在展示层与服务层之间传输用户信息。
- SecurityUser：Spring Security 要求实现的用户类，也派生自 org.springframework.security.core.userdetails.UserDetails。

由于篇幅所限，这里就不逐一介绍这些实体类的代码。

8. 用户服务业务逻辑类 UserServiceImpl

类 UserServiceImpl 通常负责从数据库加载用户数据。为了便于演示，本实例只是在代码中构建了 tom 和 johney 这 2 个用户，代码如下。

```
public class UserServiceImpl implements UserDetailsService {

    private List<UserDTO> userList;
    @Autowired
    private PasswordEncoder passwordEncoder;

    @PostConstruct
    public void initData() {
        String password = passwordEncoder.encode("123456");
        userList = new ArrayList<>();
        userList.add(new UserDTO(1L,"tom", password,1, CollUtil.toList("ADMIN")));
        userList.add(new UserDTO(2L,"johney", password,1, CollUtil.toList("TEST")));
    }

    @Override
    public UserDetails loadUserByUsername(String username) throws UsernameNotFoundException {
```

```
        List<UserDTO> findUserList = userList.stream().filter(item -> item.getUsername().
equals(username)).collect(Collectors.toList());
        if (CollUtil.isEmpty(findUserList)) {
            throw new UsernameNotFoundException("用户名或密码错误");
        }
        SecurityUser securityUser = new SecurityUser(findUserList.get(0).getMyUser());
        if (!securityUser.isEnabled()) {
            throw new DisabledException("账户被禁用");
        } else if (!securityUser.isAccountNonLocked()) {
            throw new LockedException("账户被锁定");
        } else if (!securityUser.isAccountNonExpired()) {
            try {
                throw new AccountExpiredException("账户已过期");
            } catch (AccountExpiredException e) {
                throw new RuntimeException(e);
            }
        } else if (!securityUser.isCredentialsNonExpired()) {
            throw new CredentialsExpiredException("密码已过期");
        }
        return securityUser;
    }
}
```

initData()方法用于初始化实例中使用的用户数据。loadUserByUsername()方法用于根据用户名加载用户数据。

9. 配置公钥接口的访问权限

Spring Security 要求对应用提供的所有接口配置访问权限。在 com.example.authserver. config 包下创建类 WebSecurityConfig 用于实现此功能，代码如下。

```
@Configuration
@EnableWebSecurity
public class WebSecurityConfig extends WebSecurityConfigurerAdapter {

    @Override
    protected void configure(HttpSecurity http) throws Exception {
        http.authorizeRequests()
                .requestMatchers(EndpointRequest.toAnyEndpoint()).permitAll()
                .antMatchers("/rsa/publicKey").permitAll()
                    .antMatchers("/rsa/publicKeystring").permitAll()
                .anyRequest().authenticated();
    }

    @Bean
    @Override
    public AuthenticationManager authenticationManagerBean() throws Exception {
        return super.authenticationManagerBean();
    }

    @Bean
    public PasswordEncoder passwordEncoder() {
```

```
        return new BCryptPasswordEncoder();
    }
}
```

WebSecurityConfigurerAdapter 是 Spring Boot 的 Web 安全配置类。类 WebSecurity Config 派生自 WebSecurityConfigurerAdapter，用于完成安全相关的配置。

WebSecurityConfig 类中最重要的方法是 protected void configure(HttpSecurity http)，它用于对所有 HTTP 访问设置访问权限策略。requestMatchers()用于对 URL 进行匹配，满足参数指定的模式的 URL 将继续执行后面的子方法。子方法 authorizeRequests()用于请求授权。子方法 permitAll()指定 URL 可以被任何用户访问，无须授权。子方法 authenticated()指定 URL 需要授权才可以被访问。antMatchers()子方法可以多次使用，它会按照使用的顺序去匹配 URL。被前面 antMatchers()匹配的 URL，将不会被传递到后面的 antMatchers()。通过.antMatchers("/rsa/publicKey").permitAll()指定允许所有用户访问获取公钥对象接口/rsa/publicKey；通过.antMatchers("/rsa/publicKeystring").permitAll()指定允许所有用户访问获取公钥字符串接口/rsa/publicKeystring；通过.anyRequest().authenticated()指定对其他接口需要进行身份验证，有权限的访问者才可以调用接口。

10．管理资源和角色的匹配关系

在 com.example.authserver.service 包下创建类 ResourceServiceImpl，初始化的时候把资源与角色的匹配关系缓存到 Redis 中，方便网关服务进行鉴权的时候获取，代码如下。

```
@Service
public class ResourceServiceImpl {

    private Map<String, List<String>> resourceRolesMap;
    @Resource
    private RedisTemplate<String,Object> redisTemplate;

    @PostConstruct
    public void initData() {
        resourceRolesMap = new TreeMap<>();
        resourceRolesMap.put("/api/hello", CollUtil.toList("ADMIN"));
        resourceRolesMap.put("/api/user/currentUser", CollUtil.toList("ADMIN", "TEST"));
        redisTemplate.opsForHash().putAll("resourceRolesMap", resourceRolesMap);
    }
}
```

代码设置访问接口/api/hello 需要拥有角色 ADMIN 的权限，访问接口/api/user/currentUser 需要拥有角色 ADMIN 和角色 TEST 的权限。

11．测试认证服务

在 Ubuntu 服务器上启动 Nacos，然后运行项目 AuthServerDemo 的模块 Authserver。启动成功后，打开 Apipost，以 POST 方式访问以下接口。

```
http://127.0.0.1:9001/oauth/token
```

选择"Body"选项卡，然后在其下面选中"www-form-urlencoded"选项，并参照表 6-2 填写向接口/oauth/token 提交的表单数据。

表 6-2 向接口/oauth/token 提交的表单数据

参数名	参数值	参数类型	具体说明
grant_type	password	String	使用密码模式进行授权，即使用 client_id、client_secret、username 和 password 进行身份验证
client_id	client-app	String	使用实例中内置的客户端应用的 client_id 进行身份验证
client_secret	123456	String	客户端应用 client-app 的密码
username	tom	String	使用实例中内置的用户 tom 进行身份验证
password	123456	String	用户 tom 的密码

单击"发送"选项，可以获取 JWT，如图 6-11 所示。

图 6-11 获取 JWT

返回数据是一个 JSON 字符串，内容如下。

```
{
    "access_token":
"eyJhbGciOiJSUzI1NiIsInR5cCI6IkpXVCJ9.eyJ1c2VyX25hbWUiOiJ0b20iLCJzY29wZSI6WyJhbGwiX
SwiZXhwIjoxNjczOTIwOTQ5LCJ1c2VySWQiOjAsImF1dGhvcml0aWVzIjpbIi91c2VyL2FkZCIsIi91c2Vy
L2VkaXQiLCIvdXNlci9kZWxldGUiLCIvdXNlci9saXN0Il0sImp0aSI6IkllWUc4eWJuN2Y0N3dYQ1pIZEJ
RYU56SGNxMCIsImNsaWVudF9pZCI6ImNsaWVudC1hcHAifQ.rmH9xYwaQqrz6OI0PHrVSm0cspmDCWSTkCr
gPQcvhbjyuF9RRZHpmC1VWoxaq5AZQt4owLgpScANfcW6p-6qxzkEf9qXsybaTcDyOAoB_1VJtAX5LZ747j
uYBTjvKEi3-0Dz-6F_t60chjfANbL9jJQFobqUB3pOmEBq82_QCMxfXSDq0n3TARXKokFaRVxCxF4s58vWD
GLQMhESgJG1rCzsTJIEedBSKjxzES8NbREJRS9lW9WXxPaZNqoAtDZtNcKTqT4UV6pmrYJwrWUMtAPYVnrb
IU2yVE7uVn2y7HQMT0DuvGWPvirpEAFZdCEvWuzpc9V0Izo6vdLtpdXaFQ",
    "token_type": "bearer",
    "refresh_token":
"eyJhbGciOiJSUzI1NiIsInR5cCI6IkpXVCJ9.eyJ1c2VyX25hbWUiOiJ0b20iLCJzY29wZSI6WyJhbGwiX
SwiYXRpIjoiTXVZRzh5Ym43ZjQ3d1hDWmVkQlFhTnpIY3EwIiwiZXhwIjoxNjc0MDAzNzQ5LCJ1c2VySWQi
OjAsImF1dGhvcml0aWVzIjpbIi91c2VyL2FkZCIsIi91c2VyL2VkaXQiLCIvdXNlci9kZWxldGUiLCIvdXN
lci9saXN0Il0sImp0aSI6InpsS3YtTVF2WThUVmNfMGc1SDZRTGVhQjRZRSIsImNsaWVudF9pZCI6ImNsaW
VudC1hcHAifQ.o_xc0hPYfX4eQD4duVnTdMYA6M6CEYcLBNZDIRoGWsQgJMDZwxE8q1z1F6bS272GtIHJcd
```

```
5jhgMYaOJ4Sbk7EDfwNcDFsPryd-fg2dDSaqxI42mFKVBok62tQUCflweV-yd3yiHZPd5jzGLbrqbRRBPFM
l1dMVR3PIo2-CFqmrawDJM4reke0S3TPhO0c4eHk5UssqlTcj-7N-_xXeL6rMzu0bZr7Lqwg2PR3NUY9ZVg
qM2azMneqavw3312ZEMKJTAkOryoeHetmgNKhfllYYYhpIYeQAsLI4d4IFWuSPN3Zk-XIXr-UVo_7SF5vkS
Tps7BzmE8AAbn741jjNwu5w",
    "expires_in": 3599,
    "scope": "all",
    "userId": 0,
    "jti": "MuYG8ybn7f47wXCZedBQaNzHcq0"
}
```

其中，access_token 就是访问资源所需要的令牌数据。

在 Apipost 中以 POST 方式访问以下接口。

```
http://127.0.0.1:9001/rsa/publicKey
```

单击"发送"选项，可以获取公钥数据，如图 6-12 所示。

图 6-12　获取公钥数据

接口返回数据是一个 JSON 字符串，内容如下。

```
"keys": [
    {
        "kty": "RSA",
        "e": "AQAB",
        "n":
"yAtjcIuZCEtJ66VNucwuaSH-1sK5ONO3DBXbX74EpLYBr1ba0WrT4EJIHv8JACHYYTEGmZz7PgQLQ2CavW
zfRB85RYfLCa_ECqCedxt2oIlUT-N36B19_AEVMy7t4e63U8o45Puypgu22xXHGNmzAt4ai7cv1eRe7vKeU
zS-ci_diZAtkLTP2oHSsCyhUwIEcF0UGEc2vjel7RFGLRpe7LJzgUKcUtEzxMDHTPQT37Oqr-OcqROYOJl5
FzhSHKUmqaeUySDb21UY23xt9DICSfF0LWW__KpxVhu0FnPorD7CJJOo4ETELDGFuKSEsWeO-Jnp9Th1tQI
E3kNR7dvyLw"
    }
]
```

其中包含的字段说明如下。
- kty：密钥的类型。这里返回 RSA 密钥。
- e：RSA 算法中的公开幂的 base64 格式。
- n：RSA 算法中的合数模的 base64 格式。

将 e 和 n 组合在一起可以计算出公钥数据。

在 Apipost 中以 POST 方式访问以下接口。

```
http://localhost:9001/rsa/publicKeystring
```

单击"发送"选项，可以获取公钥字符串，如图 6-13 所示。

图 6-13　获取公钥字符串

6.2.4　开发微服务模块

在项目 AuthServerDemo 中创建一个模块 servicedemo，用于模拟微服务的功能。

1. 微服务模块的 pom.xml

在模块 servicedemo 的 pom.xml 中定义父项目，代码如下。

```xml
<parent>
    <artifactId>AuthServerDemo</artifactId>
    <groupId>com.example</groupId>
    <version>0.0.1-SNAPSHOT</version>
</parent>
```

还需要在 pom.xml 中添加 spring-boot-starter-web 依赖，代码如下。

```xml
<dependencies>
    <dependency>
        <groupId>org.springframework.boot</groupId>
        <artifactId>spring-boot-starter-web</artifactId>
    </dependency>
    <dependency>
```

```xml
        <groupId>org.springframework.boot</groupId>
        <artifactId>spring-boot-starter-test</artifactId>
        <scope>test</scope>
    </dependency>
</dependencies>
```

2. 开发控制器

为了测试调用接口的安全机制，在 com.example.servicedemo.controllers 包中定义一个控制器 ApiController，代码如下。

```java
@RestController
public class ApiController {
    @GetMapping("/demo")
    public String demo(@RequestHeader("user") String user) {

        return "Hello demo." + user;
    }
}
```

其中定义了一个测试接口/demo，从请求头中获取并返回用户名信息。

3. 配置文件

在模块 servicedemo 的配置文件中配置应用程序名和端口号，并注册到 Nacos，代码如下。

```yaml
server:
  port: 8081
spring:
  profiles:
    active: dev
  application:
    name: servicedemo
  cloud:
    nacos:
      discovery:
        server-addr: 192.168.1.103:8848
```

6.2.5 开发网关模块

在项目 AuthServerDemo 中创建一个 Spring Initializer 模块 gatewaydemo，即网关模块。

1. 网关模块的 pom.xml

在网关模块的 pom.xml 中定义父项目，代码如下。

```xml
    <parent>
        <artifactId>AuthServerDemo</artifactId>
        <groupId>com.example</groupId>
        <version>0.0.1-SNAPSHOT</version>
    </parent>
```

网关模块需要引入 Spring Cloud Gateway 和 Spring Cloud Loadbalancer 的相关依赖，代码如下。

```xml
    <dependency>
```

```xml
        <groupId>org.springframework.cloud</groupId>
        <artifactId>spring-cloud-starter-gateway</artifactId>
    </dependency>
<dependency>
        <groupId>org.springframework.cloud</groupId>
        <artifactId>spring-cloud-starter-loadbalancer</artifactId>
    </dependency>
```

网关模块还需要引入 OAuth2 认证服务器的相关依赖，代码如下。

```xml
    <!-- OAuth2 资源服务器 -->
<dependency>
        <groupId>org.springframework.security</groupId>
        <artifactId>spring-security-config</artifactId>
    </dependency>
    <dependency>
        <groupId>org.springframework.security</groupId>
        <artifactId>spring-security-oauth2-resource-server</artifactId>
    </dependency>
    <dependency>
        <groupId>org.springframework.security.oauth.boot</groupId>
        <artifactId>spring-security-oauth2-autoconfigure</artifactId>
    </dependency>

    <dependency>
        <groupId>org.springframework.security</groupId>
        <artifactId>spring-security-oauth2-jose</artifactId>
    </dependency>
```

另外，网关模块还需要引入 lombok、spring-security-web、Redis、hutool、gson、spring-cloud-starter-openfeign 等相关依赖。

2. 配置文件

在网关模块的 application.yml 中配置项目的名称和端口号，并注册到 Nacos，代码如下。

```yaml
server:
  port: 9201
spring:
  profiles:
    active: dev
  application:
    name: gatewaydemo
  cloud:
    nacos:
      discovery:
        server-addr: 192.168.1.103:8848
```

配置路由规则的代码如下。

```yaml
spring:
  profiles:
    active: dev
  application:
    name: gateway
  cloud:
```

```yaml
    nacos:
      discovery:
        server-addr: 192.168.1.103:8848
    gateway:
      routes: # 配置路由规则
        - id: oauth2-api-route
          uri: lb://servicedemo
          predicates:
            - Path=/api/**
          filters:
            - StripPrefix=1
        - id: oauth2-auth-route
          uri: lb://authserver
          predicates:
            - Path=/auth/**
          filters:
            - StripPrefix=1
      discovery:
        locator:
          enabled: true # 开启从注册中心动态创建路由的功能
          lower-case-service-id: true # 服务名使用小写，默认是大写
```

当 HTTP 请求的路径与/auth/**匹配时，网关会将请求转发至认证服务 authserver；当 HTTP 请求的路径与/api/**匹配时，网关会将请求转发至测试微服务 servicedemo。

在 application.yml 中配置 JWT 所使用的 RSA 公钥访问地址，代码如下。

```yaml
spring:
  security:
    oauth2:
      resourceserver:
        jwt:
          jwk-set-uri: 'http://192.168.1.103:9001/rsa/publicKey' # 配置RSA的公钥访问地址
```

其中，192.168.1.103 是部署认证服务的 Ubuntu 服务器的 IP 地址。

认证服务将资源与角色的匹配关系缓存到 Redis 中。网关服务需要从 Redis 中读取该数据以判断访问资源的权限。因此，需要配置 Redis 服务器的相关信息，代码如下。

```yaml
spring:
  redis:
    database: 0
    port: 6379
    host: 192.168.1.103
    password:
```

网关服务需要设置接口/auth/oauth/token、/auth/rsa/publicKey 和/auth/rsa/public Keystring 为白名单，无须授权即可访问。配置代码如下。

```yaml
security:
  ignoreUrls:
    - "/auth/oauth/token"
    - "/auth/rsa/publicKey"
    - "/auth/rsa/publicKeystring"
```

3．准备公钥文件

调用/rsa/publicKeystring 接口获取认证服务开放的公钥字符串。在网关模块 gatewaydemo 的 src/main/java/resources 目录下创建一个公钥文件 public.key，并将得到的公钥字符串存储在其中，以备后面使用。

4．资源服务器的安全配置

通常，在微服务架构中，资源服务指架构中的微服务。授权访问也是针对微服务的。但是网关是微服务架构的入口，访问所有微服务提供的接口都需要通过网关。因此，本实例将网关视为资源服务，需要对网关服务设置访问权限。

在包 com.example.gateway.config 中定义类 ResourceServerConfig，用于对网关服务进行安全配置，代码如下。

```java
/**
 * 资源服务器配置
 */
@ConfigurationProperties(prefix = "security")
@RequiredArgsConstructor
@Configuration
@EnableWebFluxSecurity
@Slf4j
public class ResourceServerConfig {
    private final ResourceServerManager resourceServerManager;
    @Setter
    private List<String> ignoreUrls;
    @Bean
    public SecurityWebFilterChain securityWebFilterChain(ServerHttpSecurity http) {
        if (ignoreUrls == null) {
            log.error("网关白名单路径读取失败：Nacos 配置读取失败，请检查配置中心连接是否正确！");
        }
        http
                .oauth2ResourceServer()
                .jwt()
                .jwtAuthenticationConverter(jwtAuthenticationConverter())
                .publicKey(rsaPublicKey());    // 本地加载公钥
        //.jwkSetUri()
        // 远程获取公钥，默认读取的 key 是 spring.security.oauth2.resour ceserver.jwt.jwk-set-uri
        http.oauth2ResourceServer().authenticationEntryPoint(authenticationEntryPoint());
        http.authorizeExchange()
                .pathMatchers(Convert.toStrArray(ignoreUrls)).permitAll()
                .anyExchange().access(resourceServerManager)
                .and()
                .exceptionHandling()
                .accessDeniedHandler(accessDeniedHandler())    // 处理未授权
                .authenticationEntryPoint(authenticationEntryPoint())    // 处理未认证
                .and().csrf().disable();
        return http.build();
    }
    /**
     * 自定义未授权（访问被拒绝）响应
     */
```

```
    @Bean
    ServerAccessDeniedHandler accessDeniedHandler() {
        return (exchange, denied) -> {
            Mono<Void> mono = Mono.defer(() -> Mono.just(exchange.getResponse()))
                    .flatMap(response -> WebFluxUtils.writeResponse(response, Result
Code.ACCESS_UNAUTHORIZED));
            return mono;
        };
    }
    /**
     * token 无效或者已过期自定义响应
     */
    @Bean
    ServerAuthenticationEntryPoint authenticationEntryPoint() {
        return (exchange, e) -> {
            Mono<Void> mono = Mono.defer(() -> Mono.just(exchange.getResponse()))
                    .flatMap(response -> WebFluxUtils.writeResponse(response, Result
Code.TOKEN_INVALID_OR_EXPIRED));
            return mono;
        };
    }
    /**
     * ServerHttpSecurity 没有将 JWT 中 authorities 的负载部分当作 Authentication
     * 需要把 JWT 的 Claim 中的 authorities 加入
     * 方案：重新定义权限管理器，默认转换器 JwtGrantedAuthoritiesConverter
     */
    @Bean
    public Converter<Jwt, ? extends Mono<? extends AbstractAuthenticationToken>> jwt
AuthenticationConverter() {
        JwtGrantedAuthoritiesConverter jwtGrantedAuthoritiesConverter = new JwtGranted
AuthoritiesConverter();
        jwtGrantedAuthoritiesConverter.setAuthorityPrefix("ROLE_");
        jwtGrantedAuthoritiesConverter.setAuthoritiesClaimName("authorities");
        JwtAuthenticationConverter jwtAuthenticationConverter = new JwtAuthentication
Converter();
        jwtAuthenticationConverter.setJwtGrantedAuthoritiesConverter(jwtGranted
AuthoritiesConverter);
        return new ReactiveJwtAuthenticationConverterAdapter(jwtAuthenticationConverter);
    }
    /**
     * 本地获取 JWT 验证签名的公钥
     */
    @SneakyThrows
    @Bean
    public RSAPublicKey rsaPublicKey() {
        Resource resource = new ClassPathResource("public.key");
        InputStream is = resource.getInputStream();
        String publicKeyData = IoUtil.read(is).toString();
        X509EncodedKeySpec keySpec = new X509EncodedKeySpec((cn.hutool.core.codec.
Base64.decode(publicKeyData)));
        KeyFactory keyFactory = KeyFactory.getInstance("RSA");
```

```
            RSAPublicKey rsaPublicKey = (RSAPublicKey) keyFactory.generatePublic(keySpec);
            return rsaPublicKey;
    }
}
```

类 ResourceServerConfig 中定义的方法说明如下。

- securityWebFilterChain：对所有 HTTP 请求设置访问权限。配置文件中 security.ignoreUrls 定义的 URL 无须授权，所有人都可以访问；其他接口则需要提供包含身份信息的 JWT 才能访问。
- accessDeniedHandler：自定义未授权响应。当 HTTP 请求中包含的 JWT 没有访问权限时，调用 WebFluxUtils.writeResponse()方法向 response 对象中写入自定义响应信息 ResultCode.ACCESS_UNAUTHORIZED（"A0301", "访问未授权"）。
- authenticationEntryPoint：自定义令牌过期或无效时的响应。当 HTTP 请求中未包含有效的 JWT（或 JWT 过期）时，调用 WebFluxUtils.writeResponse()方法向 response 对象中写入自定义响应信息 ResultCode. TOKEN_INVALID_OR_EXPIRED（"A0230", "token 无效或已过期"）。
- jwtAuthenticationConverter：负责从 JWT 中提取并转换认证信息。
- rsaPublicKey：从本地的 public.key 文件中获取 JWT 验证签名的公钥。

5．设计鉴权管理器

资源服务接收到访问请求后，会对请求中包含的 JWT 进行鉴权。此功能由鉴权管理器类 ResourceServerManager 实现，代码如下。

```
@Component
@RequiredArgsConstructor
@Slf4j
public class ResourceServerManager implements ReactiveAuthorizationManager<AuthorizationContext> {

    @Resource
    private final RedisTemplate redisTemplate;
    @Override
    public Mono<AuthorizationDecision> check(Mono<Authentication> mono, AuthorizationContext authorizationContext) {
        ServerHttpRequest request = authorizationContext.getExchange().getRequest();
        if (request.getMethod() == HttpMethod.OPTIONS) {  // 预检请求放行
            return Mono.just(new AuthorizationDecision(true));
        }
        PathMatcher pathMatcher = new AntPathMatcher();
        String method = request.getMethodValue();
        String path = request.getURI().getPath();
        String restfulPath = method + ":" + path;          // 如果token 以"Bearer "为前缀
并且访问路径中包含"/app-api"（这里假定/app-api 接口不需要鉴权,在实际应用时应根据实际场景的需求调整）
        String token = request.getHeaders().getFirst("Authorization");
        if (StrUtil.isNotBlank(token) && StrUtil.startWithIgnoreCase(token, "Bearer ") )
{
            if (path.contains("/app-api")) {
                // /app-api 接口请求需认证,不需要鉴权放行
```

```java
            return Mono.just(new AuthorizationDecision(true));
        }
    } else {
        return Mono.just(new AuthorizationDecision(false));
    }
    /**
     * 鉴权开始
     *
     * 缓存取 [URL权限-角色集合] 规则数据
     * urlPermRolesRules = [{'key':'GET:/api/v1/users/*','value':['ADMIN','TEST']},...]
     */
    Map<String, Object> urlPermRolesRules = redisTemplate.opsForHash().entries(GlobalConstants.URL_PERM_ROLES_KEY);
    // 根据请求路径获取有访问权限的角色列表
    List<String> authorizedRoles = new ArrayList<>(); // 拥有访问权限的角色
    boolean requireCheck = false; // 是否需要鉴权，默认未设置拦截规则不需要鉴权
    for (Map.Entry<String, Object> permRoles : urlPermRolesRules.entrySet()) {
        String perm = permRoles.getKey();
        if (pathMatcher.match(perm, restfulPath)) {
            List<String> roles = Convert.toList(String.class, permRoles.getValue());
            authorizedRoles.addAll(roles);
            if (requireCheck == false) {
                requireCheck = true;
            }
        }
    }
    // 没有设置拦截规则，则放行
    if (requireCheck == false) {
        return Mono.just(new AuthorizationDecision(true));
    }

    // 判断 JWT 中携带的用户角色是否有权限访问
    Mono<AuthorizationDecision> authorizationDecisionMono = mono
            .filter(Authentication::isAuthenticated)
            .flatMapIterable(Authentication::getAuthorities)
            .map(GrantedAuthority::getAuthority)
            .any(authority -> {
                String roleCode = StrUtil.removePrefix(authority,"ROLE_");
// ROLE_ADMIN 移除前缀 ROLE_ 得到用户的角色编码 ADMIN
                if (GlobalConstants.ROOT_ROLE_CODE.equals(roleCode)) {
                    return true; // 如果是超级管理员则放行
                }
                boolean hasAuthorized = CollectionUtil.isNotEmpty(authorizedRoles) && authorizedRoles.contains(roleCode);
                return hasAuthorized;
            })
            .map(AuthorizationDecision::new)
            .defaultIfEmpty(new AuthorizationDecision(false));
```

```
        return authorizationDecisionMono;
    }
}
```

代码从 Redis 中获取当前路径可访问角色列表,并与当前用户进行匹配,进行鉴权。

6.2.6 测试实例的效果

本小节将在 Ubuntu 服务器上搭建环境测试认证授权中心实例的运行效果。

1. 搭建环境

为了演示认证服务的作用,本小节在 Ubuntu 服务器上搭建一个测试环境。

① 在 Ubuntu 服务器上启动 Nacos 服务。

② 将模块 Authserver 打包得到 Authserver-0.0.1-SNAPSHOT.jar,将其和模块 Authserver 的配置文件 application.yml 上传至 Ubuntu 服务器的/usr/local/src/AuthServer Demo/authserver 目录下。

③ 在 Ubuntu 服务器中执行以下命令启动认证服务实例。

```
cd /usr/local/src/AuthServerDemo/authserver
java -jar Authserver-0.0.1-SNAPSHOT.jar
```

④ 将模块 servicedemo 打包得到 servicedemo-0.0.1-SNAPSHOT.jar,将其和模块 servicedemo 的配置文件 application.yml 上传至 Ubuntu 服务器的/usr/local/src/Auth ServerDemo/ servicedemo 目录下。

⑤ 在 Ubuntu 服务器中打开一个新的终端窗口,执行以下命令启动测试微服务实例。

```
cd /usr/local/src/AuthServerDemo/servicedemo/
java -jar servicedemo-0.0.1-SNAPSHOT.jar
```

⑥ 将模块 gatewaydemo 打包得到 gatewaydemo-0.0.1-SNAPSHOT.jar,将其和模块 gatewaydemo 的配置文件 application.yml 以及 public.key 一起上传至 Ubuntu 服务器的 /usr/local/src/AuthServerDemo/gatewaydemo 目录下。

⑦ 在 Ubuntu 服务器中打开一个新的终端窗口,执行以下命令启动网关服务实例。

```
cd /usr/local/src/AuthServerDemo/gatewaydemo/
java -jar gatewaydemo-0.0.1-SNAPSHOT.jar
```

运行完成后,访问 Nacos 服务列表页面,可以看到已经注册到 Nacos 的网关应用认证服务实例、测试微服务实例和网关服务实例,如图 6-14 所示。

图 6-14 在 Nacos 服务列表页面中查看实例

2. 获取 JWT

在宿主机中打开 Apipost 并使用 POST 方法调用以下接口。

```
http://192.168.1.103:9201/auth/oauth/token
```

设置提交到接口的表单数据。根据配置文件中定义的路由规则，请求路径满足/ auth /**的 HTTP 请求会被转发至认证服务 authserver，并返回 access token。复制得到的 access token，以备后用。

3. 调用接口

打开 Apipost 并使用 GET 方法调用以下接口。

```
http://192.168.1.103:9201/api/demo
```

选择"Header"选项，然后在下面的表格中添加一个参数，参数名为 user，参数值为 tom，然后单击"发送"选项。请求路径满足/ api/**的 HTTP 请求被转发至认证服务 servicedemo。因为没有提供 access token，所以接口返回"token 无效或已过期"。没有成功调用接口，如图 6-15 所示。

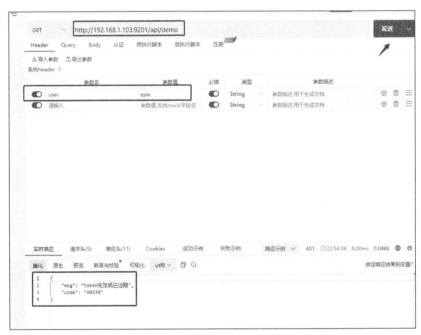

图 6-15　在没有提供 access token 的情况下调用接口

在"Header"选项下面的表格中再添加一个参数，参数名为 Authorization，参数值为 Bearer+access token 的值，具体如下。

```
Bearer eyJhbGciOiJSUzI1NiIsInR5cCI6IkpXVCJ9.eyJ1c2VyX25hbWUiOiJ0b20iLCJzY29wZSI6 Wy
JhbGwiXSwiZXhwIjoxNjc0MDU4NTg1LCJ1c2VySWQiOjAsImF1dGhvcml0aWVzIjpbIi91c2VyL2FkZCIsI
i91c2VyL2VkaXQiLCIvdXNlci9kZWxldGUiLCIvdXNlci9saXN0Il0sImp0aSI6InhjQV9aVGU4d0FzdFcx
M01KLU1sVGxxMR09SdyIsImNsaWVudF9pZCI6ImNsaWVudC1hcHAifQ.RhFHCiufkLhQ7SL2lpt8EmS0T6Wp
LUw1SM5bsHtjR0zaQgxJuKV_awainVLj-mpwhKZDD8v0e7AWlaLtHjg1aqKcDKAE8XpuPT6uf0PLlCX1CEr
9HpJ5iYuC stUkalJreN1nijqkUmv7aJ8N8woFDcdKdA8hzxOmxYRP6rTShWL2SX8wFe_xcWaoPDQW33gxe
xkaQdM_x8vwy9SenWFsQNX8JAS1KR4l1lekaxirdB6uOll2lv6S7mQqtgf3jGIU0_JMbEsi5c2CNpBuQYAR
1bEVFDUrEoDSz7JoZwg9p-PMRNe92fsSF8A9Wk5 zrKNmYVDTjbKRRGXr0scDbwOChQ
```

注意，在 Bearer 和 access token 的值之间有一个空格。设置完成后单击"发送"选项。因为提供了 access token，所以这一次可以成功调用接口，如图 6-16 所示。

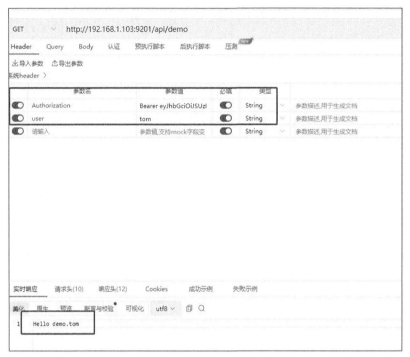

图 6-16　在提供 access token 的情况下调用接口

6.3　youlai-mall 项目中的认证中心解析

youlai-mall 项目中的认证中心模块为 youlai-auth，以网关模块 youlai-gateway 作为资源服务。本节介绍 youlai-mall 项目中认证中心的实现过程。

6.3.1　模块 youlai-auth

在模块 youlai-auth 中引入与 OAuth2 认证服务器相关的依赖，代码如下。

```
<!-- OAuth2 认证服务器 -->
<dependency>
    <groupId>org.springframework.security.oauth.boot</groupId>
    <artifactId>spring-security-oauth2-autoconfigure</artifactId>
</dependency>
<dependency>
    <groupId>org.springframework.security</groupId>
    <artifactId>spring-security-oauth2-jose</artifactId>
</dependency>
```

1. 认证服务器配置

在模块 youlai-auth 中通过类 Oauth2ServerConfig 实现认证服务器的配置，代码如下。

```java
@AllArgsConstructor
@Configuration
@EnableAuthorizationServer
public class Oauth2ServerConfig extends AuthorizationServerConfigurerAdapter {
    private final PasswordEncoder passwordEncoder;
    private final UserServiceImpl userDetailsService;
    private final AuthenticationManager authenticationManager;
    public static final String CLIENT_ID = "client-app";
    public static final String CLIENT_SECRET = "12345678";
    @Override
    public void configure(ClientDetailsServiceConfigurer clients) throws Exception {
        clients.inMemory()
                .withClient("client-app")
                .secret(passwordEncoder.encode("123456"))
                .scopes("all")
                .authorizedGrantTypes("password", "refresh_token")
                .accessTokenValiditySeconds(3600)
                .refreshTokenValiditySeconds(86400);
    }
    @Override
    public void configure(AuthorizationServerSecurityConfigurer security) throws Exception {
        security.allowFormAuthenticationForClients();
    }
    @Override
    public void configure(AuthorizationServerEndpointsConfigurer endpoints) throws Exception {
        TokenEnhancerChain enhancerChain = new TokenEnhancerChain();
        enhancerChain.setTokenEnhancers(Lists.newArrayList(tokenEnhancer(), accessTokenConverter())); // 配置 JWT 的内容增强器
        endpoints
                .authenticationManager(authenticationManager)
                // 配置加载用户信息的服务
                .userDetailsService(userDetailsService)
                // 配置 JwtAccessToken 转换器
                .accessTokenConverter(accessTokenConverter())
                .tokenEnhancer(enhancerChain);
    }
    /**
     * 使用非对称加密算法对 Token 进行签名
     */
    @Bean
    public JwtAccessTokenConverter accessTokenConverter() {
        JwtAccessTokenConverter jwtAccessTokenConverter = new JwtAccessTokenConverter();
        jwtAccessTokenConverter.setKeyPair(keyPair());
        return jwtAccessTokenConverter;
    }
    @Bean
```

```
    public KeyPair keyPair() {
        // 从classpath下的证书中获取密钥对
        String password = "123456";
        KeyStoreKeyFactory keyStoreKeyFactory = new KeyStoreKeyFactory(new ClassPath
Resource("jwt.jks"), password.toCharArray());
        return keyStoreKeyFactory.getKeyPair("jwt", password.toCharArray());
    }
    /**
     * 向JWT中添加自定义信息
     */
    @Bean
    public TokenEnhancer tokenEnhancer() {
        return (accessToken, authentication) -> {
            SecurityUser securityUser = (SecurityUser) authentication.getPrincipal();
            Map<String, Object> info = new HashMap<>();
            // 把用户ID设置到JWT中
            info.put("userId", securityUser.getId());
            ((DefaultOAuth2AccessToken) accessToken).setAdditionalInformation(info);
            return accessToken;
        };
    }
    public static void main(String[] args) {
        BCryptPasswordEncoder encoder = new BCryptPasswordEncoder();
        System.out.println(encoder.encode("12345678"));
    }
}
```

2. 客户端信息配置

类 Oauth2ServerConfig 以硬编码的形式将客户端信息保存在内存中，但是这样不方便管理和扩展。在实际应用中，通常将客户端信息保存在数据库中，并提供可视化界面对其进行管理，方便实现 PC 端、App 端、小程序端等灵活接入。

在 youlai-mall 项目的模块 youlai-auth 中，类 AuthorizationServerConfig 的 configure(ClientDetailsServiceConfigurer clients)方法用于配置客户端信息，代码如下。

```
@Override
    @SneakyThrows
    public void configure(ClientDetailsServiceConfigurer clients) {
        clients.withClientDetails(clientDetailsService);
    }
```

代码指定使用 clientDetailsService 接口配置客户端信息。clientDetailsService 接口的实现类为 ClientDetailsServiceImpl，其中通过 Feign 调用接口/api/v1/oauth-clients/getOAuth2ClientById 配置客户端信息。

接口/api/v1/oauth-clients/getOAuth2ClientById 在模块 admin-boot 中定义，通过 Mybatis-Plus 实现读写的操作。admin-boot 并没有明确指定保存客户端信息的表，因此可以使用 Spring Security OAuth2 官方提供的客户端信息表 oauth_client_details。创建表 oauth_client_details 的 SQL 语句如下。

```
CREATE TABLE `oauth_client_details` (
 `client_id` varchar(256) CHARACTER SET utf8 COLLATE utf8_general_ci NOT NULL,
```

```
  'resource_ids' varchar(256) CHARACTER SET utf8 COLLATE utf8_general_ci NULL DEFAULT
NULL,
  'client_secret' varchar(256) CHARACTER SET utf8 COLLATE utf8_general_ci NULL DEFAULT
NULL,
  'scope' varchar(256) CHARACTER SET utf8 COLLATE utf8_general_ci NULL DEFAULT NULL,
  'authorized_grant_types' varchar(256) CHARACTER SET utf8 COLLATE utf8_general_ci
NULL DEFAULT NULL,
  'web_server_redirect_uri' varchar(256) CHARACTER SET utf8 COLLATE utf8_general_ci
NULL DEFAULT NULL,
  'authorities' varchar(256) CHARACTER SET utf8 COLLATE utf8_general_ci NULL DEFAULT
NULL,
  'access_token_validity' int(11) NULL DEFAULT NULL,
  'refresh_token_validity' int(11) NULL DEFAULT NULL,
  'additional_information' varchar(4096) CHARACTER SET utf8 COLLATE utf8_general_ci
NULL DEFAULT NULL,
  'autoapprove' varchar(256) CHARACTER SET utf8 COLLATE utf8_general_ci NULL DEFAULT
NULL,
  PRIMARY KEY ('client_id') USING BTREE
) ENGINE = InnoDB CHARACTER SET = utf8 COLLATE = utf8_general_ci ROW_FORMAT = Dynamic;
```

在模块 admin-boot 中，定义客户端信息的实体类为 OAuth2ClientDTO。由于篇幅所限，这里不介绍实现接口/api/v1/oauth-clients/getOAuth2ClientById 的代码。有兴趣的读者可以查看 youlai-mall 项目的源代码了解。

3．生成 access_token

在项目 youlai-mall 中生成 access_token 的流程如图 6-17 所示。

图 6-17　生成 access_token 的流程

（1）生成 RSA 证书

项目 youlai-mall 使用的 RSA 证书为 youlai.jks，放置在 resources 目录下。

（2）JWT 内容增强

在默认情况下，JWT 负载信息是固定的。如果想向其中添加一些额外的自定义信息，则需要实现接口 TokenEnhancer，代码如下。

```
/**
 * 认证授权配置
 */
@Configuration
@EnableAuthorizationServer
@RequiredArgsConstructor
public class AuthorizationServerConfig extends AuthorizationServerConfigurerAdapter {
…
    /**
     * JWT 内容增强
     */
    @Bean
    public TokenEnhancer tokenEnhancer() {
```

```
            return (accessToken, authentication) -> {
                Map<String, Object> additionalInfo = MapUtil.newHashMap();
                Object principal = authentication.getUserAuthentication().getPrincipal();
                if (principal instanceof SysUserDetails) {
                    SysUserDetails sysUserDetails = (SysUserDetails) principal;
                    additionalInfo.put("userId", sysUserDetails.getUserId());
                    additionalInfo.put("username", sysUserDetails.getUsername());
                    additionalInfo.put("deptId", sysUserDetails.getDeptId());
                    // 认证身份标识(username:用户名;)
                    if (StrUtil.isNotBlank(sysUserDetails.getAuthenticationIdentity())) {
                        additionalInfo.put("authenticationIdentity", sysUserDetails.getAuthenticationIdentity());
                    }
                } else if (principal instanceof MemberUserDetails) {
                    MemberUserDetails memberUserDetails = (MemberUserDetails) principal;
                    additionalInfo.put("memberId", memberUserDetails.getMemberId());
                    additionalInfo.put("username", memberUserDetails.getUsername());
                    // 认证身份标识(mobile:手机号; openId:开放式认证系统唯一身份标识)
                    if (StrUtil.isNotBlank(memberUserDetails.getAuthenticationIdentity())) {
                        additionalInfo.put("authenticationIdentity", memberUserDetails.getAuthenticationIdentity());
                    }
                }
                ((DefaultOAuth2AccessToken) accessToken).setAdditionalInformation(additionalInfo);
                return accessToken;
            };
    }
…
}
```

代码将 userId、username、deptId、authenticationIdentity、memberId、authenticationIdentity 等字段添加到 JWT 中。

（3）JWT 签名

在 token 转换器类 JwtAccessTokenConverter 中指定采用 JWT 方式生成 Token，并对 JWT 进行签名。项目 youlai-mall 使用 RSA 非对称加密算法进行签名，代码如下。

```
@Bean
public JwtAccessTokenConverter jwtAccessTokenConverter() {
    JwtAccessTokenConverter converter = new JwtAccessTokenConverter();
    converter.setKeyPair(keyPair());
    return converter;
}
```

对 JWT 进行签名的具体步骤如下。

① 从 RSA 证书中获取密钥对，具体功能在 keyPair()方法中实现。

② 认证服务使用私钥对 Token 进行签名，此功能由 Spring Security OAuth 2.0 完成。用户只需配置好密钥对即可。

③ 资源服务使用公钥对 Token 进行验证签名。资源服务通过调用接口/oauth/publickey 获取公钥。接口 /oauth/public-key 在模块 youlai-auth 中定义，代码如下。

```java
@Api(tags = "认证中心")
@RestController
@RequestMapping("/oauth")
@AllArgsConstructor
@Slf4j
public class AuthController {
    …
    @ApiOperation(value = "获取公钥")
    @GetMapping("/public-key")
    public Map<String, Object> getPublicKey() {
        RSAPublicKey publicKey = (RSAPublicKey) keyPair.getPublic();
        RSAKey key = new RSAKey.Builder(publicKey).build();
        return new JWKSet(key).toJSONObject();
    }
}
```

6.3.2 模块 youlai-gateway 中与认证有关的代码

在项目 youlai-mall 中，模块 youlai-gateway 实现资源服务器的功能。如果从部署上可以保证网关是微服务资源访问的统一入口，则以网关作为资源服务器是最佳选择；如果客户端应用可以访问微服务，则建议以微服务作为资源服务器，这样才能为微服务提供直接的保护。

1．pom 依赖

将模块 youlai-gateway 作为资源服务器需要引入下面的依赖。

```xml
<!-- OAuth2 资源服务器 -->
<dependency>
    <groupId>org.springframework.security</groupId>
    <artifactId>spring-security-config</artifactId>
</dependency>
<dependency>
    <groupId>org.springframework.security</groupId>
    <artifactId>spring-security-oauth2-resource-server</artifactId>
</dependency>
<dependency>
    <groupId>org.springframework.security</groupId>
    <artifactId>spring-security-oauth2-jose</artifactId>
</dependency>
```

2．配置文件

模块 youlai-gateway 使用 Nacos 作为保存配置数据的配置中心。在导入配置数据之前，配置文件保存为 youlai-mall-v2.0.1\docs\nacos\DEFAULT_GROUP.zip。将 DEFAULT_GROUP.zip 解压后，youlai-gateway.yaml 是模块 youlai-gateway 对应的配置文件。

在 youlai-gateway.yaml 中定义白名单，代码如下。

```yaml
security:
  ignoreUrls:
    # 登录接口
```

```yaml
      - /youlai-auth/oauth/token/**
      # Knife4j
      - /webjars/**
      - /doc.html
      - /swagger-resources/**
      - /*/v2/api-docs
      # 系统服务
      - /youlai-admin/api/v1/users/me
      - /youlai-admin/api/v1/menus/route
      - /youlai-auth/sms-code
      - /captcha
      # 商城服务
      - /mall-pms/app-api/v1/categories/**
      - /mall-pms/app-api/v1/spu/**
      - /mall-pms/app-api/v1/sku/**
      - /mall-sms/app-api/v1/adverts
```

访问白名单中的接口不需要经过鉴权。模块 youlai-gateway 的资源服务器配置类 ResourceServerConfig 利用配置项 security.ignoreUrls 实现白名单的功能。

3. 资源服务器配置

资源服务器配置类 ResourceServerConfig 的代码如下。

```java
@ConfigurationProperties(prefix = "security")
@RequiredArgsConstructor
@Configuration
@EnableWebFluxSecurity
@Slf4j
public class ResourceServerConfig {
    private final ResourceServerManager resourceServerManager;
    @Setter
    private List<String> ignoreUrls;
    @Bean
    public SecurityWebFilterChain securityWebFilterChain(ServerHttpSecurity http) {
        if (ignoreUrls == null) {
            log.error("网关白名单路径读取失败：Nacos 配置读取失败,请检查配置中心连接是否正确!");
        }
        http
                .oauth2ResourceServer()
                .jwt()
                .jwtAuthenticationConverter(jwtAuthenticationConverter())
                .publicKey(rsaPublicKey())    // 本地加载公钥
                //.jwkSetUri()    // 远程获取公钥,默认读取的 key 是 spring.security.oauth2.resourceserver.jwt.jwk-set-uri
        http.oauth2ResourceServer().authenticationEntryPoint(authenticationEntryPoint());
        http.authorizeExchange()
                .pathMatchers(Convert.toStrArray(ignoreUrls)).permitAll()
                .anyExchange().access(resourceServerManager)
                .and()
                .exceptionHandling()
                .accessDeniedHandler(accessDeniedHandler())    // 处理未授权
```

```java
                .authenticationEntryPoint(authenticationEntryPoint()) // 处理未认证
                .and().csrf().disable();
        return http.build();
    }

    /**
     * 自定义未授权响应
     */
    @Bean
    ServerAccessDeniedHandler accessDeniedHandler() {
        return (exchange, denied) -> {
            Mono<Void> mono = Mono.defer(() -> Mono.just(exchange.getResponse()))
                    .flatMap(response -> WebFluxUtils.writeResponse(response, ResultCode.ACCESS_UNAUTHORIZED));
            return mono;
        };
    }
    /**
     * token 无效或者已过期自定义响应
     */
    @Bean
    ServerAuthenticationEntryPoint authenticationEntryPoint() {
        return (exchange, e) -> {
            Mono<Void> mono = Mono.defer(() -> Mono.just(exchange.getResponse()))
                    .flatMap(response -> WebFluxUtils.writeResponse(response, ResultCode.TOKEN_INVALID_OR_EXPIRED));
            return mono;
        };
    }
    /**
     * ServerHttpSecurity 没有将 jwt 中 authorities 的负载部分当作 Authentication
     * 需要把 jwt 的 Claim 中的 authorities 加入
     * 方案：重新定义权限管理器，默认转换器 JwtGrantedAuthoritiesConverter
     */
    @Bean
    public Converter<Jwt, ? extends Mono<? extends AbstractAuthenticationToken>> jwtAuthenticationConverter() {
        JwtGrantedAuthoritiesConverter jwtGrantedAuthoritiesConverter = new JwtGrantedAuthoritiesConverter();
        jwtGrantedAuthoritiesConverter.setAuthorityPrefix("ROLE_");
        jwtGrantedAuthoritiesConverter.setAuthoritiesClaimName("authorities");
        JwtAuthenticationConverter jwtAuthenticationConverter = new JwtAuthenticationConverter();
        jwtAuthenticationConverter.setJwtGrantedAuthoritiesConverter(jwtGrantedAuthoritiesConverter);
        return new ReactiveJwtAuthenticationConverterAdapter(jwtAuthenticationConverter);
    }
    /**
     * 本地获取 JWT 验证签名的公钥
     */
    @SneakyThrows
```

```java
    @Bean
    public RSAPublicKey rsaPublicKey() {
        Resource resource = new ClassPathResource("public.key");
        InputStream is = resource.getInputStream();
        String publicKeyData = IoUtil.read(is).toString();
        X509EncodedKeySpec keySpec = new X509EncodedKeySpec((Base64.decode(publicKey
Data)));
        KeyFactory keyFactory = KeyFactory.getInstance("RSA");
        RSAPublicKey rsaPublicKey = (RSAPublicKey) keyFactory.generatePublic(keySpec);
        return rsaPublicKey;
    }
}
```

变量 resourceServerManager 是模块 youlai-gateway 的自定义鉴权管理器，用于验证访问请求是否有访问资源的权限。

变量 ignoreUrls 用于获取配置项 security.ignoreUrls 的值，并实现白名单的功能。

类 ResourceServerConfig 中定义的方法如下。

① securityWebFilterChain()：定义一个 Java Bean，对所有 HTTP 请求设置访问权限。配置文件中 security.ignoreUrls 定义的 URL 无须授权，所有人都可以访问；其他接口则需要提供包含身份信息的 JWT 令牌才能访问。指定使用 accessDeniedHandler()方法处理未授权方法，使用 authenticationEntryPoint()方法处理处理 token 无效或者已过期的处理方式。

② accessDeniedHandler()：定义一个 Java Bean，设置未授权请求的自定义响应。

③ authenticationEntryPoint()：定义一个 Java Bean，设置 token 无效或者已过期的自定义响应。

④ jwtAuthenticationConverter()：定义 JWT 转换器。其中 JwtGrantedAuthoritiesConverter 对象用于从原始 JWT 中提取一组 GrantedAuthority 实例，GrantedAuthority 实例中存储着已授予的权限。

⑤ rsaPublicKey()：从本地文件 public.key 中获取 JWT 验证签名的公钥。

4. 网关自定义鉴权管理器

模块 youlai-gateway 的自定义鉴权管理器类为 ResourceServerManager，代码如下。

```java
@Component
@RequiredArgsConstructor
@Slf4j
public class ResourceServerManager implements ReactiveAuthorizationManager<Authoriza
tionContext> {
    private final RedisTemplate redisTemplate;
    @Override
    public Mono<AuthorizationDecision> check(Mono<Authentication> mono, Authorization
Context authorizationContext) {
        ServerHttpRequest request = authorizationContext.getExchange().getRequest();
        if (request.getMethod() == HttpMethod.OPTIONS) { // 预检请求放行
            return Mono.just(new AuthorizationDecision(true));
        }
        PathMatcher pathMatcher = new AntPathMatcher();
        String method = request.getMethodValue();
```

```java
            String path = request.getURI().getPath();
            String restfulPath = method + ":" + path;
            // 如果 token 以 "Bearer " 为前缀,则说明 JWT 是有效的,可以进行鉴权
            String token = request.getHeaders().getFirst("Authorization");
            if (StrUtil.isNotBlank(token) && StrUtil.startWithIgnoreCase(token, "Bearer ") ) {
                if (path.contains("/app-api")) {
                    // 商城移动端请求需认证不需要鉴权放行(根据实际场景需求)
                    return Mono.just(new AuthorizationDecision(true));
                }
            } else {
                return Mono.just(new AuthorizationDecision(false));
            }
            /**
             * 鉴权开始
             *
             * 缓存取 [URL 权限-角色集合] 规则数据
             *
             * urlPermRolesRules = [{'key':'GET:/api/v1/users/*','value':['ADMIN','TEST'
]},...]
             */
            Map<String, Object> urlPermRolesRules = redisTemplate.opsForHash().entries(
GlobalConstants.URL_PERM_ROLES_KEY);
            // 根据请求路径获取有访问权限的角色列表
            List<String> authorizedRoles = new ArrayList<>(); // 拥有访问权限的角色
            boolean requireCheck = false; // 是否需要鉴权,默认未设置拦截规则不需要鉴权
            for (Map.Entry<String, Object> permRoles : urlPermRolesRules.entrySet()) {
                String perm = permRoles.getKey();
                if (pathMatcher.match(perm, restfulPath)) {
                    List<String> roles = Convert.toList(String.class, permRoles.getValue());
                    authorizedRoles.addAll(roles);
                    if (requireCheck == false) {
                        requireCheck = true;
                    }
                }
            }
            // 没有设置拦截规则,放行
            if (requireCheck == false) {
                return Mono.just(new AuthorizationDecision(true));
            }
            // 判断 JWT 中携带的用户角色是否有权限访问
            Mono<AuthorizationDecision> authorizationDecisionMono = mono
                    .filter(Authentication::isAuthenticated)
                    .flatMapIterable(Authentication::getAuthorities)
                    .map(GrantedAuthority::getAuthority)
                    .any(authority -> {
                        String roleCode = StrUtil.removePrefix(authority,"ROLE_");
                        // ROLE_ADMIN 移除前缀 ROLE_ 得到用户的角色编码 ADMIN
                        if (GlobalConstants.ROOT_ROLE_CODE.equals(roleCode)) {
                            return true; // 如果是超级管理员,则放行
                        }
                        boolean hasAuthorized = CollectionUtil.isNotEmpty(authorizedRoles)
```

```
            && authorizedRoles.contains(roleCode);
                    return hasAuthorized;
                })
                .map(AuthorizationDecision::new)
                .defaultIfEmpty(new AuthorizationDecision(false));
        return authorizationDecisionMono;
    }
}
```

check()方法用于实现访问请求的鉴权,鉴权的流程如下。

① 从请求头中获取"Authorization"字段的值,得到 token 字符串。资源服务器配置类 ResourceServerConfig 中已经定义了对 JWT 进行转换和验证的方法。这里约定商城移动端请求不需要鉴权即可放行,也就是只对后台用户管理访问权限。

② 从 Redis 缓存中获取[URL 权限-角色集合]规则数据。

③ 根据请求路径获取有访问权限的角色列表。

④ 如果没有设置拦截规则,则放行。

⑤ 判断 JWT 中携带的用户角色是否有权限访问。

第7章 服务保护框架 Sentinel

微服务架构是一个分布式系统,其中的服务提供者可以部署在不同的服务器上,服务之间会相互调用。如果一个服务出现故障,可能会影响其他依赖它的服务也无法正常工作,从而造成雪崩效应,导致整个系统故障。如果访问流量很大,也可能会造成服务的状态不稳定,无法及时响应请求。Sentinel 是 Spring Cloud Alibaba 中的服务保护框架,可以提供容错保护和流量管理机制,使微服务架构在流量过载、服务出现异常时能够保持正常的工作状态。

7.1 Sentinel 概述

Sentinel 是阿里巴巴推出的分布式系统的流量防卫兵,经历了阿里巴巴近十年的双十一大促流量高峰的实战考验。Sentinel 以流量为切入点,从流量控制、流量路由、熔断降级、系统自适应过载保护、热点流量防护等多个维度保护服务的稳定性。

7.1.1 Sentinel 的特性

Sentinel 的主要特性如图 7-1 所示。

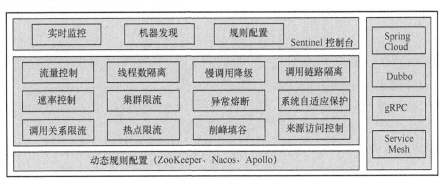

图 7-1 Sentinel 的主要特性

Sentinel 兼容 Spring Cloud、Dubbo、Service Mesh 等框架，支持 ZooKeeper、Nacos 和 Apollo 等服务注册中心和配置中心。

Sentinel 在微服务架构中的位置如图 7-2 所示。Sentinel 在逻辑上位于 API 网关和微服务集群之间，可以检测服务调用、保护微服务。秒杀系统在上线应用时通常会面临海量访问，需要通过 Sentinel 保护微服务集群和秒杀应用的工作状态。

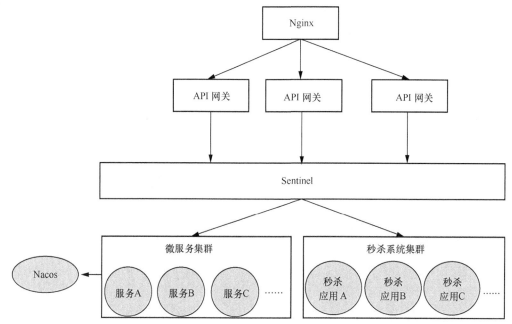

图 7-2　Sentinel 在微服务架构中的位置

Sentinel 可以提供下面两个主要机制。
- 流量控制机制：包括速率控制、集群限流、调用关系限流、热点限流、削峰填谷、来源访问控制等功能。
- 容错保护机制：包括线程数隔离、慢调用降级、调用链路隔离、异常熔断、系统自适应保护等功能。

利用 Sentinel 控制台可以提供机器发现、健康情况管理和监控以及规则管理和推送等功能。

7.1.2　Sentinel 的生态环境

随着阿里巴巴 Java 生态建设的不断完善，Sentinel 对分布式的各种应用场景都能够良好地支持和适配。Sentinel 的生态环境如图 7-3 所示。

目前 Sentinel 可以支持微服务、API 网关和 Service Mesh 三大板块的核心生态。Service Mesh 是一个基础设施层，用于处理服务间通信。

Sentinel 可以为 Netflix Zuul 和 Nginx 等 API 网关、微服务和 Service Mesh 提供流量控制功能，还可以使用 Apollo、Redis、Consul、Apache ZooKeeper、etcd 和 Nacos 组件作为动态数据源，动态加载规则数据。

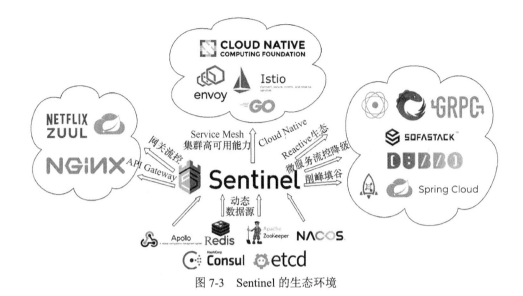

图 7-3 Sentinel 的生态环境

7.1.3 Sentinel 的工作原理

在高并发的情况下，如果客户端发送到服务器端的请求达到一定的限度，可能会使微服务架构应用程序进入一种不稳定的工作状态，从而无法正常地响应客户端请求。为了保障微服务架构应用程序能够稳定地工作，需要提供服务保护机制。

1．雪崩效应

对于登山爱好者而言，雪崩是很可怕的。雪崩指山坡上的积雪由于内聚力无法抗拒自身重力而向下滑动，引起大量雪体崩塌。在微服务架构中，很多服务是相互依赖的，一旦一些比较底层的服务出现故障，就会导致依赖它的服务也出现故障，这种故障会向上传导，引起雪崩效应，最终可能导致整个微服务架构崩溃。

图 7-4 所示是微服务架构的雪崩效应。假定在一个微服务系统中有 A、B、C、D 这 4 个服务，B 依赖 A，C 和 D 依赖 B。每个服务都部署了多个副本。如果服务 A 出现故障，无法响应服务 B 的请求（图中以深色背景的节点代表故障服务，浅色背景的节点代表正常服务）。经过一段时间，依赖服务 A 的服务 B 也会逐渐出现故障，故障会在服务间传导最终服务 C 和 D 也陆续出现故障，这就是微服务架构的雪崩效应。最终调用很多服务都会经过漫长的等待，导致超时。

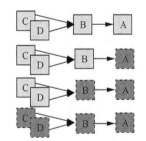

图 7-4 微服务架构的雪崩效应

2．解决雪崩效应的方法

采用以下方法可以解决微服务架构的雪崩效应。

（1）服务降级

在高并发的情况下，服务对用户的响应时间会变慢。为了防止用户长时间等待，服务可以返回一个提示，而不是等处理完用户请求才返回结果。就好像一个饭店一下子来了很多客人，后厨的上菜速度肯定会变慢，这时候可以安排服务员给客人送一些茶水或者瓜子等以安抚客人焦急的心情。

（2）服务熔断

服务熔断是启动服务降级的机制，就好像保险丝一样，当电压达到一定的值时，熔断自己以保护电器。服务熔断指当请求服务的数量达到一定的阈值时，会启动服务降级。这个阈值通常是可以自定义的。

在服务熔断机制中，保险丝被称为断路器。断路器包含3种状态：打开、半开和关闭。如果服务正常工作，则断路器处于关闭状态。如果服务发生异常，则断路器打开。断路器打开一定时间后，会进入半开状态来检测服务是否恢复正常。如果服务没有恢复，断路器就回到打开状态，经过一定的时间后再进入半开状态；如果服务恢复正常，断路器就变成关闭状态。断路器的工作流程如图7-5所示。

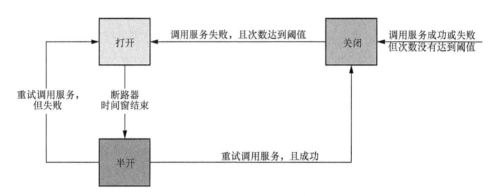

图7-5　断路器的工作流程

（3）服务限流

一个服务如果请求量很大，有可能会占用其他服务的资源，最终导致其他服务也无法正常工作。为了防止服务之间互相竞争资源，可以采用服务限流的机制，限定某个服务的访问流量。

3．配置规则

服务降级、服务熔断和服务限流等方法都需要设置相应的规则才能真正应用。Sentinel提供了修改规则的API，这些API可以与各种类型的规则库集成在一起，比如配置服务器和NoSQL数据库等。

Sentinel支持下面4种类型的规则。

- 流量控制规则：具体情况将在7.4节介绍。
- 熔断规则：具体情况将在7.5节介绍。
- 热点规则：具体情况将在7.6小节介绍。
- 授权规则：具体情况将在7.7小节介绍。

4．工作原理

资源是Sentinel中最重要的概念。Sentinel通过资源来保护具体的业务代码或其他后端服务，这样就屏蔽了复杂的逻辑，用户只需要针对资源定义规则就可以了，剩下的事情都由Sentinel来处理。

在 Sentinel 中，所有的资源都有一个唯一的资源名称，每次调用资源都会创建一个 Entry 对象。

创建 Entry 对象的同时会创建一系列的功能插槽，这些插槽的作用各不相同，有的负责收集和统计实时信息，有的负责流量控制，有的负责熔断等。这些功能插槽连接在一起形成一个插槽链。

Sentinel 的工作原理如图 7-6 所示。

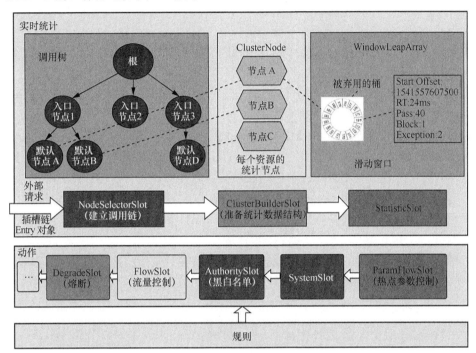

图 7-6 Sentinel 的工作原理

图 7-6 展示了插槽链的构成。插槽链包含的基本插槽类说明如下。

- NodeSelectorSlot：负责收集资源的路径，并将这些路径以树状结构存储起来，在内存中形成一个调用树，用于根据调用路径进行限流降级。
- ClusterBuilderSlot：负责存储资源的统计信息以及调用者信息（保存在统计节点 ClusterNode 中）。例如，资源的响应时间、每秒查询（QPS）、线程数等。这些信息将作为多维度限流和降级的依据。
- StatisticSlot：负责记录和统计不同维度的实时指标监控信息。
- ParamFlowSlot：负责热点参数限流，当达到设置的阈值时抛出 ParamFlowException 异常。
- SystemSlot：负责通过系统状态控制总的入口流量。
- AuthoritySlot：负责根据配置的黑/白名单和调用来源信息进行黑/白名单控制。
- FlowSlot：负责根据预设的限流规则以及前面插槽统计的状态进行流量控制。

Sentinel 的流量控制采用滑动窗口算法，其核心思想是将时间分成若干个时间段，每个时间段都有一个计数器，用来记录这个时间段内的请求次数。当请求次数超过了预设的阈值时，就会触发限流机制，从而保护系统的稳定性。由于篇幅所限，这里不展开介绍滑动窗口算法的细节。图 7-6 中的类 WindowLeapArray 用于存取滑动窗口算法中的指标数据。
- DegradeSlot：负责根据统计信息以及预设的规则进行熔断降级。

7.2 搭建 Sentinel 环境

为了进一步了解 Sentinel 的功能，本节首先搭建一个简单的 Sentinel 环境。本章后面的内容将基于此环境进行演示。

Sentinel 环境可以分为服务端和客户端应用两个部分。Sentinel 服务端和客户端应用的关系如图 7-7 所示，具体说明如下。
- Sentinel 客户端应用会配置对应的 Sentinel 服务端，它启动后会自动注册到对应的 Sentinel 服务端。
- 用户在第一次调用 Sentinel 客户端应用接口时会初始化客户端应用。此后 Sentinel 客户端应用会定期向 Sentinel 服务端发送心跳包，以表明自己的在线状态。
- 用户调用 Sentinel 客户端应用接口时，Sentinel 会自动将调用数据汇总至 Sentinel 服务端。
- 用户可以通过 Sentinel 控制台查看调用 Sentinel 客户端应用接口的统计图表和数据。

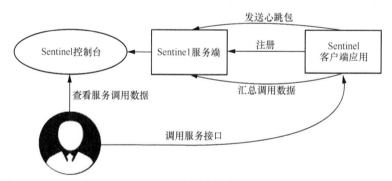

图 7-7　Sentinel 服务端和客户端应用的关系

7.2.1　搭建 Sentinel 服务端环境

Sentinel 服务端是一个 Spring Boot 服务，可以从 Sentinel 官网下载 Sentinel 服务端的 jar 包。下载之前需要访问 GitHub 上 Spring Cloud Alibaba 的版本说明页面，了解 Sentinel 与 Spring Cloud Alibaba、Nacos 版本的对应关系。下载页面和版本说明页面的 URL 参见本书资源中的《本书涉及的在线资源和组件安装方法》文档。

在编写本书时，编者选择下载 Sentinel 1.8.5，得到 sentinel-dashboard-1.8.5.jar。

在 Ubuntu 服务器的/usr/local/src 目录下创建 sentinel 文件夹，并将 sentinel-dashboard-1.8.5.jar 上传至 sentinel 文件夹。sentinel 文件夹的位置可以根据习惯选择。

执行以下命令启动 Sentinel 服务端。

```
java -Dserver.port=8081 -Dcsp.sentinel.dashboard.server=localhost:8081 -Dproject.name=
sentinel-dashboard -jar sentinel-dashboard-1.8.5.jar
```

命令选项说明如下。

- -Dserver.port=8081：指定 Sentinel 服务端的监听端口为 8081。
- -Dcsp.sentinel.dashboard.server=localhost:8081：指定将 Sentinel 服务端也注册到自己。
- -Dproject.name=sentinel-dashboard：指定自身在 Sentinel 控制台页面中的显示名称。
- -jar sentinel-dashboard-1.8.5.jar：指定运行 sentinel-dashboard-1.8.5.jar。

成功启动 Sentinel 服务端后，在浏览器中访问以下 URL 打开 Sentinel 登录页面，如图 7-8 所示。

```
http://192.168.1.103:8081/#/login
```

图 7-8　Sentinel 登录页面

输入用户名 sentinel 和密码 sentinel，单击"登录"，进入 Sentinel 控制台页面，如图 7-9 所示。

图 7-9　Sentinel 控制台页面

从图 7-9 可以看到名为 sentinel-dashboard 的客户端应用已经出现在 Sentinel 控制台的监控列表，这就是 Sentinel 服务端自身。

7.2.2 开发 Sentinel 客户端应用

Sentinel 客户端应用是被 Sentinel 管控的应用,需要在开发应用时接入 Sentinel 控制台。开发基本 Sentinel 客户端应用的流程如图 7-10 所示。

图 7-10 开发基本 Sentinel 客户端应用的流程

本小节结合示例项目 sentinel_client 演示开发一个简单的 Sentinel 客户端应用的过程。

1. 创建和配置项目 sentinel_client

创建 Spring Boot 项目 sentinel_client,并在 pom.xml 中定义项目所使用的 JDK、Spring Boot、Spring Cloud 和 Spring Cloud Alibaba 的版本,引入 Spring Cloud 和 Spring Cloud Alibaba 框架的相关依赖,并添加 Nacos 服务发现依赖的代码。

2. 引入相关依赖

要开发 Sentinel 客户端应用,需要在项目中引入 spring-cloud-starter-alibaba-sentinel 依赖,代码如下。

```xml
<!-- spring-cloud-alibaba-sentinel 依赖 -->
<dependency>
    <groupId>com.alibaba.cloud</groupId>
    <artifactId>spring-cloud-starter-alibaba-sentinel</artifactId>
</dependency>
```

3. 配置接入 Sentinel 控制台

在项目 sentinel_client 的配置文件 application.yml 中需要配置 Sentinel 控制台的基本信息,以使客户端应用能够接入 Sentinel 控制台,并注册到 Nacos 注册中心。相关配置代码如下。

```yaml
spring:
  application:
    name: sentinel_client
  cloud:
    sentinel:
      eager: true
      transport:
        port: 8719
        dashboard: 127.0.0.1:8081
        client-ip: 127.0.0.1
    nacos:
      discovery:
        server-addr: http://localhost:8848
  main:
    allow-circular-references: true
server:
  port: 8080
```

客户端应用会在本地启动一个 HTTP Server 程序。配置项 spring.cloud.sentinel.transport.port 指定 HTTP Server 程序使用端口 8719 与 Sentinel 控制台进行交互。在 Sentinel 控制台中定义的规则会通过该端口推送给客户端应用。

配置项 spring.cloud.sentinel.transport.dashboard 指定要接入的 Sentinel 服务端地址。

配置项 spring.cloud.sentinel.transport.client-ip 指定客户端应用与 Sentinel 服务端进行通信的地址。

如果 Sentinel 服务端与客户端应用之间无法通信，则客户端应用无法顺利注册到 Sentinel 服务端。因此，这里演示将 Sentinel 服务端和客户端应用部署在一台服务器的情形，因此将 spring.cloud.sentinel.transport.dashboard 设置为 127.0.0.1:8081，将 spring.cloud.sentinel.transport.client-ip 设置 127.0.0.1。

4. 在客户端应用中编写控制器程序

想要通过 Sentinel 控制台监控对客户端应用的调用，需要在客户端应用中编写控制器程序，实现一个简单的接口。

在项目 sentinel_client 的包 com.example.sentinel_client.controllers 下创建控制器 TestController，代码如下。

```
@RestController
@RequestMapping("/test")
public class TestController {
    @RequestMapping("/hello")
    public String hello(){
        return "Hello World~";
    }
}
```

5. 初始化客户端应用

为了使 Sentinel 控制台能够监测到客户端应用的调用数据，在客户端中集成的 Sentinel 会在客户端应用首次被调用的时候进行初始化，然后开始向控制台发送心跳包。按照以下步骤可以初始化客户端应用。

① 在 Ubuntu 服务器上启动 Nacos 注册中心。

② 启动 Sentinel 控制台。

③ 将项目 sentinel_client 打包，得到 sentinel_client-0.0.1-SNAPSHOT.jar。

④ 在 Ubuntu 服务器的/usr/local/src 目录下创建 sentinel_client 文件夹，并将 entinel_client-0.0.1-SNAPSHOT.jar 及其对应的 application.yml 上传至 sentinel_client 文件夹。执行以下命令运行客户端应用。

```
java -jar sentinel_client-0.0.1-SNAPSHOT.jar
```

启动完成后，打开 Apipost 访问以下 URL。

```
http://192.168.1.103:8080/test/hello
```

多次单击"发送"，然后在浏览器中刷新 Sentinel 控制台页面，可以看到 sentinel_client 已经出现在监控列表中。单击其下面的"实时监控"菜单项，可以查看调用 sentinel_client 的曲线和记录，如图 7-11 所示。

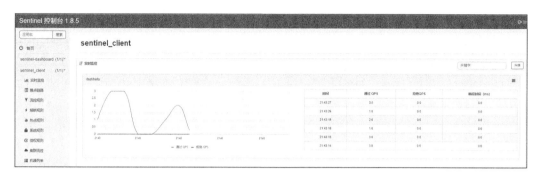

图 7-11　调用 sentinel_client 的曲线和记录

单击"sentinel-dashboard"下面的"实时监控"菜单项，可以查看 sentinel-dashboard 的调用图表和数据，如图 7-12 所示。

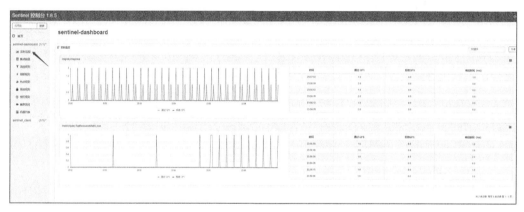

图 7-12　sentinel-dashboard 的调用图表和数据

因为客户端应用 sentinel_client 会定期调用 sentinel-dashboard 的接口，以发送心跳包、汇总调用接口数据，所以 sentinel-dashboard 的调用图表显得很有规律。

7.3　保护微服务的主要方案和基本方法

当访问流量过载，或者由于其他原因，微服务可能进入不稳定的状态，出现影响微服务架构应用的运行情况。保护微服务是 Sentinel 的重要功能。本节介绍使用 Sentinel 保护微服务的主要方案和基本方法。

7.3.1　保护微服务的方案

Sentinel 可以提供的保护微服务的主要方案具体如下。
- 黑名单和白名单：根据资源的请求来源（origin）设置 Sentinel 黑名单和白名单可以限制请求是否通过。如果设置白名单，则只有请求来源在白名单内才可通过；

如果设置黑名单,则请求来源在黑名单内不能通过,其余的请求可以通过。关于 Sentinel 黑名单和白名单的使用方法将在 7.7 节中介绍。
- 流量控制机制: 在高并发的情况下,如果客户端请求微服务的流量超出了设置的阈值,则开启自我保护机制,不执行原有的业务逻辑代码,而是执行本地的 fallback 方法返回提示信息,例如返回 "活动太火爆了,请稍后重试"。流量控制机制的主要目的是避免服务死机。关于 Sentinel 流量控制机制的具体情况将在 7.4 节中介绍。
- 服务熔断机制:服务熔断指当某个服务出现异常时,为了防止造成整个系统故障而采用的一种保护措施。关于 Sentinel 服务熔断机制的具体情况将在 7.5 节中介绍。

7.3.2 保护微服务的基本流程

使用 Sentinel 保护微服务的基本流程如图 7-13 所示。

图 7-13 使用 Sentinel 保护微服务的基本流程

- 定义资源:在 Sentinel 中定义资源的基本方法将在 7.3.3 小节介绍。
- 定义规则:在 Sentinel 中定义规则的基本方法将在 7.3.4 小节介绍。
- 检验规则是否生效:Sentinel 的所有规则都可以在内存中动态地查询及修改,修改规则之后立即生效。在定义好需要保护的资源、并针对资源配置规则后,Sentinel 会自动根据收集到的服务来调用数据以检验规则是否生效。如果规则生效,则会自动执行对应的流量控制或服务熔断等操作,保护微服务架构。

7.3.3 定义资源

使用 Sentinel 保护微服务的前提是定义资源,资源可以是一个服务或服务里的方法,甚至是一段代码。

在创建资源时会创建一个 Entry 对象。Entry 对象可以通过对主流框架的适配自动创建,也可以通过以下方法手动创建。

1. try/catch 模式

在 try/catch 语句中,通过 Sentinel API SphU.entry()可以定义资源,方法如下。

```
Entry entry = null;
try {
    entry = SphU.entry(resourceName);
    // 业务逻辑代码
} catch (BlockException ex) {
} finally {// 处理异常
        if (entry != null) {
        entry.exit(); // 释放资源
    }
}
```

其中，resourceName 代表资源名称。

Sentinel 1.5.0 版本后可以利用 JDK 1.7 的 try-with-resources 特性，定义资源的方法如下。

```
try (Entry entry = SphU.entry("resourceName")) {
  // 业务逻辑代码
} catch (BlockException ex) {
  // 处理异常
}
```

创建示例项目 sentinel_client2，并在其中演示通过 try/catch 模式定义资源的方法。

在项目 sentinel_client2 的包 com.example.sentinel_client.controllers 下创建控制器 TestController，代码如下。

```
@RestController
@RequestMapping("/test")
public class TestController {
    @RequestMapping("/resource1")
    public String resource1(){
        String result ="";
        try (Entry entry = SphU.entry("resource1")) {
            // 业务逻辑代码
            result = "Hello, resource1";
        } catch (BlockException ex) {
            // 处理异常
            result = ex.getMessage();
        }
        return result;
    }
}
```

程序在控制器 TestController 的 resource1()方法中使用 try/catch 模式定义了一个资源 resource1。如果定义资源成功，则 resource1()方法返回"Hello, resource1"；否则返回发生的异常信息。

按照以下步骤可以初始化客户端应用。

① 在 Ubuntu 服务器上启动 Nacos 注册中心。

② 启动 Sentinel 控制台。

③ 将项目 sentinel_client2 打包，得到 sentinel_client2-0.0.1-SNAPSHOT.jar。

④ 在 Ubuntu 服务器的/usr/local/src 目录下创建 sentinel_client2 文件夹，并将 sentinel_client2-0.0.1-SNAPSHOT.jar 及其对应的 application.yml 上传至 sentinel_client2 文件夹。执行以下命令运行客户端应用。

```
java -jar sentinel_client2-0.0.1-SNAPSHOT.jar
```

启动完成后，打开 Apipost 访问以下 URL。

```
http://192.168.1.103:8080/test/resource1
```

多次单击"发送"，然后在浏览器中刷新 Sentinel 控制台页面，可以看到 sentinel_client2 已经出现在监控列表中。单击其下面的"簇点链路"菜单项，可以查看 sentinel_client2 中定义的资源 resource1，如图 7-14 所示。

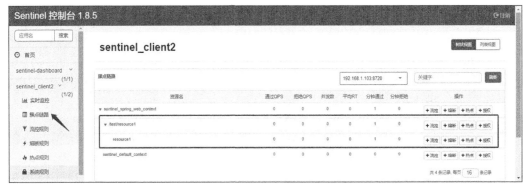

图 7-14   sentinel_client2 中定义的资源 resource1

簇点链路是项目中的调用链路，链路中的每一个被监控的接口就是一个资源。

2．Bool 模式

Bool 模式指使用 Sentinel API SphO.entry()方法定义资源。SphO.entry()可以返回一个布尔值，表明定义资源是否成功，具体方法如下。

```
if (SphO.entry(resourceName)) {
  try {
     // 业务逻辑代码
  } finally {
     SphO.exit();// 释放资源
  }
} else {
   // 定义资源被拒绝时处理阻塞的代码
  }
```

在项目 sentinel_client2 的控制器 TestController 中增加一个 resource2()方法，代码如下。

```
@RestController
@RequestMapping("/test")
public class TestController {
    @RequestMapping("/resource2")
     if (SphO.entry("resource2")) {
         String result ="";
         if (SphO.entry(resourceName)) {
   try {
      // 业务逻辑代码
      result = "Hello, resource2";
   } finally {
       SphO.exit();// 释放资源
   }
} else {
    // 定义资源被拒绝时处理阻塞的代码
result = "定义资源 resource2 失败";
  }
        return result;
    }
}
```

程序在控制器 TestController 的 resource2()方法上使用 Bool 模式定义了一个资源 resource2。

按照以下步骤可以初始化客户端应用。

① 在 Ubuntu 服务器上启动 Nacos 注册中心。

② 启动 Sentinel 控制台。

③ 将项目 sentinel_client2 打包，得到 sentinel_client2-0.0.1-SNAPSHOT.jar。

④ 将 entinel_client2-0.0.1-SNAPSHOT.jar 及其对应的 application.yml 上传至 sentinel_client2 文件夹。执行以下命令运行客户端应用。

```
java -jar sentinel_client2-0.0.1-SNAPSHOT.jar
```

启动完成后，打开 Apipost 访问以下 URL。

```
http://192.168.1.103:8080/test/resource2
```

多次单击"发送"，然后在浏览器中刷新 Sentinel 控制台页面。单击"sentinel_client2"下面的"簇点链路"菜单项，可以查看 sentinel_client2 中定义的资源 resource2，如图 7-15 所示。

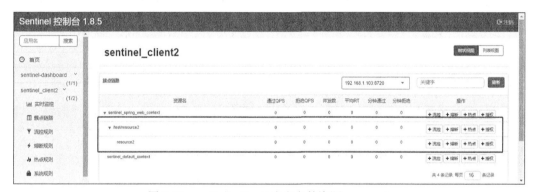

图 7-15 sentinel_client2 中定义的资源 resource2

3．注解模式

使用 try/catch 模式和 Bool 模式定义资源都需要对业务代码进行侵入式的修改，有可能会影响原有的业务逻辑。通过@SentinelResource 注解可以在不修改业务代码的情况下定义资源，方法如下。

```
@SentinelResource(value = "abc", fallback = "doFallback")
public String doSomething(long i) {
    return "Hello " + i;
}

public String doFallback(long i, Throwable t) {
    // Return fallback value.
    return "fallback";
}
public String defaultFallback(Throwable t) {
    return "default_fallback";
}
```

@SentinelResource 注解的属性说明如下。

- value：指定资源名，必需参数，不能为空。

- fallback：用于在抛出异常的时候提供处理逻辑。defaultFallback 是默认的 fallback 函数。如果在@SentinelResource 注解中没有指定 fallback 属性，则抛出异常的时候会调用 defaultFallback()方法。

在项目 sentinel_client2 的控制器 TestController 中增加一个 resource3()方法，代码如下：

```
@RequestMapping("/resource3")
@SentinelResource("resource3")
public String resource3(){
  return "Hello, resource3";
}
```

程序在控制器 TestController 的 resource3()方法中使用@SentinelResource 注解定义了一个资源 resource3。按照以下步骤可以初始化客户端应用。

① 在 Ubuntu 服务器上启动 Nacos 注册中心。
② 启动 Sentinel 控制台。
③ 将项目 sentinel_client2 打包，得到 sentinel_client2-0.0.1-SNAPSHOT.jar。
④ 将 entinel_client2-0.0.1-SNAPSHOT.jar 及其对应的 application.yml 上传至 sentinel_client2 文件夹。执行以下命令运行客户端应用。

```
java -jar sentinel_client2-0.0.1-SNAPSHOT.jar
```

启动完成后，打开 Apipost 访问以下 URL。

```
http://192.168.1.103:8080/test/resource3
```

多次单击"发送"，然后在浏览器中刷新 Sentinel 控制台页面。单击"sentinel_client2"下面的"簇点链路"菜单项，可以查看 sentinel_client2 中定义的资源 resource3，如图 7-16 所示。

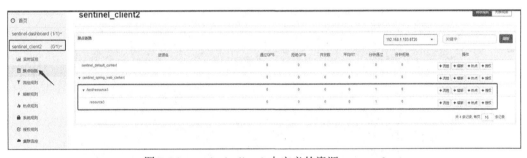

图 7-16　sentinel_client2 中定义的资源 resource3

7.3.4　定义规则

Sentinel 通过定义规则保护资源，例如流量控制、并发性和熔断等规则。Sentinel 可以动态修改规则并实时生效。

在"簇点链路"页面中，每个资源后面都有若干个操作选项，可以新增流控、熔断、热点、授权等规则。关于各个规则的基本情况将在后文介绍。

通过硬编码的方式可以定义规则，也可以使用下面的语句定义应用的所有系统保护规则。

```
List<SystemRule> rules = new ArrayList<>();
```

每个 SystemRule 对象都对应一个规则。除了直接使用类 SystemRule 定义基本的系统保护规则外，还可以使用以下子类定义各种类型的系统保护规则。
- FlowRule：定义流控规则，具体情况将在 7.4 节介绍。
- DegradeRule：定义熔断规则，具体情况将在 7.5 节介绍。
- AuthorityRule：定义授权规则，具体情况将在 7.7 节介绍。

类 SystemRule 的主要属性见表 7-1。

表 7-1　类 SystemRule 的主要属性

字段名	数据类型	默认值	具体说明
avgRt	long	−1	所有入口流量的平均响应时间
highestCpuUsage	double	−1	最高 CPU 利用率
qps	double	−1	所有入口资源的 QPS
highestSystemLoad	double	−1	最高系统负载。 在 Linux 系统中执行 top 命令，可以看到窗口右上角显示 3 个 load average 数值，分别表示最近 1 min、5 min、15 min 的平均系统负载值，如图 7-17 所示。 这里的系统负载仅对 Linux 系统有效，指 CPU 能处理的最大进程数。假如系统最多能承载 10 个进程，有 5 个进程运行时，load 值为 0.5；有 10 个进程运行时，load 值为 1；有 20 个进程运行时，load 值为 2
maxThread	long	−1	入口流量的最大并发数

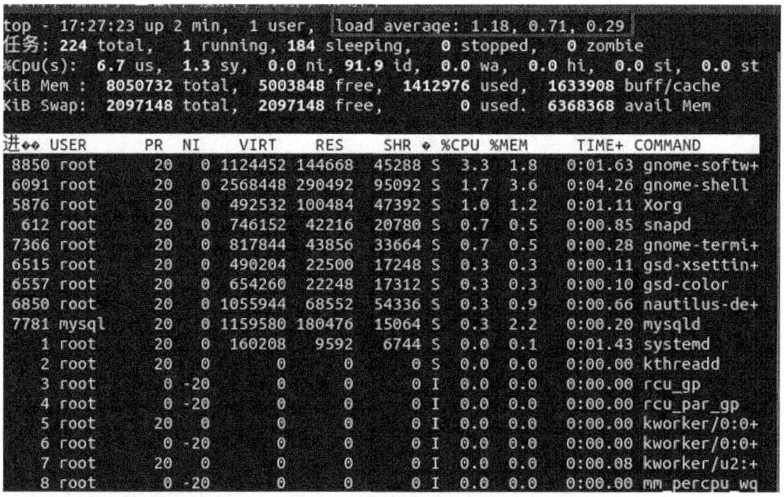

图 7-17　执行 top 命令查看平均系统负载值

表 7-1 中的属性都用于定义系统保护规则中对应指标的阈值。当对应指标的数值超过此阈值时，Sentinel 会启动对应的系统保护措施。当阈值等于−1 时不检查此规则。

调用 SystemRuleManager.loadRules()方法可以加载系统保护规则，代码如下。

```
private static void initSystemRule() {
    List<SystemRule> rules = new ArrayList<SystemRule>();
```

```
SystemRule rule = new SystemRule();
rule.setHighestSystemLoad(3.0);
rule.setHighestCpuUsage(0.9);
rule.setAvgRt(10);
rule.setQps(10);
rule.setMaxThread(10);
rules.add(rule);
SystemRuleManager.loadRules(Collections.singletonList(rule));
}
```

关于应用系统保护规则的方法将在后文结合各种类型的保护规则进行介绍。

7.4 流量控制机制

Sentinel 可以针对每个资源进行流量控制。在定义流控规则时可以设置以下选项。
- 来源应用：指定针对特定应用执行流量控制操作，如限定特定应用对资源的访问流量。
- 阈值类型：指定计算流量的类型，可以按 QPS 计算，也可以按并发线程数计算。
- 阈值：访问流量的临界值。访问流量超过阈值时会启动流量控制机制。
- 流控效果：启动流量控制机制时执行的操作，包括快速失败、Warm Up 和排队等待等。这些流控效果的具体含义将在后文介绍。

本节将结合实例介绍在 Sentinel 中实现流量控制机制的方法。

7.4.1 在 Sentinel 控制台中定义流控规则

在 Sentinel 控制台的"簇点链路"页面中，每个资源的后面都有一个"流控"选项。单击"流控"可以打开"新增流控规则"窗口，设置新增流控规则，如图 7-18 所示。

图 7-18 "新增流控规则"窗口

单击"高级选项"，可以设置高级选项，如图 7-19 所示。

图 7-19 设置流控规则的高级选项

高级选项包括流控模式和流控效果两个配置选项。流控模式的可选值如下。
- 直接：默认的流控模式，即当请求流量达到阈值后直接执行流控效果指定的操作。
- 关联：设置资源的关联关系。当某资源的关联资源的请求流量达到阈值时，则对该资源进行限流。
- 链路：只对从指定链路访问本资源的请求进行统计，判断是否超过阈值。

流控效果的可选值如下。
- 快速失败：默认的处理方法。当请求流量达到阈值后，新的请求会被立即拒绝并抛出 FlowException 异常。
- Warm Up：应对服务冷启动的一种方法。该方法会逐渐调高请求阈值。请求阈值初始值是 maxThreshold / coldFactor，持续指定时长后，逐渐提高到 maxThreshold 值。冷启动因子 coldFactor 的默认值是 3。例如，设置 QPS 的 maxThreshold 为 10，预热时间为 5s，那么初始阈值就是 10 / 3，也就是 3，然后在 5s 后逐渐增长到 10。
- 排队等待：当请求流量超过阈值时，所有请求将进入一个队列，然后按照阈值允许的时间间隔依次执行。后来的请求必须等待前面的请求执行完成，如果请求预期的等待时间超出最大时长，则请求会被拒绝。

设置完成后，单击"新增"，跳转至"流控规则"页面，如图 7-20 所示。

图 7-20 "流控规则"页面

在"流控规则"页面中可以看到新增的流控规则。

7.4.2 在代码中定义流控规则

使用类 FlowRule 可以定义流控规则。类 FlowRule 包含的关键属性见表 7-2。

表 7-2 类 FlowRule 包含的关键属性

字段名	具体说明	默认值
resource	资源名称	
count	阈值	
grade	限流指标，支持根据下面两个选项进行流量控制： ● 并发数量； ● QPS	根据 QPS 进行流量控制
limitApp	根据调用来源进行流量控制，支持以下选项。 ● default：不区分调用者，来自任何调用者的请求都将进行限流统计。 ● {some_origin_name}：表示针对特定的调用者，只有来自这个调用者的请求才会进行流量控制。 ● other：表示针对除了{some_origin_name}以外的其余调用者的请求进行流量控制	default
strategy	调用关系限流策略，支持 resource（根据资源本身）、refResource（根据关联资源）和 entry 等选项	resource
controlBehavior	流量控制效果，支持直接拒绝、慢启动、匀速排队等选项	直接拒绝

通过 FlowRuleManager.loadRules()方法可以加载定义好的流控规则，代码如下。

```
private static void initFlowRules(){
    List<FlowRule> rules = new ArrayList<>();
    FlowRule rule = new FlowRule();
    rule.setResource("HelloWorld");
    rule.setGrade(RuleConstant.FLOW_GRADE_QPS);
    rule.setCount(20);
    rules.add(rule);
    FlowRuleManager.loadRules(rules);
}
```

7.4.3 测试应用流控规则的效果

本小节利用压力测试工具 JMeter 测试应用流控规则的效果，从而体验 Sentinel 框架的作用。

1．测试在 Sentinel 控制台中定义的流控规则

按照以下步骤针对 7.3 节定义的资源 resource3 设置流控规则，并且测试其流控效果。

① 在 Ubuntu 服务器上启动 Nacos 注册中心。

② 启动 Sentinel 控制台。

③ 执行以下命令运行资源 resource3 的客户端应用。

```
cd /usr/local/src/sentinel_client2
java -jar sentinel_client2-0.0.1-SNAPSHOT.jar
```

启动完成后，打开 Apipost 访问以下 URL。

```
http://192.168.1.103:8080/test/resource3
```

④ 多次单击"发送"，然后在浏览器中刷新 Sentinel 控制台页面。单击"sentinel_client2"下面的"簇点链路"菜单项，可以看到 sentinel_client2 中定义的资源 resource3。

⑤ 单击"resource3"后面的"流控"选项，打开"新增流控规则"窗口，设置访问资源 resource3 的 QPS 不超过 5 次，如图 7-21 所示。

图 7-21 设置访问资源 resource3

单击"新增"选项保存规则。

⑥ 使用 JMeter 对资源 resource3 进行压力测试。

JMeter 是 Apache 推出的压力测试工具，可以从其官网下载，具体 URL 参见本书资源中的《本书涉及的在线资源和组件安装方法》文档。

编者在编写本书时下载的是 apache-jmeter-5.5.zip。解压缩后，运行 bin 文件夹下的 jmeter.bat 打开 JMeter 窗口，如图 7-22 所示。

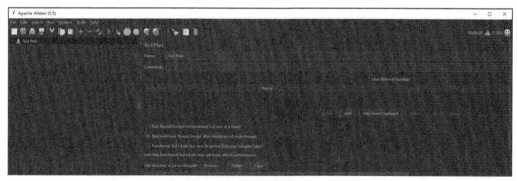

图 7-22 JMeter 窗口

在左侧窗格中有一个默认的测试计划（Test Plan）记录。右击该记录，在快捷菜单中依次选择 Add→Threads(Users)→Thread Group，创建一个线程组（Thread Group），如图 7-23 所示。

第 7 章 服务保护框架 Sentinel

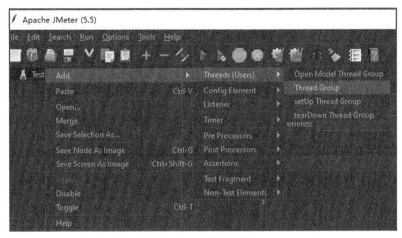

图 7-23 创建线程组

在右侧窗格中参照表 7-3 配置新建线程组的基本信息，如图 7-24 所示。

表 7-3 新建线程组的基本信息

字段名	值	具体说明
Name	资源 resource3 流控规则测试	新建线程组的名称
Number of Threads(users)	20	线程组包含的线程数
Ramp-up period (seconds)	2	达到指定线程需要的时间（s）

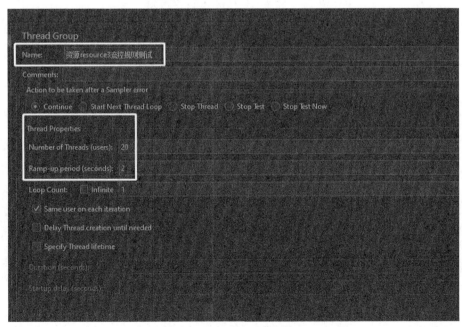

图 7-24 配置新建线程组的基本信息

配置完成后，单击工具栏中的保存图标，将测试计划保存为"资源 resource3 流控规则测试.jmx"。此时在左侧窗格中会出现测试计划"资源 resource3 流控规则测试"节点，如图 7-25 所示。

图 7-25　保存后出现"资源 resource3 流控规则测试"节点

右击"资源 resource3 流控规则测试"节点，在快捷菜单中依次选择 Add→Sampler→HTTP Request，创建一个 HTTP 请求（HTTP Request），如图 7-26 所示。

图 7-26　创建 HTTP 请求

在右侧窗格中参照表 7-4 配置新建 HTTP 请求的基本信息，如图 7-27 所示。

表 7-4　新建 HTTP 请求的基本信息

字段名	值	具体说明
Name	HTTP Request	HTTP 请求的名称，保持默认即可
Protocol (http)	http	HTTP 请求使用的协议
Server Name or IP	192.168.1.103	Ubuntu 虚拟机的 IP 地址
Port Numbers	8080	资源 resource3 开放的端口号
Path	/test/resource3	HTTP 请求的路径

图 7-27　配置新建 HTTP 请求的基本信息

配置完成后，单击工具栏中的保存图标。右击"资源 resource3 流控规则测试"节点，在快捷菜单中依次选择 Add→Listener→View Result Tree，创建一个 View Result Tree（查看结果树）记录，如图 7-28 所示。

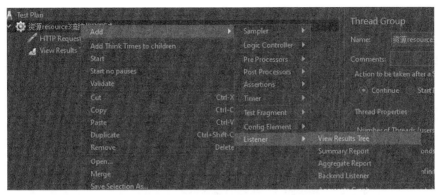

图 7-28 创建 View Result Tree 记录

配置新建 View Result Tree 的基本信息，如图 7-29 所示。

图 7-29 配置新建 View Result Tree 的基本信息

保持默认值即可。配置完成后，单击工具栏中的保存图标．。

现在已经准备好 JMeter 的测试环境，单击工具栏中的运行图标．，开始测试资源 resource3 流控规则的效果。选中 View Result Tree 节点，在右侧窗格中可以查看测试的结果，如图 7-30 所示。

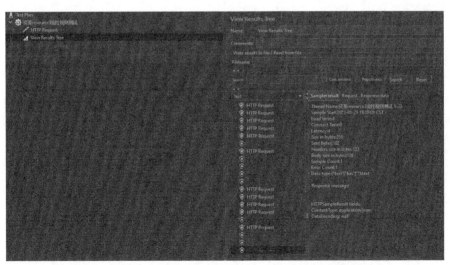

图 7-30 使用 JMeter 测试资源 resource3 流控规则的结果

因为在本次测试中，2s 内对资源 resource3 发出 20 次请求，QPS 为 10，超出规则限定的阈值 5，所以触发了限流规则。从图 7-30 可以看到，20 次请求中有 9 次被拒绝了（标记叉号图标的记录)。这样,HTTP 请求的流量就接近 5 个 QPS 了,可见流控规则已经产生了效果。

2. 测试在代码中定义的流控规则

创建示例项目 sentinel_client3,并在其中演示在代码中定义的流控规则的方法。

在项目 sentinel_client3 的包 com.example.sentinel_client3.configure 下创建类 ApplicationStartup,用于在系统启动的时候加载流控规则,代码如下。

```java
@Component
public class ApplicationStartup  implements ApplicationListener<ContextRefreshedEvent>
{
    @Override
    public void onApplicationEvent(ContextRefreshedEvent event) {
        initFlowRule("Resource4", 5);
    }
    public void initFlowRule(String resourceName, int count) {
        FlowRule flowRule = new FlowRule(resourceName)
                .setCount(count)
                .setGrade(2); // 设置限流指标为 QPS
        List<FlowRule> list = new ArrayList<>();
        list.add(flowRule);
        FlowRuleManager.loadRules(list);
    }
}
```

initFlowRule()方法用于初始化流控规则,其中包含以下 2 个参数。

- resourceName:指定应用流控规则的资源名称。
- count:指定流控指标的阈值。

这里设置对资源 Resource4 以 QPS 为指标(grade 等于 2)进行流控,阈值为 5。

在项目 sentinel_client3 的包 com.example.sentinel_client.controllers 下创建控制器 TestController,代码如下。

```java
@RestController
@RequestMapping("/test")
public class TestController {
    Logger logger = LoggerFactory.getLogger(this.getClass());
    @RequestMapping("/hello")
    public String hello() {
        Entry entry = null;
        try {
            entry = SphU.entry("Resource4");
            return "hello Resource4";
        } catch (BlockException e) {
            logger.error("请求被限流...{}", e.getRule().getResource());
            return e.getMessage();
        } finally {
            if (entry != null) {
                entry.exit();
            }
        }
    }
}
```

程序在控制器 TestController 的 hello ()方法中定义了一个资源 Resource4。如果定义资源成功，则 hello()方法返回"hello Resource4"；否则返回发生的异常信息。

按照以下步骤可以初始化客户端应用。

① 在 Ubuntu 服务器上启动 Nacos 注册中心。

② 启动 Sentinel 控制台。

③ 将项目 sentinel_client3 打包，得到 sentinel_client3-0.0.1-SNAPSHOT.jar。

④ 在 Ubuntu 服务器的/usr/local/src 目录下创建 sentinel_client3 文件夹，并将 sentinel_client3-0.0.1-SNAPSHOT.jar 及其对应的 application.yml 上传至 sentinel_client3 文件夹。执行以下命令运行客户端应用。

```
cd /usr/local/src/sentinel_client3
java -jar sentinel_client3-0.0.1-SNAPSHOT.jar
```

启动完成后，打开 Apipost 访问以下 URL。

```
http://192.168.1.103:8080/test/hello
```

多次单击"发送"，然后在浏览器中刷新 Sentinel 控制台页面。在左侧导航栏中选择"流控规则"，可以看到资源 Resource4 的流控规则，如图 7-31 所示。

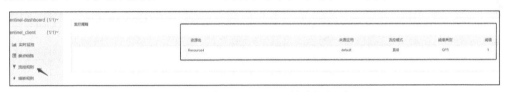

图 7-31　资源 Resource4 的流控规则

参照前面介绍的方法，使用 JMeter 对资源 Resource4 进行压力测试。在进行测试的同时，观察运行 sentinel_client3-0.0.1-SNAPSHOT.jar 的窗口，可以看到 10 次打印"ERROR 6482 --- [nio-8080-exec-9] c.e.s.controller.TestController:请求被限流...Resource4"。可见，一半的请求被限流了，如图 7-32 所示。

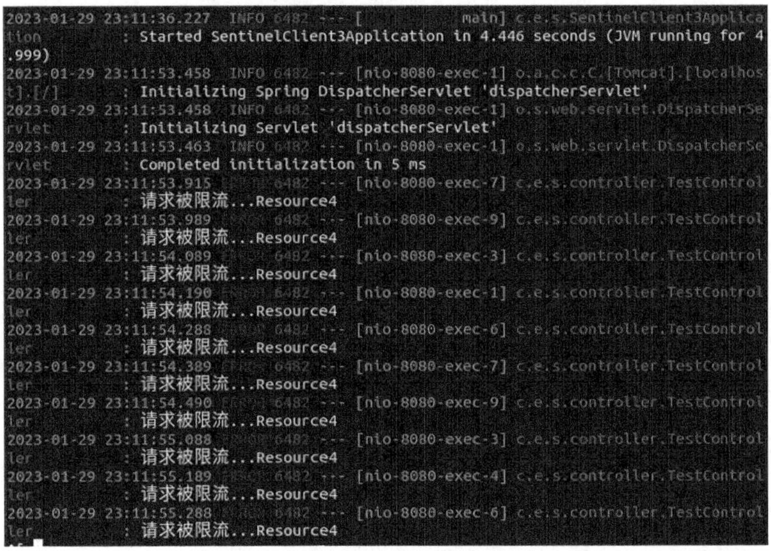

图 7-32　对资源 Resource4 进行限流的效果

7.5 服务熔断机制

在 Sentinel 中，针对每个资源可以进行熔断规则的配置。服务熔断也称为服务降级，指暂时切断不稳定调用，避免局部不稳定因素导致整体的雪崩。熔断作为保护自身的手段，通常在客户端（调用端）进行配置。

本节将结合实例介绍在 Sentinel 中实现服务熔断机制的方法。

7.5.1 在 Sentinel 控制台中定义熔断规则

在 Sentinel 控制台的"簇点链路"页面中，每个资源的后面都有一个"熔断"选项。单击"熔断"可以打开"新增熔断规则"窗口，设置新增熔断规则，如图 7-33 所示。

图 7-33 "新增熔断规则"窗口

新增熔断规则需要填写的字段见表 7-5。

表 7-5 新增熔断规则需要填写的字段

字段名	具体说明
资源名	应用熔断规则的资源
熔断策略	熔断策略包括下面 3 个选项。 • 慢调用比例：以慢调用数量的比例作为阈值。以"最大 RT"字段的值为标准判断一个调用是否属于慢调用。 • 异常比例：以调用中出现异常的比例作为阈值。 • 异常数：以调用中出现异常的数量作为阈值
最大 RT	最大响应时间，单位为 ms，用于鉴定当前调用是否是慢调用。当调用的响应时间超过此字段的值时，该调用属于慢调用。该字段只有熔断策略为"慢调用比例"时有效
比例阈值	慢调用的比例阈值，是触发熔断的一个条件。该字段只有熔断策略为"慢调用比例"时有效
熔断时长	当条件满足后需要进行熔断的时长，单位为 s
最小请求数	在统计时长的时间内，请求数只有大于该值才会判断慢调用比例是否大于比例阈值，所以最小请求数是触发熔断的另外一个条件

在应用慢调用比例熔断规则时，Sentinel 首先会根据请求的响应时间和最大 RT（响应时间）值判断该请求是否属于慢调用。如果单位统计时长内请求数大于设置的"最小请求数"，并且慢调用的比例大于"比例阈值"，则接下来的请求会自动熔断，熔断时间为设置的熔断时长。经过熔断时长后，熔断器会进入探测恢复状态（HALF-OPEN 状态）。若在 HALF-OPEN 状态下有一个请求的响应时间小于最大 RT，则结束熔断；否则继续熔断。

当熔断策略选择"异常比例"时，"新增熔断规则"窗口如图 7-34 所示。与选择"慢调用比例"时相比，窗口少了"最大 RT"字段。

图 7-34 "异常比例"的"新增熔断规则"窗口

当熔断策略选择"异常数"时，"新增熔断规则"窗口如图 7-35 所示。与选择"异常比例"时相比，窗口中的"比例阈值"字段变成了"异常数"字段。

图 7-35 "异常数"的"新增熔断规则"窗口

基于 RT 的熔断流程如图 7-36 所示。

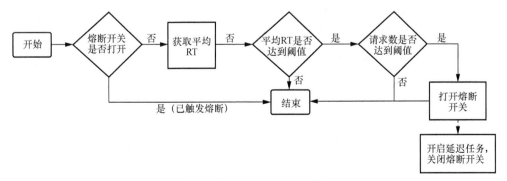

图 7-36 基于 RT 的熔断流程

7.5.2 在代码中定义熔断规则

使用类 DegradeRule 可以定义熔断规则。类 DegradeRule 包含的关键属性见表 7-6。

表 7-6 类 DegradeRule 包含的关键属性

字段名	具体说明	默认值
resource	资源名称	
grade	熔断策略，支持慢调用比例、异常比例和异常数等策略	慢调用比例
count	阈值。在慢调用比例模式下为慢调用临界 RT（超出该值即为慢调用）；在异常比例/异常数模式下为对应的阈值	
timeWindow	发生熔断的时间窗口，即熔断时长，单位为 s。资源进入熔断状态后，在该时长内，对这个资源的调用都会自动地返回	default
minRequestAmount	熔断触发的最小请求数，请求数小于该值时即使异常比率超出阈值也不会熔断	5
statIntervalMs	统计时长（单位为 ms）。例如，60×1000 代表每分钟统计一次数据	1000
slowRatioThreshold	慢调用比例阈值，仅慢调用比例模式有效	

通过 DegradeRuleManager.loadRules()方法可以加载定义好的熔断规则，代码如下。

```
private static void initDegradeRule() {
    List<DegradeRule> rules = new ArrayList<>();
    DegradeRule rule = new DegradeRule(RESOURCE)
            .setGrade(CircuitBreakerStrategy.SLOW_REQUEST_RATIO.getType())
            .setCount(20)
            .setTimeWindow(5)
            .setSlowRatioThreshold(0.2)
            .setMinRequestAmount(10)
            .setStatIntervalMs(1000);
    rules.add(rule);
    DegradeRuleManager.loadRules(rules);
    EventObserverRegistry.getInstance().addStateChangeObserver("logging", (prevState, newState, rule1, snapshotValue) -> {
        if (newState == CircuitBreaker.State.OPEN) {
            System.out.println(prevState.name() + "打开了熔断状态,currentTime:" + TimeUtil.currentTimeMillis() + ",snapshotValue:" + snapshotValue);
        } else {
            System.err.println("prevState:" + prevState.name() + " , newState: " + newState.name() + " , curretTime:" + TimeUtil.currentTimeMillis());
        }
    });
}
```

在初始化熔断规则后，代码调用 EventObserverRegistry.getInstance().addStateChangeObserver()方法注册了一个自定义的事件监听器，用于监听熔断器状态变换事件。当熔断状态发生变化时打印日志信息。

7.5.3 测试应用服务熔断规则的效果

本小节测试慢调用、异常比例和异常数触发服务熔断规则的效果,从而体验 Sentinel 框架的作用。

1. 创建示例项目 sentinel_client_degrade

创建示例项目 sentinel_client_degrade,并在其中演示应用服务熔断规则的方法。

2. 编写控制器程序

在项目 sentinel_client_degrade 的包 com.example.sentinel_client_degrade.controllers 下创建控制器 TestDController,代码如下。

```java
@RestController
@Slf4j
@RequestMapping("/testD")
public class TestDController {
    @RequestMapping("/timeout")
    public String timeout() {
        try {
            TimeUnit.SECONDS.sleep(1);
        } catch (InterruptedException e) {
            e.printStackTrace();
        }
        log.info("测试RT");
        return "testD";
    }
    @RequestMapping("/exp")
    public String exp() {
        log.info("测试异常比例和异常数");
        int v = 1/0;
        return "testD";
    }
}
```

程序在控制器 TestDController 的 timeout()方法中使用 TimeUnit.SECONDS.sleep(1) 语句休眠 1s,这是为了模拟操作超时的效果,为之后测试依据慢调用比例触发服务熔断做准备。

exp()方法利用 1/0 造成人为的异常,这是为了之后测试依据异常比例和异常数触发服务熔断做准备。

3. 搭建测试环境

按照以下步骤搭建测试环境。

① 在 Ubuntu 服务器上启动 Nacos 注册中心。

② 启动 Sentinel 控制台。

③ 将项目 sentinel_client_degrade 打包,得到 sentinel_client_degrade-0.0.1-SNAPSHOT.jar。

④ 在 Ubuntu 服务器的/usr/local/src 目录下创建 sentinel_client_dergrade 文件夹,并

将 sentinel_client_degrade-0.0.1-SNAPSHOT.jar 及其对应的 application.yml 上传至 sentinel_client_degrade 文件夹。执行以下命令运行客户端应用。

```
java -jar sentinel_client_degrade-0.0.1-SNAPSHOT.jar
```

启动完成后，打开 Apipost 访问以下 URL。

```
http://192.168.1.103:8080/testD/timeout
```

然后访问以下 URL。

```
http://192.168.1.103:8080/testD/exp
```

多次单击"发送"，然后在浏览器中刷新 Sentinel 控制台页面，可以看到 sentinel_client_degrade 已经出现在监控列表中。单击其下面的"簇点链路"菜单项，可以看到 sentinel_client_degrade 中定义的资源 testD/timeout 和 testD/exp，如图 7-37 所示。

图 7-37　查看资源 testD/timeout 和 testD/exp

4．测试慢调用比例服务熔断规则的效果

单击资源 testD/timeout 后面的"熔断"选项，按照图 7-38 所示设置熔断规则。当最大 RT 超过 300ms 的请求比例超过 50%时，触发服务熔断。

图 7-38　设置资源 testD/timeout 的熔断规则

打开 Apipost 访问以下 URL。
```
http://192.168.1.103:8080/testD/timeout
```
在 10s 内多次单击（超过 5 次）"发送"选项，最终接口返回以下信息。
```
Blocked by Sentinel (flow limiting)
```
资源 testD/timeout 在 10s 内超过 5 次响应时间超过 300ms，属于慢调用，触发了慢调用比例熔断规则。因此，接口返回调用被 Sentinel 阻塞的提示。

5．测试异常比例服务熔断规则的效果

单击资源 testD/exp 后面的"熔断"选项，按照图 7-39 所示设置熔断规则。当异常超过 20%时，触发服务熔断。

图 7-39　设置资源 testD/exp 的熔断规则

打开 Apipost 访问以下 URL。
```
http://192.168.1.103:8080/testD/exp
```
在 10s 内多次单击（超过 5 次）"发送"选项，最终接口返回以下信息。
```
Blocked by Sentinel (flow limiting)
```
资源 testD/exp 在 10s 内超过 5 次请求，且超过 20%的请求报异常，触发了异常比例熔断规则。因此，接口返回调用被 Sentinel 阻塞的提示。

6．测试异常数服务熔断规则的效果

删除前面设置的异常比例服务熔断规则，然后单击资源 testD/exp 后面的"熔断"选项，按照图 7-40 所示设置熔断规则。当 10s 内异常数超过 5 次时，触发服务熔断。

图 7-40　设置资源 testD/exp 的熔断规则

打开 Apipost 访问以下 URL。

```
http://192.168.1.103:8080/testD/exp
```

在 10s 内多次单击（超过 5 次）"发送"选项，最终接口返回以下信息。

```
Blocked by Sentinel (flow limiting)
```

资源 testD/exp 在 10s 内超过 5 次请求，且超过 5 次报异常，触发了异常数熔断规则。因此，接口返回调用被 Sentinel 阻塞的提示。

7.6 热点规则

Sentinel 可以针对每个资源进行热点规则的配置。热点是一种特殊的流量控制策略，仅对包含热点参数的资源调用生效。

热点即经常访问的数据。很多时候应用程序需要统计或者限制热点中访问频次最高的前 n 个数据，并对其访问进行限流或者其他操作。

本节将结合实例介绍在 Sentinel 中实现热点规则的方法。

7.6.1 在 Sentinel 控制台中定义热点规则

在 Sentinel 控制台的"簇点链路"页面中，每个资源的后面都有一个"热点"选项。单击"热点"选项可以打开"新增热点规则"窗口，设置新增热点规则，如图 7-41 所示。

图 7-41 设置新增热点规则

新增热点规则包含的字段见表 7-7。

表 7-7 新增热点规则包含的字段

字段名	具体说明
资源名	应用规则的资源
限流模式	只有 QPS 模式才能应用热点规则
参数索引	指定定义资源时使用的@SentinelResource 注解中的参数索引，0 代表第 1 个参数，1 代表第 2 个参数，以此类推

续表

字段名	具体说明
单机阈值	如果在指定的统计窗口内,QPS超过此阈值,则会启动限流措施
统计窗口时长	与单机阈值结合使用,用于判断是否启动限流措施

设置完成后,单击"新增"选项,跳转至热点规则页面。

7.6.2 在代码中定义热点规则

使用类 ParamFlowRule 可以定义热点规则。类 ParamFlowRule 包含的关键属性见表 7-8。

表 7-8 类 ParamFlowRule 包含的关键属性

字段名	具体说明	默认值
resource	资源名称	
count	限流阈值	
grade	限流模式	QPS
durationInSec	统计窗口时间长度(单位为s)	1
controlBehavior	流控效果(包括快速失败和匀速排队两种模式)	快速失败
maxQueueingTimeMs	最大排队等待时长,单位为 ms。当流控效果选择匀速排队时有效	0
paeamIdx	热点参数的索引,对应 SphU(xxx,args)中参数索引位置	
paramFlowItemList	参数例外项,可以针对指定的参数值单独设置限流阈值	
clusterMode	是否是集群参数流控规则	false
clusterConfig	集群流控相关配置	

通过 ParamFlowRuleManager.loadRules()方法可以加载定义好的热点规则,代码如下。

```
public void initParamRule(){
    ParamFlowRule rule=new ParamFlowRule(resourceName);
    rule.setParamIdx(0);
    rule.setGrade(RuleConstant.FLOW_GRADE_QPS);
    rule.setCount(1);
    ParamFlowRuleManager.loadRules(Collections.singletonList(rule));
}
```

7.6.3 测试应用热点规则的效果

本小节测试应用热点规则的效果,从而体验 Sentinel 框架的作用。

1. 创建示例项目 sentinel_client_ParamFlow

创建示例项目 sentinel_client_ParamFlow,并在其中演示应用服务热点规则的方法。

2. 编写控制器程序

在项目 sentinel_client_ParamFlow 的包 com.example.sentinel_client_ParamFlow.controllers 下创建控制器 TestDController，代码如下。

```
@RestController
@Slf4j
@RequestMapping("/testD")
public class TestDController {
    @GetMapping("/testHotKey")
    @SentinelResource(value = "testHotKey", blockHandler = "deal_testHotKey")
    // blockHandler 指定兜底方法

    public String testHotKey(@RequestParam(value = "p1", required = false) String p1,
                             @RequestParam(value = "p2", required = false) String p2){
        return "------testHotKey";
    }
    public String deal_testHotKey(String p1, String p2, BlockException exception){
        return "------deal_testHotKey";
    }
}
```

代码定义了一个 Sentinel 资源 testHotKey，用于测试热点规则。

testHotKey()方法包含 p1 和 p2 这两个参数，分别代表两个热点。blockHandler 指定资源被限流时跳转的处理方法，这样可以显示更友好的限流界面。

3. 搭建测试环境

按照以下步骤搭建测试环境。

① 在 Ubuntu 服务器上启动 Nacos 注册中心。

② 启动 Sentinel 控制台。

③ 将项目 sentinel_client_ParamFlow 打包，得到 sentinel_client_ParamFlow-0.0.1-SNAPSHOT.jar。

④ 在 Ubuntu 服务器的/usr/local/src 目录下创建 sentinel_client_ParamFlow 文件夹，并将 sentinel_client_ParamFlow-0.0.1-SNAPSHOT.jar 及其对应的 application.yml 上传至 sentinel_client_ParamFlow 文件夹。在 sentinel_client_ParamFlow 文件夹下执行以下命令运行客户端应用。

```
java -jar sentinel_client_ParamFlow-0.0.1-SNAPSHOT.jar
```

启动完成后，打开 Apipost 访问以下 URL。

```
http://192.168.1.103:8080/testD/testHotKey?p1=A
```

多次单击"发送"选项，然后在浏览器中刷新 Sentinel 控制台页面，可以看到 sentinel_client_ParamFlow 已经出现在监控列表中。单击其下面的"簇点链路"菜单项，然后单击 testHotKey 资源后面的"热点"选项，打开"新增热点规则"窗口，如图 7-42 所示。

参数索引设置为 0，表示该规则针对资源 testHotKey 的第 1 个参数 p1。在 1s（通过统计窗口时长设置）内，针对资源 testHotKey 参数 p1 的调用超过 1 次（通过单机阈值设置）将会触发热点限流。单击"新增"选项保存规则。

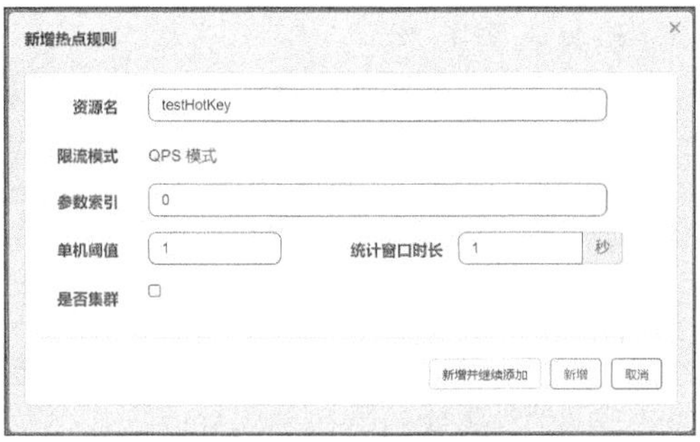

图 7-42 "新增热点规则"窗口

打开 Apipost 访问以下 URL。

```
http://192.168.1.103:8080/testD/testHotKey?p1=1
```

在 1s 内多次单击（超过 1 次）"发送"选项，最终接口返回以下信息。

```
{
    "timestamp": "2023-02-23T12:29:42.278+00:00",
    "status": 500,
    "error": "Internal Server Error",
    "path": "/testD/testHotKey"
}
```

从返回结果可以看到，已经触发热点限流。

7.7 授权规则

Sentinel 可以通过授权规则根据请求方来源来进行判断和流量控制。授权规则包含以下两种控制方式。
- 白名单：来源在白名单内的调用者允许访问。
- 黑名单：来源在黑名单内的调用者不允许访问。

7.7.1 在 Sentinel 控制台中定义授权规则

在 Sentinel 控制台的"簇点链路"页面中，每个资源的后面都有一个"授权"选项。单击"授权"选项可以打开"新增授权规则"窗口，设置新增授权规则，如图 7-43 所示。

图 7-43 设置新增授权规则

新增授权规则包含的字段见表 7-9。

表 7-9 新增授权规则包含的字段

字段名	具体说明
资源名	应用规则的资源
流控应用	来源者的名单
授权类型	指定控制方式为白名单还是黑名单

设置完成后，单击"新增"选项，跳转至授权规则页面。

7.7.2 在接口程序中获取访问者的来源

为了在服务中实现白名单和黑名单的功能，Sentinel 可以通过 RequestOriginParser 接口的 parseOrigin()方法来获取请求的来源。通常需要在服务中定义一个 RequestOriginParser 的实现类，代码如下。

```
import com.alibaba.csp.sentinel.adapter.spring.webmvc.callback.RequestOriginParser;
import org.springframework.stereotype.Component;
import org.springframework.util.StringUtils;

import javax.servlet.http.HttpServletRequest;
@Component
public class HeaderOriginParser implements RequestOriginParser {
    @Override
    public String parseOrigin(HttpServletRequest request) {
        // 获取请求头
        String origin = request.getHeader("origin");
        // 非空判断
        if (StringUtils.isEmpty(origin)) {
            origin = "blank";
        }
        return origin;
    }
}
```

代码从请求头中获取 origin 值，然后 Sentinel 根据 origin 值进行白名单和黑名单的判断。

7.7.3 测试应用授权规则的效果

1. 创建示例项目 sentinel_client_Origin

创建示例项目 sentinel_client_Origin，并在其中演示应用服务授权规则的方法。

2. 编写解析请求来源的请求类 DefaultRequestOriginParser

在项目 sentinel_client_Origin 的包 com.example.sentinel_client_Origin.config 下创建类 DefaultRequestOriginParser，代码如下。

```
@Component
public class DefaultRequestOriginParser implements RequestOriginParser {
    @Override
```

```
public String parseOrigin(HttpServletRequest request) {
    // 获取请求头
    String origin = request.getHeader("origin");
    // 非空判断
    if (StringUtils.isEmpty(origin)) {
        origin = "blank";
    }
    return origin;
}
}
```

这里从请求头中解析请求来源。

3．编写控制器程序

在项目 sentinel_client_degrade 的包 com.example.sentinel_client_Origin.controllers 下创建控制器 SecurityController，代码如下。

```
@RestController
public class SecurityController {
    @GetMapping("/white")
    @SentinelResource("/white")
    public String white(){
        return "hello white";
    }
}
```

4．搭建测试环境

按照以下步骤搭建测试环境。

① 在 Ubuntu 服务器上启动 Nacos 注册中心。

② 启动 Sentinel 控制台。

③ 将项目 sentinel_client_Origin 打包，得到 sentinel_client_Origin-0.0.1-SNAPSHOT.jar。

④ 在 Ubuntu 服务器的/usr/local/src 目录下创建 sentinel_client_Origin 文件夹，并将 sentinel_client_Origin-0.0.1-SNAPSHOT.jar 及其对应的 application.yml 上传至 sentinel_client_Origin 文件夹。在该文件夹下执行以下命令。

```
java -jar sentinel_client_Origin-0.0.1-SNAPSHOT.jar
```

启动完成后，打开 Apipost 访问以下 URL。

```
http://192.168.1.103:8080/white
```

在浏览器中刷新 Sentinel 控制台页面，可以看到 sentinel_client_Origin 已经出现在监控列表中。单击其下面的"簇点链路"菜单项，可以看到 sentinel_client_Origin 中定义的资源/white，如图 7-44 所示。

图 7-44　资源/white

5. 测试黑/白名单的效果

单击资源/white 后面的"授权"选项，按照图 7-45 所示设置授权规则。这里将流控应用设置为一个测试应用名 app1，模拟只能从应用 app1 中调用接口的情况，用于测试黑/白名单的效果。

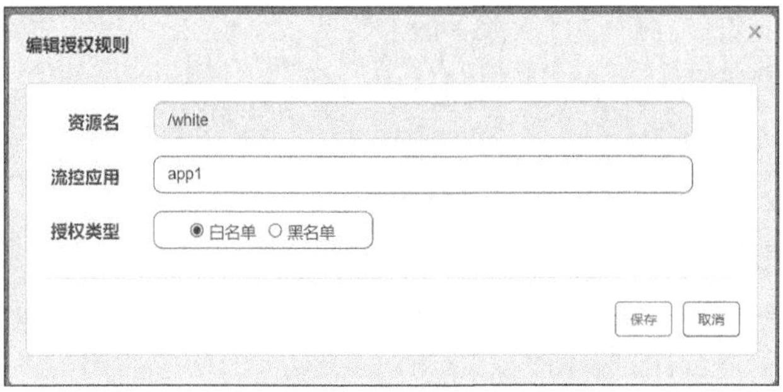

图 7-45 设置资源/white 的授权规则

打开 Apipost 访问以下 URL。

```
http://192.168.1.103:8080/white
```

接口返回以下信息。

```
Blocked by Sentinel (flow limiting)
```

在 Apipost 中访问/white 接口，同时在 Header 选项卡中添加一个参数，参数名为 origin，参数值为 app1。单击"发送"选项，可以正常访问接口，如图 7-46 所示。

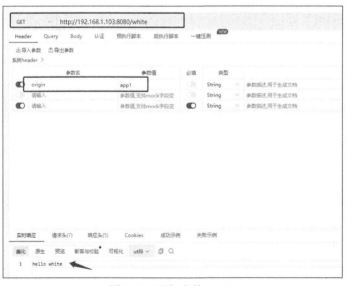

图 7-46 添加参数 origin

在实际应用中，可以将 token 设置在请求头中，实现基于 token 的白名单；也可以获取访问请求中的 IP 地址，实现基于 IP 地址的黑、白名单。

还有一种经典的应用场景，就是在网关服务中添加请求头，让所有从网关路由到微服务的请求都带上 origin 头，从而限定只能通过网关访问微服务。给网关添加请求头的方法是在网关项目的 application.yml 中添加一个过滤器（filter），代码如下。

```
spring:
  cloud:
    gateway:
      default-filters:
        - AddRequestHeader=origin,gateway
      routes:
        …
```

这里将 origin 设置为 gateway。在接口的授权规则中，流控应用可以设置为 gateway，并选择"白名单"。

由于篇幅所限，这里不对授权规则的其他应用进行展开介绍。

第 8 章

微服务架构消息机制

微服务架构是一个分布式系统，其中的组件可以部署在不同的服务器上，需要通过消息机制互相通信。Spring Cloud 框架可以通过消息队列和消息总线等建立组件间通信的消息机制。

8.1 分布式应用程序的消息机制

自多进程操作系统诞生以来，应用程序的消息机制一直是程序员关注的话题，它是应用程序与操作系统之间、不同的应用程序之间进行通信的基础。

分布式应用程序分别部署在网络中不同的主机上，因此需要借助第三方消息队列实现彼此间的通信。

8.1.1 消息队列

消息队列的工作过程如图 8-1 所示。

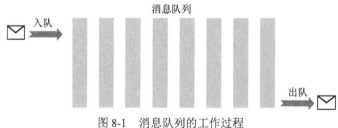

图 8-1 消息队列的工作过程

消息队列具有以下特点。
- 消息的传送过程采用异步处理模式：发送者发送消息后直接返回，并不需要等待消息被接收；接收者在接收消息时，也不需要等到有消息时才返回。

- 实现了应用程序之间的解耦合：发送者和接收者不需要了解对方的存在，也不需要同时在线。
- 实现流量的削峰填谷效果：在某些场景（比如秒杀）中，应用程序会接收到瞬时的海量访问，此时可能会因为处理能力有限无法及时对请求做出响应，从而造成雪崩效应。如果使用消息队列，则请求会被存放在消息队列里，请求者无须等待处理结果，只需要监听消息队列中反馈给自己的消息即可（消息中包含秒杀的结果）；交易处理应用程序只需要定期处理消息队列里的订单消息即可，避开了访问高峰，按照自己的节奏处理交易请求。

比较流行的消息队列包括 RabbitMQ、Kafka 和阿里巴巴开发的 RocketMQ，也可以基于高速缓存 Redis 实现消息队列。

1. 消息生产者和消息消费者

消息队列的使用可以分为消息生产者和消息消费者 2 种类型。消息生产者负责发送消息，消息消费者负责接收和处理消息。

消息队列传递消息的方式可以分为点对点和主题 2 种模型。

2. 点对点模型

在点对点模型中，消息生产者向消息服务器端一个特定的队列发送消息；消息消费者从特定的队列接收消息。一个队列可以有多个消费者。消费者在消息队列上监听，一旦有新的消息，就将其接收过来并处理，这个过程被称为消费消息。在点对点模型中，一个消息只能被消费一次，被消费后的消息将从消息队列中被删除。点对点模型消息队列的工作原理如图 8-2 所示。

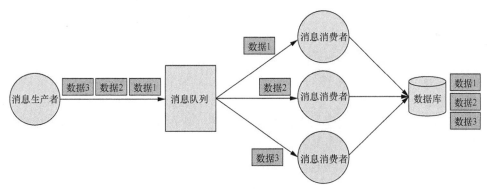

图 8-2　点对点模型消息队列的工作原理

在点对点模型中，消息不是主动推送给消费者的，而是由消费者定期去消息队列请求得到的。

3. 主题模型

在主题模型中，消息生产者在发布消息时需要指定消息的主题。主题相当于消息的分类，或者说是存放消息的容器。消息消费者需要订阅指定主题的消息后，才能收到相关消息。在这种场景下，消息生产者又可以被称为消息发布者，消息消费者又可以被称为消息订阅者。

主题模型消息队列的工作原理如图 8-3 所示。

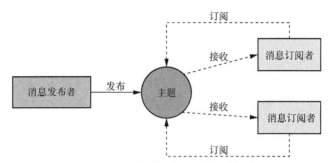

图 8-3　主题模型消息队列的工作原理

8.1.2　常用的分布式消息队列

在实际应用中，常用的分布式消息队列包括 RabbitMQ、RocketMQ 和 Kafka 等，有时候也会基于 Redis 实现分布式消息队列。本小节对这些常用的分布式消息队列进行简单的介绍。

1．RabbitMQ

RabbitMQ 是一款开源的、非常流行的消息队列服务软件，之所以叫 RabbitMQ，原因很简单，它是 Rabbit 公司开发的，而 MQ 则是 Message Queue（消息队列）的缩写。

RabbitMQ 使用了生产者、消费者和交换器 3 个基本概念，生产者负责生产消息，消费者负责接收消息，交换器负责把消息分发到不同的队列。消息的发送过程如下。

① 生产者应用程序创建一个到 RabbitMQ 的 TCP 连接，然后使用 RabbitMQ 的用户名和密码进行身份验证。

② 通过身份验证后，生产者应用程序和 RabbitMQ 服务器之间会创建一个高级消息队列协议（AMQP）信道，后续的消息都是通过这个信道进行传送的。

AMQP 是应用层协议的一个开放标准，为面向消息的中间件设计。为什么不直接通过 TCP 发送消息呢？因为创建和销毁 TCP 连接的开销是比较高的，在并发高峰期频繁地创建和销毁 TCP 连接会浪费大量的系统资源，从而造成瓶颈。

③ 交换器是生产者和消息队列之间的一层抽象概念，它可以根据路由策略将消息转发给对应的队列，其工作原理如图 8-4 所示。

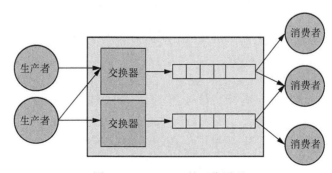

图 8-4　RabbitMQ 的工作原理

交换器可以分为以下 4 类。
- direct：默认的交换器实现，根据路由规则，匹配上就会把消息投递到对应的队列。
- headers：一个自定义匹配规则的类型。队列在与交换器绑定时，会设置一组键值对，消息中也包含一组键值对。如果这些键值对匹配上了，则会将消息投递到对应的队列。
- fanout：当发布消息时，交换器会把消息广播到所有附加在这个交换器的队列上。
- topic：可以灵活地匹配想订阅的主题。

2．RocketMQ

Apache RocketMQ 是由阿里巴巴开源的基于 Java 的高性能、高吞吐量的分布式消息和流计算平台，于 2016 年捐赠给 Apache 基金会，2017 年成为 Apache 顶级项目。因为 Spring Cloud Alibaba 对 RocketMQ 提供特别的支持，所以建议在 Spring Cloud Alibaba 开发的应用中使用 RocketMQ 作为分布式消息中间件。

RocketMQ 的整体架构如图 8-5 所示。

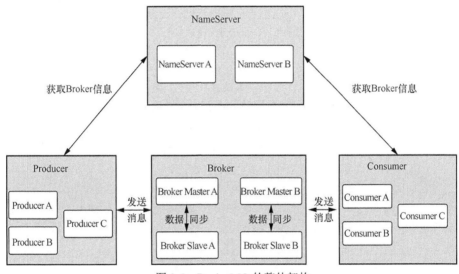

图 8-5　RocketMQ 的整体架构

RocketMQ 可以分为 NameServer、Broker、Producer 和 Consumer 这 4 个部分。

（1）NameServer

NameServer 是一个很简单的消息主题路由注册中心，支持 Broker 的动态注册和发现，保存主题和 Borker 之间的映射关系。NameServer 通常是集群部署的，但是各个 NameServer 之间不会互相通信，每个 NameServer 都有完整的路由信息，即无状态。

（2）Broker

Broker 负责消息的存储，可以从 Broker 查询和消费消息。RocketMQ 支持 Broker 的主（Master）从（Slave）部署，一台主服务器可以对应多台从服务器。主服务器支持读/写操作，从服务器只支持读操作。Broker 会向每一个 NameServer 注册自己的路由信息。

Broker 的工作原理如图 8-6 所示。

Broker 包含下面 5 个主要的模块。

- Remoting（远程）模块：负责处理客户请求。
- Client Manager：负责管理客户端，维护订阅的主题。
- Store Service：提供消息存储查询服务。
- HA Service：负责实现主、从服务器的负载均衡。
- Index Service：通过指定键建立索引，便于查询。

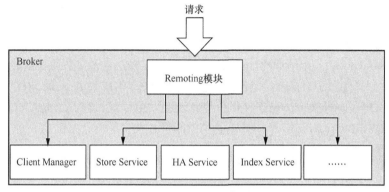

图 8-6　Broker 的工作原理

（3）Producer

Producer 是消息的生产者，它决定消息要发往哪个 Broker。Producer 每 30s 会从某个 NameServer 获取主题和 Borker 之间的映射关系，并将其存储在本地内存中。

Producer 以同步方式发消息的流程如图 8-7 所示。Producer 发消息的关键是要找到发送消息的主题在哪个 Broker 上，并获取到 Broker 的路由信息，然后发送消息。

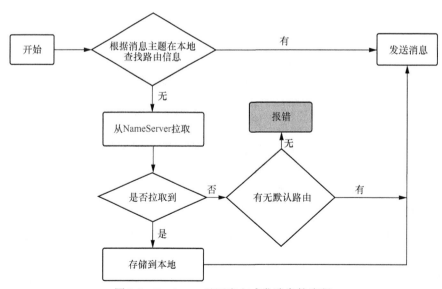

图 8-7　Producer 以同步方式发消息的流程

当 Producer 没有发现到指定消息主题的路由时，RocketMQ 可以自动创建该主题，具体过程为：接受自动创建主题的 Broker 在启动时会把自己登记到 NameServer。这样，Producer 在发送新主题的消息时就知道哪个 Broker 可以自动创建主题并把消息发往该

Broker。Broker 在接收到新消息时，如果发现没找到对应的主题，而且它又接受自动创建新主题，则会创建该主题并生成其路由信息。

（4）Consumer

Consumer 是消息消费者，首先它会与任意一个 NameServer 建立长连接，得知当前订阅的消息主题存在于哪台 Broker Master 和 Slave 上，然后与 Broker 建立长连接，消费消息。

RocketMQ 包含以下 2 种消费模式。

- 广播消费模式：一个分组下的每个消费者都会消费完整的主题消息。
- 集群消费模式：一个分组下的消费者瓜分消费主题消息。例如，消息队列有 9 个指定主题的消息，由 3 个消费者订阅。消费者 1 消费序号为 0、1、2 的消息，消费者 2 消费序号为 3、4、5 的消息，消费者 3 消费序号为 6、7、8 的消息。

3．Kafka

Kafka 是由 Apache 基金会开发的一个开源流处理平台，是一种高吞吐量的分布式发布订阅消息系统，可以通过集群来提供实时的消息。本书不对 Kafka 进行展开介绍。

4．Redis

Redis 是一种基于内存的键值对数据库，通常被用作高速缓存。

Redis 可以提供以下 5 种数据类型。

- string：典型的键值对，可以通过一个字符串键查询一个字符串值。
- list：实现一个链表结构，键就是链表的名字，值是链表的内容，可以对链表进行 pop、push 等操作。
- dict：实现一个字典结构，使用哈希表作为底层实现，一个键对应一个哈希表。
- set：实现一个集合结构，一个键对应一个集合。
- zset：实现一个排序字典结构，一个键对应一个排序集合。

使用 Redis 可以实现消息队列，以键作为消息主题。

8.2 基于 Redis 实现分布式消息队列

在 Web 应用中，Redis 通常被用作高速缓存来存储热点数据，但有时候也可以实现简单的分布式消息队列。

8.2.1 在 Ubuntu 中安装 Redis

Redis 产品包括服务器（Redis Server）软件和客户端软件这 2 种类型。本小节介绍在 Ubuntu 中安装 Redis Server 软件和 Redis 客户端软件的方法。

1．安装 Redis Server 软件

首先通过以下命令安装 Redis Server 软件。

```
sudo apt-get install -y redis-server
```

安装成功后，编辑 Redis 的配置文件，代码如下。

```
sudo vim /etc/redis/redis.conf
```
找到下面一行代码。
```
bind 127.0.0.1
```
在代码前面加上一个#，将其注释掉。

如果还存在其他的 bind 配置项也需要注释掉。

然后增加一条 bind 0.0.0.0 配置项即可接受所有 IP 地址的连接请求。

找到 protected-mode 配置项，将其修改为以下代码。
```
protected-mode no
```
protected-mode（保护模式）是保护层，开启后可以防止从互联网直接访问 Redis。为了简化演示过程，该模式在这里被关闭。在生产环境下，应该将其设置为 yes。

找到下面一行代码。
```
# requirepass foobared
```
去掉前面的#，并将 foobared 修改成希望的密码，比如，这里假定为 redispass。保存后，重新启动 Redis 服务，命令如下。
```
systemctl start redis
```
执行下面的命令设置开机自动启动 Redis 服务。
```
systemctl enable redis
```

2．安装 Redis 客户端软件

在 Windows 环境下有很多 Redis 客户端软件，比如 Redis Client、Redis Desktop Manager、Redis Studio 和 RESP.app 等。由于篇幅所限，这里不具体介绍 Redis 客户端软件的安装和使用方法。

8.2.2　Spring Boot 应用程序存取 Redis 中的数据

想要在 Spring Boot 应用程序存取 Redis 中的数据，首先需要引入 Redis 依赖，代码如下。
```
<dependency>
    <groupId>org.springframework.boot</groupId>
    <artifactId>spring-boot-starter-data-redis</artifactId>
    <version>2.7.6</version>
</dependency>
```
在项目的配置文件 application.yml 中，可以使用以下配置项设置 Redis Server 的属性。

- spring.redis.host：Redis Server 的 IP 地址。
- spring.redis.password：Redis Server 的密码。
- spring.redis.port：Redis Server 的端口。
- spring.redis.pool.max-active：指定 Redis Server 连接池的最大活动连接数量。

通常，通过 StringRedisTemplate 对象可以操作 Redis 数据。装配 StringRedisTemplate 对象的代码如下。
```
@Autowired
public StringRedisTemplate stringRedisTemplate;
```

StringRedisTemplate 对象操作 Redis 数据的常用方法如下。

- stringRedisTemplate.opsForValue().set("test", "100",60*10,TimeUnit.SECONDS)：向 Redis 中存入数据（键为 test，值为 100），同时设置缓存时间为 600s。
- stringRedisTemplate.boundValueOps("test").increment(-1)：将 Redis 中键 test 的值减 1。
- stringRedisTemplate.opsForValue().get("test")：从 Redis 中获取键 test 的值。
- stringRedisTemplate.boundValueOps("test").increment(1)：将 Redis 中键 test 的值加 1。
- stringRedisTemplate.getExpire("test")：获取 Redis 中键 test 的过期时间。
- stringRedisTemplate.getExpire("test",TimeUnit.SECONDS)：获取 Redis 中键 test 的过期时间。
- stringRedisTemplate.delete("test")：将 Redis 中键 test 的记录删除。
- stringRedisTemplate.hasKey("test")：检查 Redis 中键为 test 的记录是否存在，如果存在则返回 true；否则返回 false。
- stringRedisTemplate.opsForSet().add("test", "1","2","3")：向键 test 的记录中存放 set 集合。
- stringRedisTemplate.expire("test",1000 , TimeUnit.MILLISECONDS)：设置过期时间。
- stringRedisTemplate.opsForSet().members("red_123")：获取 Redis 中键"red_123"的 set 集合。

8.2.3　使用 Redis 实现消息队列

使用 Redis 实现消息队列的原理是以键为主题，Spring Boot 提供了一个 RedisMessage ListenerContainer 类作为消息监听容器。客户端可以通过 RedisMessage ListenerContainer 类声明对指定主题进行监听。

本小节结合实例介绍使用 Redis 实现消息队列的方法。

1．创建项目

创建一个 Spring Boot 项目 RedisTopicQueue，在 pom.xml 中添加 StringRedisTemplate 操作模板的依赖和 spring-boot-starter-web 依赖（因为要在实例中用到控制器），代码如下。

```
<dependencies>
<dependency>
    <groupId>org.springframework.boot</groupId>
    <artifactId>spring-boot-starter-web</artifactId>
</dependency>
 <dependency>
    <groupId>org.springframework.boot</groupId>
    <artifactId>spring-boot-starter-data-redis</artifactId>
    <version>2.7.6</version>
</dependency>
    …
</dependencies>
```

2．编写控制器代码

在包 com.example.RedisTopicQueue.controllers 下创建一个 Redis 消息发布者控制器

类 RedisPublisher,代码如下。

```
@RestController
@RequestMapping("redis")
public class RedisPublisher {
    @Autowired
    private StringRedisTemplate template;
    @RequestMapping("publish")
    public String publish(){
        for(int i=1;i<=10;i++){
            template.convertAndSend("mytopic", "这是我发的第"+i+"条消息...");
        }
        return "结束";
    }
}
```

代码首先注入了 StringRedisTemplate 对象 template 用于操作 Redis,然后在 publish() 方法中调用 template.convertAndSend()方法向 mytopic 主题发送 10 条消息。

在包 com.example.RedisTopicQueue.configuration 下创建一个 MyRedisConf 类,用于管理消息监听器,对 mytopic 主题进行监听,代码如下。

```
@Configuration
public class MyRedisConf {
    @Bean
    public RedisMessageListenerContainer container(RedisConnectionFactory connectionFactory, MessageListenerAdapter listenerAdapter){
        RedisMessageListenerContainer container = new RedisMessageListenerContainer();
        container.setConnectionFactory(connectionFactory);
        container.addMessageListener(listenerAdapter,new PatternTopic("mytopic"));
        return container;
    }
    @Bean
    public MessageListenerAdapter listenerAdapter(){
        return new MessageListenerAdapter(new Receiver(),"receiveMessage");
    }
}
```

代码注入了 RedisMessageListenerContainer 对象 container 用于定义 Redis 消息队列容器,并指定监听器为 listenerAdapter,监听的主题为 mytopic。

MessageListenerAdapter 对象 listenerAdapter 指定了消息接收者类为 Receiver,处理接收消息的方法为 receiveMessage。

在包 com.example.RedisTopicQueue 下创建一个 Receiver 类,代码如下。

```
public class Receiver {
    private org.slf4j.Logger logger = LoggerFactory.getLogger(Receiver.class);
    public void receiveMessage(String message) {
        logger.info("Received <" + message + ">");
    }
}
```

项目的配置文件 application.yml 代码如下。

```
spring:
```

```
    redis:
      host: 192.168.1.103
      password: redispass
      port: 6379
logging:
  file:
    path: logs
  level:
    root: info
```

根据实际情况设置 Redis 服务器的配置信息。

运行项目，打开浏览器，访问以下 URL 可以发布消息。

```
http://localhost:8080/redis/publish
```

在控制台窗格中可以看到接收到的消息，如图 8-8 所示。

图 8-8 控制台窗格接收到的消息

接收到的消息也会被记录在日志文件中。

8.3 RabbitMQ 消息队列

本节介绍在 Spring Boot 中实现 RabbitMQ 消息队列的方法。

8.3.1 在 Ubuntu 中安装 RabbitMQ

1. 安装 Erlang

因为 RabbitMQ 是使用 Erlang 语言开发的，所以在安装 RabbitMQ 之前需要安装 Erlang，命令如下。

```
sudo apt-get install erlang-nox
```

2. 安装 RabbitMQ

执行以下命令安装 RabbitMQ。

```
sudo apt-get update
sudo apt-get install rabbitmq-server
```

3. 管理 RabbitMQ 服务

启动 RabbitMQ 服务的命令如下。

```
sudo rabbitmq-server start
```

停止 RabbitMQ 服务的命令如下。

```
sudo rabbitmqctl stop
```

执行下面的命令可以查看 RabbitMQ 服务的状态。

```
sudo rabbitmqctl status
```

执行下面的命令，开启 RabbitMQ 服务的 Web 管理插件。

```
rabbitmq-plugins enable rabbitmq_management
```

开启 Web 管理插件后，在浏览器中访问以下 URL。

```
http://192.168.1.103:15672
```

如果可以打开 RabbitMQ 登录页面，如图 8-9 所示，就说明 RabbitMQ 已经安装成功。

图 8-9　RabbitMQ 登录页面

执行以下命令，添加一个 RabbitMQ 用户，用户名为 rabbitmq，密码为 123456。

```
rabbitmqctl add_user rabbitmq 123456
```

执行以下命令，将用户 rabbitmq 的角色设置为 administrator。

```
rabbitmqctl set_user_tags rabbitmq administrator
```

执行以下命令设置用户 rabbitmq 的权限，授予用户 rabbitmq 配置、读、写的所有权限。

```
rabbitmqctl set_permissions -p / rabbitmq ".*" ".*" ".*"
```

执行以下命令可以查看 RabbitMQ 的用户列表。

```
rabbitmqctl list_users
```

创建 RabbitMQ 用户并查看用户列表的结果如图 8-10 所示。

图 8-10　创建 RabbitMQ 用户并查看用户列表的结果

从输出内容可以看到，有 2 个 RabbitMQ 用户，一个是前面添加的 rabbitmq，另一个是默认的 RabbitMQ 用户 guest。它们都属于 administrator 角色。默认用户 guest 不能远程登录 RabbitMQ，因此需要添加 rabbitmq 用户。

执行以下命令授予 rabbitmq 用户对默认 vhost（"/"）的访问权限。

```
rabbitmqctl set_permissions -p "/" rabbitmq "." "." ".*"
```

在 RabbitMQ 登录页面中使用 rabbitmq 用户登录，进入 RabbitMQ 管理页面，如图 8-11 所示。

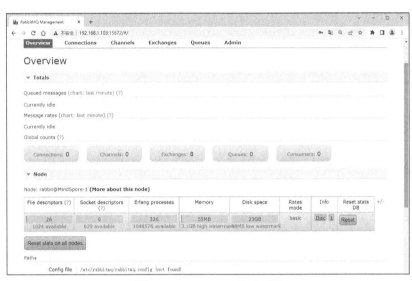

图 8-11　RabbitMQ 管理页面

8.3.2　在 Spring Boot 应用程序中集成 RabbitMQ

下面通过一个实例介绍在 Spring Boot 应用程序中集成 RabbitMQ 的方法。由于篇幅所限，本书只介绍默认交换器 direct 的实现方法。

1. 创建项目

假定本实例的项目名为 RabbitDemo。在 pom.xml 中添加 spring-boot-starter-amqp 依赖，代码如下。

```
<dependency>
        <groupId>org.springframework.boot</groupId>
        <artifactId>spring-boot-starter-amqp</artifactId>
    </dependency>
```

2. 编辑配置类

在 com.example.RabbitDemo.config 包下创建 DirectConfig 类，用于配置 RabbitMQ 消息队列的参数，代码如下。

```
@Configuration
public class DirectConfig {
    @Bean
    public Queue directQueue() {
        return new Queue("direct", false); // 队列名字、是否持久化
    }
```

```
    @Bean
    public DirectExchange directExchange() {
        return new DirectExchange("direct", false, false);// 交换器名称、是否持久化、是否自动删除
    }
    @Bean
    Binding binding(Queue queue, DirectExchange exchange) {
        return BindingBuilder.bind(queue).to(exchange).with("direct");
    }
}
```

directQueue()定义了一个名为 direct 的队列,directExchange()定义了一个名为 direct 的交换器,binding()用于将指定的队列 queue 绑定在交换器 exchange 上。

3. 编写生产者类和消费者类

在 com.example.RabbitDemo.config 包下创建 Sender 类,用于实现生产者的功能,代码如下。

```
@Component
public class Sender {
    @Autowired
    AmqpTemplate rabbitmqTemplate;

    public void send(String message){
        System.out.println("发送消息:"+message);
        rabbitmqTemplate.convertAndSend("direct",message);
    }
}
```

类 Sender 使用 AmqpTemplate 对象实现发送消息的功能。

在 com.example.RabbitDemo.config 包下创建 Receiver 类,用于实现消费者的功能,代码如下。

```
@Component
@RabbitListener(queues = "direct")
public class Receiver {
    @RabbitHandler
    public void handler(String message){
        System.out.println("接收消息:"+message);
    }
}
```

@RabbitListener 注解用于指定要监听的队列。@RabbitHandler 注解用于指定收到消息后的处理函数,参数 message 是收到的消息。

4. 配置队列参数

在 application.yml 中配置队列的参数信息,代码如下。

```
spring:
  rabbitmq:
    host: 192.168.1.103
    port: 5672
    username: rabbitmq
    password: 123456
```

根据实际情况调整参数值。

5. 创建队列

因为本实例使用消息队列 direct，所以需要登录 RabbitMQ 管理后台，在导航条中选择"Queues"，然后单击"Add a new queue"添加队列 direct，如图 8-12 所示。

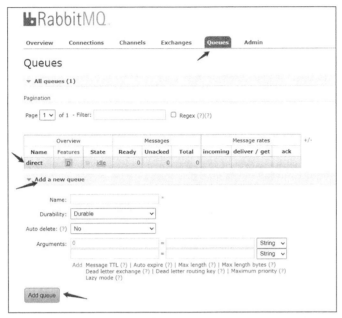

图 8-12　在 RabbitMQ 管理后台中添加队列

6. 编写控制器

在包 com.example.rabbitdemo.controllers 下创建控制器类 MyRabbitmqController，用于提供发送消息的接口，代码如下。

```
@Controller
@RequestMapping("/rabbitmq")
public class MyRabbitmqController {
    @Autowired
    Sender sender;
    @RequestMapping("/send")
    @ResponseBody
    public String send(){
        System.out.println("send string:hello world");
        sender.send("hello world");
        return "sending...";
    }
}
```

7. 运行实例

运行项目，打开浏览器，访问以下 URL，向消息队列 direct 中发送消息。

```
http://localhost:8080/rabbitmq/send
```

在项目的控制台可以看到本实例的运行结果，如图 8-13 所示，说明程序可以通过 RabbitMQ 消息队列发送和接收消息。

```
send string:hello world
发送消息：hello world
接收消息：hello world
```

图 8-13　本实例的运行结果

8.4　RocketMQ 消息队列

本节介绍在 Spring Boot 中实现 RocketMQ 消息队列的方法。

8.4.1　在 Ubuntu 中安装 RocketMQ

本小节介绍在 Ubuntu 中安装 RocketMQ 的方法，为后面在 Spring Cloud Alibaba 中使用 RocketMQ 搭建基础环境。

1．下载 RocketMQ

从 RocketMQ 官网下载最新版本的 RocketMQ，具体 URL 参见本书资源中的《本书涉及的在线资源和组件安装方法》文档。

在编写本书时，编者下载的是 rocketmq-all-5.0.0-bin-release.zip，将其解压后备用。

2．修改压缩包中文件的配置信息

在安装之前，需要修改压缩包中 bin 文件夹下以下两个文件的配置信息。

（1）runserver.sh

找到以下代码。

```
JAVA_OPT="${JAVA_OPT} -server -Xms4g -Xmx4g -Xmn2g -XX:MetaspaceSize=128m -XX:Max
MetaspaceSize=320m"
```

将其修改为以下内容。

```
JAVA_OPT="${JAVA_OPT} -server -Xms1g -Xmx1g -Xmn512m -XX:MetaspaceSize=128m -XX:Max
MetaspaceSize=320m"
```

即将使用的内存从 4GB 调整为 1GB，将 2GB 调整为 512MB。

（2）runbroker.sh

找到以下代码。

```
JAVA_OPT="${JAVA_OPT} -server -Xms8g -Xmx8g -Xmn4g"
```

将其修改为以下内容。

```
JAVA_OPT="${JAVA_OPT} -server -Xms1g -Xmx1g -Xmn512m"
```

即将使用的内存从 8GB 调整为 1GB，将 4GB 调整为 512MB。

之所以要调低占用内存的数值，是因为接下来要在一个 Ubuntu 服务器上运行多个 RocketMQ 组件，每个组件不能占用过多的内存。

3．上传安装文件至 Ubuntu 服务器

将修改后的 rocketmq-all-5.0.0-bin-release 文件夹上传至 Ubuntu 服务器的 /opt 目录下。

上传后，执行以下命令，在/opt/rocketmq-all-5.0.0-bin-release 目录下创建 logs 文件夹，用于存储日志文件。

```
cd /opt/rocketmq-all-5.0.0-bin-release
mkdir logs
```

本小节后面的命令都在/opt/rocketmq-all-5.0.0-bin-release 目录下执行。

4．配置环境变量

编辑/etc/profile，增加 RocketMQ 的环境变量，代码如下。

```
export ROCKERMQ_HOME=/opt/rocketmq-all-5.0.0-bin-release/
export NAMESRV_ADDR=localhost:9876
```

保存退出后，执行以下命令使配置生效。

```
source /etc/profile
```

5．后台启动 NameServer

rocketmq-all-5.0.0-bin-release 文件夹下的 bin/mqnamesrv 是 NameServer 的脚本文件。执行以下命令在后台启动 NameServer。

```
nohup sh  bin/mqnamesrv >logs/namesrv.log &
```

执行以下命令查看日志的内容。

```
cat  logs/namesrv.log
```

如果日志内容如图 8-14 所示，则说明 NameServer 已经成功启动。

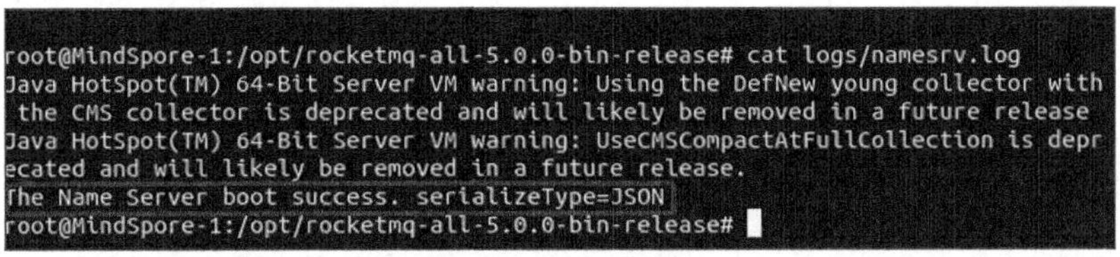

图 8-14　日志内容

6．安装 Broker

首先修改 Broker 的配置文件 conf/broker.conf，在其中添加一行下面的内容，配置可以自动创建消息主题。

```
autoCreateTopicEnable = true
```

然后执行以下命令启动 Broker。

```
nohup sh bin/mqbroker -n localhost:9876 > logs/broker.log &
```

执行完成后，查看日志文件 logs/broker.log 的内容。如果其中包含以下日志，则说明 Broker 已经启动成功。

```
The broker[MindSpore-1, 192.168.1.103:10911] boot success. serializeType=JSON
```

其中 192.168.1.103 是 Ubuntu 服务器的 IP 地址。

执行 Jps 命令查看 NameServer 和 Broker 的进程情况，如图 8-15 所示。

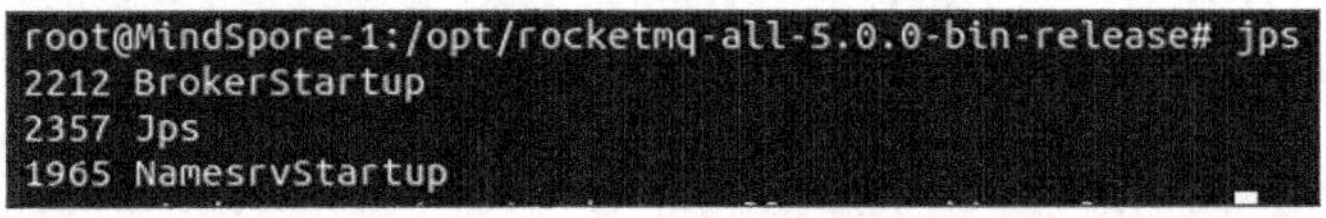

图 8-15　执行 Jps 命令查看 NameServer 和 Broker 的进程情况

7．测试 RocketMQ

执行以下命令使用自带的测试单元生产 1000 条消息。

```
sh bin/tools.sh org.apache.rocketmq.example.quickstart.Producer
```

使用自带的测试单元生产 1000 条消息的执行过程如图 8-16 所示。

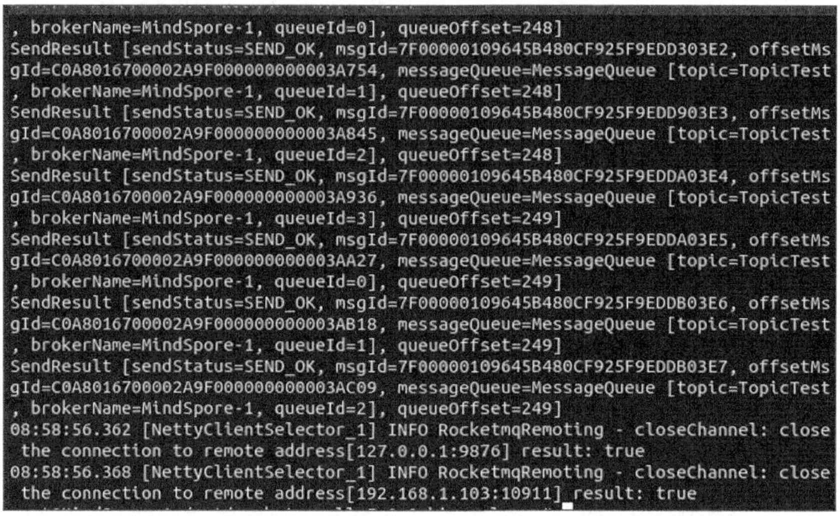

```
, brokerName=MindSpore-1, queueId=0], queueOffset=248]
SendResult [sendStatus=SEND_OK, msgId=7F00000109645B480CF925F9EDD303E2, offsetMs
gId=C0A8016700002A9F000000000003A754, messageQueue=MessageQueue [topic=TopicTest
, brokerName=MindSpore-1, queueId=1], queueOffset=248]
SendResult [sendStatus=SEND_OK, msgId=7F00000109645B480CF925F9EDD903E3, offsetMs
gId=C0A8016700002A9F000000000003A845, messageQueue=MessageQueue [topic=TopicTest
, brokerName=MindSpore-1, queueId=2], queueOffset=248]
SendResult [sendStatus=SEND_OK, msgId=7F00000109645B480CF925F9EDDA03E4, offsetMs
gId=C0A8016700002A9F000000000003A936, messageQueue=MessageQueue [topic=TopicTest
, brokerName=MindSpore-1, queueId=3], queueOffset=249]
SendResult [sendStatus=SEND_OK, msgId=7F00000109645B480CF925F9EDDA03E5, offsetMs
gId=C0A8016700002A9F000000000003AA27, messageQueue=MessageQueue [topic=TopicTest
, brokerName=MindSpore-1, queueId=0], queueOffset=249]
SendResult [sendStatus=SEND_OK, msgId=7F00000109645B480CF925F9EDDB03E6, offsetMs
gId=C0A8016700002A9F000000000003AB18, messageQueue=MessageQueue [topic=TopicTest
, brokerName=MindSpore-1, queueId=1], queueOffset=249]
SendResult [sendStatus=SEND_OK, msgId=7F00000109645B480CF925F9EDDB03E7, offsetMs
gId=C0A8016700002A9F000000000003AC09, messageQueue=MessageQueue [topic=TopicTest
, brokerName=MindSpore-1, queueId=2], queueOffset=249]
08:58:56.362 [NettyClientSelector_1] INFO RocketmqRemoting - closeChannel: close
 the connection to remote address[127.0.0.1:9876] result: true
08:58:56.368 [NettyClientSelector_1] INFO RocketmqRemoting - closeChannel: close
 the connection to remote address[192.168.1.103:10911] result: true
```

图 8-16　使用自带的测试单元生产 1000 条消息的执行过程

执行以下命令使用自带的测试单元消费生产的消息。

```
sh bin/tools.sh org.apache.rocketmq.example.quickstart.Consumer
```

消费生产的消息的执行过程如图 8-17 所示，从打印日志中可以看到消费消息的提示（Receive New Messages）。

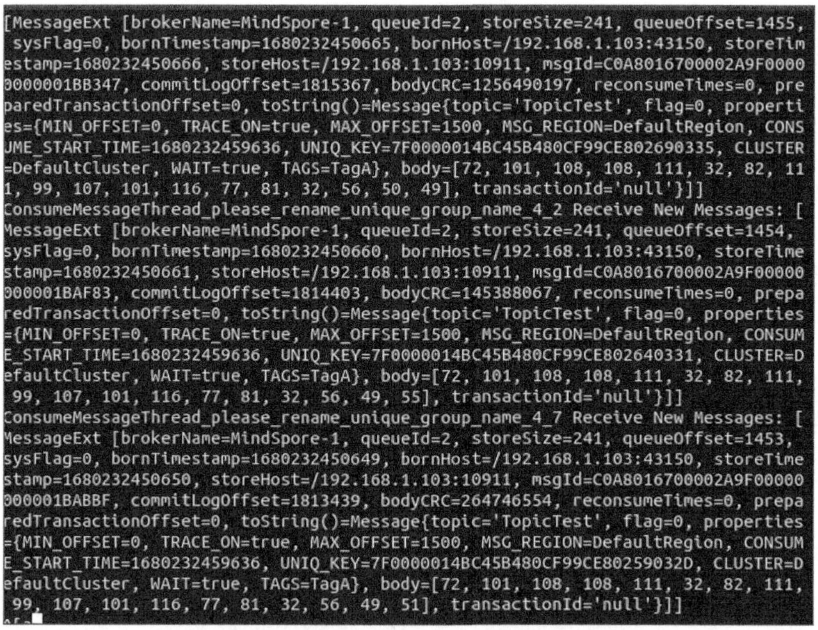

```
[MessageExt [brokerName=MindSpore-1, queueId=2, storeSize=241, queueOffset=1455,
 sysFlag=0, bornTimestamp=1680232450665, bornHost=/192.168.1.103:43150, storeTim
estamp=1680232450666, storeHost=/192.168.1.103:10911, msgId=C0A8016700002A9F0000
0000001BB347, commitLogOffset=1815367, bodyCRC=1256490197, reconsumeTimes=0, pre
paredTransactionOffset=0, toString()=Message{topic='TopicTest', flag=0, properti
es={MIN_OFFSET=0, TRACE_ON=true, MAX_OFFSET=1500, MSG_REGION=DefaultRegion, CONS
UME_START_TIME=1680232459636, UNIQ_KEY=7F0000014BC45B480CF99CE802690335, CLUSTER
=DefaultCluster, WAIT=true, TAGS=TagA}, body=[72, 101, 108, 108, 111, 32, 82, 11
1, 99, 107, 101, 116, 77, 81, 32, 56, 50, 49], transactionId='null'}]]
ConsumeMessageThread_please_rename_unique_group_name_4_2 Receive New Messages: [
MessageExt [brokerName=MindSpore-1, queueId=2, storeSize=241, queueOffset=1454,
sysFlag=0, bornTimestamp=1680232450660, bornHost=/192.168.1.103:43150, storeTime
stamp=1680232450661, storeHost=/192.168.1.103:10911, msgId=C0A8016700002A9F00000
000001BAF83, commitLogOffset=1814403, bodyCRC=145388067, reconsumeTimes=0, prepa
redTransactionOffset=0, toString()=Message{topic='TopicTest', flag=0, properties
={MIN_OFFSET=0, TRACE_ON=true, MAX_OFFSET=1500, MSG_REGION=DefaultRegion, CONSUM
E_START_TIME=1680232459636, UNIQ_KEY=7F0000014BC45B480CF99CE802640331, CLUSTER=D
efaultCluster, WAIT=true, TAGS=TagA}, body=[72, 101, 108, 108, 111, 32, 82, 111,
 99, 107, 101, 116, 77, 81, 32, 56, 49, 55], transactionId='null'}]]
ConsumeMessageThread_please_rename_unique_group_name_4_7 Receive New Messages: [
MessageExt [brokerName=MindSpore-1, queueId=2, storeSize=241, queueOffset=1453,
sysFlag=0, bornTimestamp=1680232450649, bornHost=/192.168.1.103:43150, storeTime
stamp=1680232450650, storeHost=/192.168.1.103:10911, msgId=C0A8016700002A9F00000
000001BABBF, commitLogOffset=1813439, bodyCRC=264746554, reconsumeTimes=0, prepa
redTransactionOffset=0, toString()=Message{topic='TopicTest', flag=0, properties
={MIN_OFFSET=0, TRACE_ON=true, MAX_OFFSET=1500, MSG_REGION=DefaultRegion, CONSUM
E_START_TIME=1680232459636, UNIQ_KEY=7F0000014BC45B480CF99CE80259032D, CLUSTER=D
efaultCluster, WAIT=true, TAGS=TagA}, body=[72, 101, 108, 108, 111, 32, 82, 111,
 99, 107, 101, 116, 77, 81, 32, 56, 49, 51], transactionId='null'}]]
```

图 8-17　消费生产的消息的执行过程

8. mqadmin 工具

mqadmin 是 RocketMQ 自带的管理工具，位于 bin 目录下。例如，执行以下命令可以查看 RocketMQ 集群的数据，如图 8-18 所示。在默认情况下，RocketMQ 集群只有一台服务器。

```
sh bin/mqadmin clusterList
```

图 8-18　查看 RocketMQ 集群的数据

mqadmin 是命令行形式的管理工具，使用起来并不十分直观。如果经常使用 RocketMQ，可以下载并使用图形化管理控制台 rocketmq-console。

作为分布式消息队列，RocketMQ 通常是以集群形式部署的。由于篇幅所限，本书不展开介绍 RocketMQ 集群的部署方法以及 rocketmq-console 的安装和使用方法。

8.4.2　在 Spring Boot 中实现 RocketMQ 消息队列

本小节介绍使用 Spring Boot 实现 RocketMQ 消息队列的方法，具体流程如图 8-19 所示。

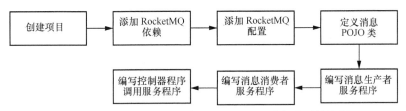

图 8-19　使用 Spring Boot 实现 RocketMQ 消息队列的流程

下面以一个 Spring Boot 项目 RocketMQapp 为例，详细介绍实现 RocketMQ 消息队列的流程。

1. 添加 RocketMQ 依赖

在项目的 pom.xml 中添加以下代码。

```xml
<!-- RocketMQ 依赖 -->
<dependency>
    <groupId>org.apache.rocketmq</groupId>
    <artifactId>rocketmq-spring-boot-starter</artifactId>
    <version>2.1.1</version>
    <exclusions>
        <exclusion>
            <groupId>org.springframework.boot</groupId>
            <artifactId>spring-boot-starter</artifactId>
        </exclusion>
        <exclusion>
            <groupId>org.springframework</groupId>
            <artifactId>spring-core</artifactId>
        </exclusion>
        <exclusion>
            <groupId>org.springframework</groupId>
```

```xml
            <artifactId>spring-webmvc</artifactId>
        </exclusion>
    </exclusions>
</dependency>
```

2. 在项目中添加 RocketMQ 配置

在项目的 application.yml 中添加以下配置代码。

```yaml
spring:
  application:
    name: RocketMQapp
server:
  port: 8080
# RocketMQ 配置
rocketmq:
  name-server: 192.168.1.103:9876
  producer:
    group: rocketmq_group
myrocketmq-config:
  my-topic: rocketmq_topic
  my-consumer-group: rocketmq_group_consumer
```

其中的配置项说明如下。

- rocketmq.name-server：用于指定 Rockect Name Server 的监听地址。
- rocketmq.producer.group：用于指定消息生产者分组。
- myrocketmq-config.my-topic：用于指定自定义消息主题。
- myrocketmq-config.my-consumer-group：用于指定自定义消息消费者分组。

3. 定义消息 POJO 类

在 com.example.rocketmqapp.entity 包下定义一个消息 POJO 类 RocketmqVo，代码如下。

```java
@Data
@AllArgsConstructor
@NoArgsConstructor
@ToString
public class RocketmqVo {
    // 消费者分组
    @Value("${myrocketmq-config.my-consumer-group}")
    private String group;
    // 消息主题
    @Value("${myrocketmq-config.my-topic}")
    private String topic;
    // 消息标题
    private String title;
    // 发送消息的日期
    private String date;
    // 消息数据
    private Object data;
    public RocketmqVo(String title, String date, Object data) {
        this.title = title;
        this.date = date;
        this.data = data;
```

        }
}

4. 编写消息生产者服务程序

在 com.example.rocketmqapp.service 包下定义一个消息生产者类 RocketProduce，代码如下。

```
// Rocket 生产者
@Slf4j
@Component
public class RocketProduce {
    @Value("${myrocketmq-config.my-topic}")
    private String mqTopic;
    @Value("${myrocketmq-config.my-consumer-group}")
    private String mqConsumerGroup;
    @Autowired
    private RocketMQTemplate mqTemplate;
    /**
     * 同步发送
     * @param title 发送消息
     * @param data 消息内容
     */
    public void sync(String title, Object data) {
        String time = new SimpleDateFormat("yyyyMMdd HH:mm:ss").format(new Date());
        RocketmqVo rocketmqVo = new RocketmqVo(mqConsumerGroup, mqTopic, title, time, data);
        SendResult sendResult = mqTemplate.syncSend(mqTopic, rocketmqVo);
        log.info("同步发送:{}", rocketmqVo);
        log.info("同步发送消息结果:{}", sendResult);
    }
    /**
     * 异步发送
     * @param title 发送消息
     * @param data 消息内容
     */
    public void async(String title, Object data) {
        String time = new SimpleDateFormat("yyyyMMdd HH:mm:ss").format(new Date());
        RocketmqVo rocketmqVo = new RocketmqVo(mqConsumerGroup, mqTopic, title, time, data);
        log.info("异步发送:{}", rocketmqVo);
        mqTemplate.asyncSend(mqTopic, rocketmqVo, new SendCallback() {
            @Override
            public void onSuccess(SendResult var1) {
                log.info("异步发送成功:{}", var1);
            }
            @Override
            public void onException(Throwable var1) {
                log.info("异步发送失败:{}", var1.getMessage());
            }
        });
    }
```

```
/**
 * 单向发送
 *
 * @param title 发送消息
 */
public void oneway(String title, Object data) {
    String time = new SimpleDateFormat("yyyyMMdd HH:mm:ss").format(new Date());
    RocketmqVo rocketmqVo = new RocketmqVo(mqConsumerGroup, mqTopic, title, time, data);
    mqTemplate.sendOneWay(mqTopic, rocketmqVo);
    log.info("单向发送:{}", rocketmqVo);
}
```

类 RocketProduce 定义了下面 3 个属性。

- mqTopic：从配置项 myrocketmq-config.my-topic 读取的消息主题。
- mqConsumerGroup：从配置项 myrocketmq-config.my-consumer-group 读取的消息消费者分组。
- mqTemplate：用于操作 RocketMQ 消息队列的模板类。

类 RocketProduce 定义了下面 3 个发送消息的方法。

- sync：同步发送。所谓"同步发送"指只有在消息全部发送完成后才返回结果，此方法需要同步等待发送结果，因此比较耗时。
- async：异步发送。所谓"异步发送"指消息发送后立刻返回，当消息全部完成发送后，会调用回调函数 sendCallback 告知发送者本次发送是成功或者失败。
- oneway：单向发送。所谓"单向发送"指调用 API 发送消息时直接返回，不等待服务器的结果，也不注册回调函数。这种方法的吞吐量很大，但是存在消息丢失的风险，所以其适用于发送不重要的消息。

5．编写消息消费者服务程序

在 com.example.rocketmqapp.service 包下定义一个消息生产者类 RocketConsumer，代码如下。

```
@Slf4j
@Component
@RocketMQMessageListener(consumerGroup = "${myrocketmq-config.my-consumer-group}",
topic = "${myrocketmq-config.my-topic}")
public class RocketConsumer implements RocketMQListener<RocketmqVo> {
    @Override
    public void onMessage(RocketmqVo rocketmqVo) {
        log.info("收到RocketMQ消息:{}",rocketmqVo);
    }
}
```

代码使用@RocketMQMessageListener 注解定义了事务消息监听器，对配置文件中定义的分组和主题进行监听。

6．编写控制器程序

在 com.example.rocketmqapp.controller 包下定义一个控制器类 RocketController，代码如下。

```
@RestController
@RequestMapping("/mqtest")
public class RocketController {
    @Resource
    private RocketProduce producer;
    @RequestMapping("/sendMessageSync/{msg}")
    public String sendMessageSync(@PathVariable("msg") String message) {
        producer.sync(message, null);
        return "消息发送完成";
    }
    @RequestMapping("/sendMessageAsync/{msg}")
    public String sendMessageAsync(@PathVariable("msg") String message) {
        producer.async(message, null);
        return "消息发送完成";
    }
    @RequestMapping("/sendMessageOneway/{msg}")
    public String sendMessageOneway(@PathVariable("msg") String message) {
        producer.oneway(message, null);
        return "消息发送完成";
    }
}
```

类 RocketController 定义了下面 3 个发送消息的方法。

- sendMessageSync：同步发送消息。
- sendMessageAsync：异步发送消息。
- sendMessageOneway：单向发送消息。

7. 运行项目

（1）确认 RockectMQ

参照 8.4.1 小节测试 RocketMQ，确认 RocketMQ 可以正常工作。

（2）运行项目 RocketMQapp

运行项目 RocketMQapp，在 Apipost 中以 GET 方式访问以下 URL。

```
http://localhost:8080/mqtest/sendMessageSync/hello
```

在控制台窗格中可以查看到同步发送和接收到消息的日志信息，如图 8-20 所示。

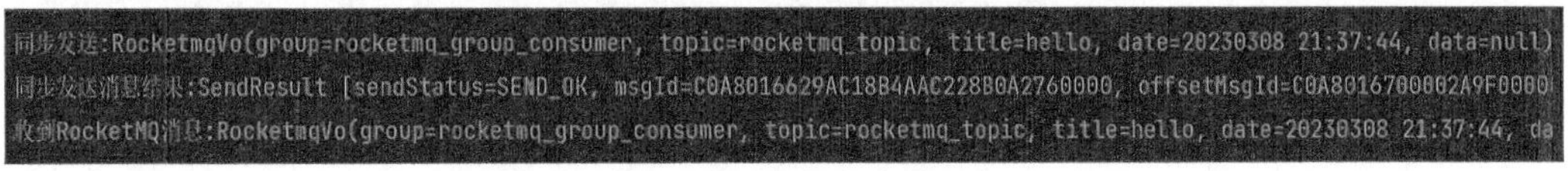
同步发送:RocketmqVo(group=rocketmq_group_consumer, topic=rocketmq_topic, title=hello, date=20230308 21:37:44, data=null)
同步发送消息结果:SendResult [sendStatus=SEND_OK, msgId=C0A8016629AC18B4AAC228B0A2760000, offsetMsgId=C0A8016700002A9F0000
收到RocketMQ消息:RocketmqVo(group=rocketmq_group_consumer, topic=rocketmq_topic, title=hello, date=20230308 21:37:44, da

图 8-20　同步发送和接收到消息的日志信息

在 Apipost 中以 GET 方式访问以下 URL。

```
http://localhost:8080/mqtest/sendMessageAsync/hello
```

在控制台窗格中可以查看到异步发送和接收到消息的日志信息，如图 8-21 所示。

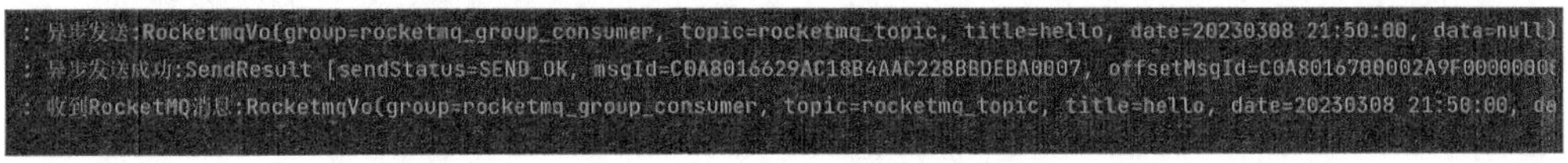
: 异步发送:RocketmqVo(group=rocketmq_group_consumer, topic=rocketmq_topic, title=hello, date=20230308 21:50:00, data=null)
: 异步发送成功:SendResult [sendStatus=SEND_OK, msgId=C0A8016629AC18B4AAC228BBDEBA0007, offsetMsgId=C0A8016700002A9F0000000
: 收到RocketMQ消息:RocketmqVo(group=rocketmq_group_consumer, topic=rocketmq_topic, title=hello, date=20230308 21:50:00, da

图 8-21　异步发送和接收到消息的日志信息

在 Apipost 中以 GET 方式访问以下 URL。

```
http://localhost:8080/mqtest/sendMessageOneway/hello
```

在控制台窗格中可以查看到单向发送和接收到消息的日志信息，如图 8-22 所示。

图 8-22　单向发送和接收到消息的日志信息

8.5　Spring Cloud Bus

Spring Cloud Bus（总线）是连接分布式系统中各个节点的轻量级的消息代理。利用 Spring Cloud Bus 可以广播状态的变化，例如配置中心的配置变化可以利用 Spring Cloud Bus 通知客户端，实现自动刷新配置项的功能。

8.5.1　Spring Cloud Bus 的工作原理

Spring Cloud Bus 指微服务架构系统各个节点共用的消息主题。消息主题由 Spring Cloud Bus 构建，系统中所有的微服务实例都连接该主题，对该主题发布的消息进行监听和消费。利用 Spring Cloud Bus 可以很方便地对分布式系统中的节点广播消息，从而实现网络中节点的通信和消息同步。

Spring Cloud Bus 整合了 Java 的事件处理机制和消息中间件功能，支持 RabbitMQ 和 Kafka 消息队列。Spring Cloud Alibaba 还提供了对 RocketMQ 消息队列的特别支持。

Spring Cloud Bus 以消息队列中间件作为事件的"传输器"，将"事件"以消息的形式发送到消息队列上，从而在分布式系统中广播事件。所有订阅该消息的节点都可以接收到事件。Spring Cloud Bus 的工作原理如图 8-23 所示。

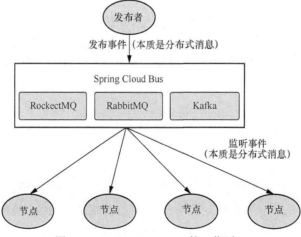

图 8-23　Spring Cloud Bus 的工作原理

Spring Cloud Bus 定义了 RemoteApplicationEvent 类，作为实现远程应用程序事件的抽象基类。要想使用 Spring Cloud Bus 发送自定义事件，就必须继承 Remote ApplicationEvent 类。

8.5.2　Spring Cloud Bus RocketMQ 编程

本小节通过一个实例介绍 Spring Cloud Bus RocketMQ 编程的方法。本实例包括下面两个项目。

- bus-rocketmq-demo-publisher：实现简单的事件发布器功能，通过 Spring Cloud Bus 发送事件。
- bus-rocketmq-demo-listener：实现简单的事件监听器功能，通过 Spring Cloud Bus 监听事件。

1．事件发布器项目的实现过程

（1）创建项目

创建 Spring Boot 项目 bus-rocketmq-demo-publisher，在 pom.xml 中定义项目所使用的 JDK、Spring Boot、Spring Cloud 和 Spring Cloud Alibaba 的版本，代码如下。

```xml
<properties>
    <spring-boot.version>2.2.4.RELEASE</spring-boot.version>
    <!-- spring cloud -->
    <spring-cloud.version>Hoxton.SR1</spring-cloud.version>
    <spring-cloud-alibaba.version>2.2.0.RELEASE</spring-cloud-alibaba.version>
    <java.version>1.8</java.version>
</properties>
```

（2）添加依赖

在 pom.xml 中引入 Spring Cloud 和 Spring Cloud Alibaba 框架的相关依赖，代码如下。

```xml
<dependencyManagement>
    <dependencies>
        <!-- Spring Cloud 相关依赖 -->
        <dependency>
            <groupId>org.springframework.cloud</groupId>
            <artifactId>spring-cloud-dependencies</artifactId>
            <version>${spring-cloud.version}</version>
            <type>pom</type>
            <scope>import</scope>
        </dependency>
        <!-- Spring Cloud Alibaba 相关依赖 -->
        <dependency>
            <groupId>com.alibaba.cloud</groupId>
            <artifactId>spring-cloud-alibaba-dependencies</artifactId>
            <version>${spring-cloud-alibaba.version}</version>
            <type>pom</type>
            <scope>import</scope>
        </dependency>
    </dependencies>
</dependencyManagement>
```

引入 SpringMVC 和在 Spring Cloud Bus 中实现 RocketMQ 编程的相关依赖，代码如下。

```xml
<dependencies>
    <!-- 引入SpringMVC相关依赖,并对其实现自动配置 -->
    <dependency>
        <groupId>org.springframework.boot</groupId>
        <artifactId>spring-boot-starter-web</artifactId>
    </dependency>
    <!-- 在 Spring Cloud Bus 中实现RocketMQ编程 -->
    <dependency>
        <groupId>com.alibaba.cloud</groupId>
        <artifactId>spring-cloud-starter-bus-rocketmq</artifactId>
    </dependency>
```

(3) 添加 Spring Cloud Bus 相关配置

在 application.yml 中添加 Spring Cloud Bus 相关配置,代码如下。

```yaml
server:
  port: 8081
spring:
  application:
    name: publisher-demo
# Bus 相关配置项
  cloud:
    bus:
      enabled: true # 是否开启,默认为 true
      destination: springCloudBus # 目标消息队列,默认为 springCloudBus
# RocketMQ 配置
rocketmq:
  name-server: 127.0.0.1:9876 # RocketMQ Namesrv
```

(4) 注册事件

添加类 UserRegisterEvent 继承抽象基类 RemoteApplicationEvent,用于实现用户注册事件的功能,代码如下。

```java
import org.springframework.cloud.bus.event.RemoteApplicationEvent;
public class UserRegisterEvent extends RemoteApplicationEvent {
    /**
     * 用户名
     */
    private String username;
    public UserRegisterEvent() { // 序列化
    }
    public UserRegisterEvent(Object source, String originService, String destination
Service, String username) {
        super(source, originService);
        this.username = username;
    }
    public String getUsername() {
        return username;
    }
}
```

类 UserRegisterEvent 的构造函数包含以下 4 个参数。

- source:指定发送事件的源对象。

- originService：指定发送事件的源服务标识。
- destinationService：指定发送事件的目标服务标识。
- username：指定发送事件的用户名。

（5）创建控制器

控制器 DemoController 用于提供注册接口/demo/register，发布 UserRegisterEvent 事件，代码如下。

```
@RestController
@RequestMapping("/demo")
public class DemoController {
    private Logger logger = LoggerFactory.getLogger(getClass());
    @Autowired
    private ApplicationEventPublisher applicationEventPublisher;
    @Autowired
    private ServiceMatcher busServiceMatcher;
    @GetMapping("/register")
    public String register(String username) {
        // … 执行注册逻辑
        logger.info("[register][执行用户({}) 的注册逻辑]", username);
        // …
        applicationEventPublisher.publishEvent(new UserRegisterEvent(this, busServiceMatcher.getServiceId(), null, username));
        return "success";
    }
}
```

代码调用类 ApplicationEventPublisher 的 publishEvent()方法发布事件到 Spring Cloud Bus，参数为 UserRegisterEvent 对象，代表一个用户注册事件。在创建 UserRegister Event 对象时，使用 busServiceMatcher.getServiceId()方法获取自己的服务号作为发送事件的源服务标识。

2．事件监听器项目的实现过程

（1）创建项目

创建 Spring Boot 项目 bus-rocketmq-demo-listener，在 pom.xml 中定义项目所使用的 JDK、Spring Boot、Spring Cloud 和 Spring Cloud Alibaba 的版本，注意与 bus-rocketmq-demo-publisher 中的相关代码保持一致，代码如下。

```
<properties>
    <spring-boot.version>2.2.4.RELEASE</spring-boot.version>
    <!-- spring cloud -->
    <spring-cloud.version>Hoxton.SR1</spring-cloud.version>
    <spring-cloud-alibaba.version>2.2.0.RELEASE</spring-cloud-alibaba.version>
    <java.version>1.8</java.version>
</properties>
```

（2）定义框架版本

在 pom.xml 中定义 Spring Boot、Spring Cloud 和 Spring Cloud Alibaba 框架的版本，代码如下。

```
<properties>
    <spring-boot.version>2.2.4.RELEASE</spring-boot.version>
    <!-- spring cloud -->
```

```xml
    <spring-cloud.version>Hoxton.SR1</spring-cloud.version>
    <spring-cloud-alibaba.version>2.2.0.RELEASE</spring-cloud-alibaba.version>
    <java.version>1.8</java.version>
</properties>
```

引入 SpringMVC 和在 Spring Cloud Bus 中实现 RocketMQ 编程的相关依赖，与 bus-rocketmq-demo-publisher 中的相关代码一致。

（3）添加 Spring Cloud Bus 相关配置

在 application.yml 中添加 Spring Cloud Bus 相关配置，与 bus-rocketmq-demo-publisher 中的相关代码一致。

（4）注册事件

添加类 UserRegisterEvent 继承抽象基类 RemoteApplicationEvent，用于实现用户注册事件的功能，代码与 bus-rocketmq-demo-publisher 中一致。

（5）监听事件

创建 UserRegisterListener 类，用于监听 UserRegisterEvent 事件，代码如下。

```java
@Component
public class UserRegisterListener implements ApplicationListener<UserRegisterEvent>
{
    private Logger logger = LoggerFactory.getLogger(getClass());
    @Override
    public void onApplicationEvent(UserRegisterEvent event) {
        logger.info("[onApplicationEvent][监听到用户({}) 注册]", event.getUsername());
    }
}
```

监听到事件会触发 onApplicationEvent()方法，记录日志。

（6）主程序

项目 bus-rocketmq-demo-listener 的主程序代码如下。

```java
@SpringBootApplication
@RemoteApplicationEventScan
public class BusRocketmqDemoListenerApplication {
    public static void main(String[] args) {
        SpringApplication.run(BusRocketmqDemoListenerApplication.class, args);
    }
}
```

注释@RemoteApplicationEventScan 指定当前程序从 Spring Cloud Bus 监听 RemoteApplicationEvent 事件。

3．运行实例

① 参照 8.4.1 小节测试 RocketMQ，确认 RocketMQ 可以正常工作。

② 将项目 bus-rocketmq-demo-publisher 打包，得到 bus-rocketmq-demo-publisher-0.0.1-SNAPSHOT.jar。将项目 bus-rocketmq-demo-listener 打包，得到 bus-rocketmq-demo-listener-0.0.1-SNAPSHOT.jar。

③ 在 Ubuntu 服务器的/usr/local 目录下创建 bus-rocketmq-demo-publisher 文件夹，并将 bus-rocketmq-demo-publisher-0.0.1-SNAPSHOT.jar 及其对应的 application.yml 上传至该文件夹。

④ 在当前窗口执行以下命令，启动事件发布器程序。

```
cd /usr/local/bus-rocketmq-demo-publisher
java -jar bus-rocketmq-demo-publisher-0.0.1-SNAPSHOT.jar
```

⑤ 在 Ubuntu 服务器的/usr/local 目录下创建 bus-rocketmq-demo-listener1 文件夹，将 bus-rocketmq-demo-listener-0.0.1-SNAPSHOT.jar 及其对应的 application.yml 上传至该文件夹，然后将 application.yml 中的端口号设置为 8082。

⑥ 在 Ubuntu 服务器的/usr/local 目录下创建 bus-rocketmq-demo-listener2 文件夹，将 bus-rocketmq-demo-listener-0.0.1-SNAPSHOT.jar 及其对应的 application.yml 上传至该文件夹，然后将 application.yml 中的端口号设置为 8083。

⑦ 打开一个新终端窗口，执行以下命令，启动第一个事件监听器程序。

```
cd /usr/local/bus-rocketmq-demo-listener1
java -jar bus-rocketmq-demo-listener-0.0.1-SNAPSHOT.jar
```

⑧ 打开一个新终端窗口，执行以下命令，启动第二个事件监听器程序。

```
cd /usr/local/bus-rocketmq-demo-listener2
java -jar bus-rocketmq-demo-listener-0.0.1-SNAPSHOT.jar
```

一切准备就绪后，打开 Apipost 访问以下 URL。

```
http://192.168.1.103:8081/demo/register?username=tom
```

观察 3 个终端窗口的输出，确认两个事件监听器程序都可以接收到注册用户的事件。本实例的运行情况如图 8-24 所示。

图 8-24　本实例的运行情况

第 9 章
Spring Cloud Stream 开发框架

Spring Cloud Stream 专门用于构建事件驱动的、进行实时流处理的 Spring Boot 微服务应用，其中集成经典的消息队列 RabbitMQ 和 Kafka。Spring Cloud Alibaba Stream 还提供了集成 RocketMQ 的 Spring Cloud Stream RocketMQ Binder。

9.1 Spring Cloud Stream 应用模型

Spring Cloud Stream 应用包含一个与中间件无关的应用程序核心。

9.1.1 Spring Cloud Stream 应用模型的工作原理

Spring Cloud Stream 应用模型的工作原理如图 9-1 所示。

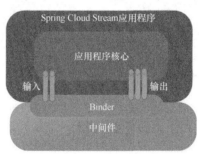

图 9-1　Spring Cloud Stream 应用模型的工作原理

从图 9-1 可以看到，Spring Cloud Stream 的应用程序核心通过绑定器（Binder）实现与 RabbitMQ、Kafka 和 RocketMQ 等消息队列中间件的通信。

9.1.2 Binder

在 Spring Cloud Stream 框架中，Binder 负责与中间件进行交互。因此用户不需要了解中间件的细节，只需要搞清楚如何与 Spring Cloud Stream 交互，就可以很方便地利用消息驱动来实现微服务之间的通信。

Binder 针对一个中间件的具体实现被称为绑定（Binding），Binding 可以分为 Input Binding 和 Output Binding 两种类型。应用程序使用 Inputs 对象和 Outputs 对象与 Binder 对象进行交互。Inputs 对象负责监听交换器，接收来自中间件的消息；Outputs 对象负责向交换器输出信息。

Binder 可以让应用程序忽略中间件之间的差异，减少应用程序与中间件之间的耦合性。比如，如果应用程序是使用 RabbitMQ 消息队列的，因为某种原因需要迁移到 RocketMQ，那么势必会面临应用程序的重构。但是如果是借助于 Spring Cloud Stream 框架的应用程序，只要简单地修改配置就解决了。

Binder 的工作原理如图 9-2 所示。

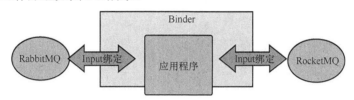

图 9-2　Binder 的工作原理

9.1.3　Spring Cloud Stream 的基本概念

本小节介绍 Spring Cloud Stream 开发框架中的一些基本概念，包括消息的发布和订阅、消费组和消息分区。通过这些可以进一步理解 Spring Cloud Stream 的工作原理。

1．消息的发布和订阅

Spring Cloud Stream 的消息通信方式遵循发布/订阅模式。当一条消息被投递到消息中间件时，它会通过共享的方式进行消息广播。发布/订阅模式可以使消息生产者和消费者实现解耦，它们只与 Spring Cloud Stream 交互即可。

2．消费组

在微服务架构中，为了实现服务的高可用，通常会为每个服务部署多个实例。当发送消息给某个特定服务时，为了避免消息被多次消费，可以通过 spring.cloud.stream.bindings.input.group 属性将多个服务定义为同一个消费组。当服务的多个实例接收到消息时，只有一个成员真正接收到消息并进行处理。

3．消息分区

消息分区用于对消费组中的实例进行分类。消息生产者在发送消息时可以通过一个特征 ID 来指定哪个分区消费此消息。

9.2　Spring Cloud Stream 编程

本节介绍一个利用 Spring Cloud Stream 集成 RocketMQ 实现记录日志功能的实例。

本实例由一个消息生产者服务和一个消息消费者服务组成。

9.2.1 开发消息生产者服务

在本实例中，消息生产者服务负责利用 Spring Cloud Stream 向 RocketMQ 发送消息。

1. 开发消息生产者服务

创建一个 Spring Boot 项目，项目名为 stream-rocketmq-producer-demo，用于实现消息生产者服务。

在 pom.xml 中添加 Spring Cloud Alibaba RocketMQ 相关依赖，代码如下。

```xml
<properties>
    <spring-boot.version>2.7.6</spring-boot.version>
    <!-- spring cloud -->
    <spring-cloud.version>2021.0.5</spring-cloud.version>
    <spring-cloud-alibaba.version>2021.1</spring-cloud-alibaba.version>
    <java.version>1.8</java.version>
</properties>
<dependencyManagement>
    <dependencies>
        <dependency>
            <groupId>org.springframework.boot</groupId>
            <artifactId>spring-boot-starter-parent</artifactId>
            <version>${spring-boot.version}</version>
            <type>pom</type>
            <scope>import</scope>
        </dependency>
        <dependency>
            <groupId>org.springframework.cloud</groupId>
            <artifactId>spring-cloud-dependencies</artifactId>
            <version>${spring.cloud.version}</version>
            <type>pom</type>
            <scope>import</scope>
        </dependency>
        <dependency>
            <groupId>com.alibaba.cloud</groupId>
            <artifactId>spring-cloud-alibaba-dependencies</artifactId>
            <version>${spring.cloud.alibaba.version}</version>
            <type>pom</type>
            <scope>import</scope>
        </dependency>
    </dependencies>
</dependencyManagement>
<dependencies>
    <!-- 引入 SpringMVC 相关依赖，并对其实现自动配置 -->
    <dependency>
        <groupId>org.springframework.boot</groupId>
        <artifactId>spring-boot-starter-web</artifactId>
        <version>2.7.6</version>
    </dependency>
    <!-- 引入 Spring Cloud Alibaba Stream RocketMQ 相关依赖，将 RocketMQ 作为消息队列，并
```

```xml
对其实现自动配置 -->
    <dependency>
        <groupId>com.alibaba.cloud</groupId>
        <artifactId>spring-cloud-starter-stream-rocketmq</artifactId>
        <version>2021.1</version>
    </dependency>
</dependencies>
```

2. 设置配置文件 application.yml

在配置文件 application.yml 中，添加 Spring Cloud Alibaba RocketMQ 的相关配置，代码如下。

```yaml
spring:
  application:
    name: demo-producer-application
  cloud:
    # Spring Cloud Stream 配置项
    stream:
      # Binding 配置项
      bindings:
        demo-output:
          destination: DEMO-TOPIC-01 # 目的地，这里使用 RocketMQ Topic
          content-type: application/json # 内容格式，这里使用 JSON
      # Spring Cloud Stream RocketMQ 配置项
      rocketmq:
        # RocketMQ Binder 配置项
        binder:
          name-server: 127.0.0.1:9876 # RocketMQ Namesrv 地址
        # RocketMQ 自定义 Binding 配置项
        bindings:
          demo-output:
            # RocketMQ Producer 配置项
            producer:
              group: test # 生产者分组
              sync: true # 是否同步发送消息，默认为 false 异步
server:
  port: 18080
```

spring.cloud.stream 为 Spring Cloud Stream 配置项。spring.cloud.stream.bindings 用于指定 Binding 配置项，其值为一个映射表 Map。这里并没有指定 Binding 的类型，需要在代码中通过 @Input 和 @Output 注解进行区分。本实例定义了一个名为 demo-output 的 Binding，虽然没有指定类型，但是从命名可以看出，它将被用作 Output Binding，用于供生产者发送消息。

demo-output 的配置项说明如下。

- destination：指定发送消息的目的地。在 RocketMQ 中，使用 Topic 作为目的地，这里设置为 DEMO-TOPIC-01。
- content-type：指定消息的内容格式，这里使用 JSON 格式。

spring.cloud.stream.rocketmq 为 Spring Cloud Stream RocketMQ 配置项。

3．创建发送消息的接口

创建接口 MySource，代码如下。

```
public interface MySource {
    @Output("demo-output")
    MessageChannel demoOutput();
}
```

通过 @Output 注解指定 demo-output 的 Output Binding。注意，demo-output 应该与配置文件中的 spring.cloud.stream.bindings 配置项对应。

@Output 注解的返回结果为 MessageChannel 类型，可以使用它发送消息。

不需要通过编码来实现接口 MySource，Spring Cloud Stream 会自动实现。

4. 定义示例消息类

为了演示在服务间传递消息的过程，定义一个示例消息类 DemoMessage，代码如下。

```
/**
 * 示例消息类
 */
public class DemoMessage {
    private Integer id;
    public Integer getId() {
        return id;
    }
    public void setId(Integer id) {
        this.id = id;
    }
}
```

因为仅用于演示，所以消息只包含一个 id 字段。

5. 定义发送消息的控制器类

在 com.example.streamrocketmqproducerdemo.controllers 包下创建类 TestController，用于提供发送消息的 HTTP 接口，代码如下。

```
@RestController
@RequestMapping("/demo")
public class DemoController {
    @Resource
    private MySource mySource; // <X>
    @GetMapping("/send")
    public boolean send() {
        // <1> 创建 Message
        DemoMessage message = new DemoMessage();
        message.setId(new Random().nextInt());
        // <2> 创建 Spring Message 对象
        Message<DemoMessage> springMessage = MessageBuilder.withPayload(message).build();
        // <3> 发送消息
        return mySource.demoOutput().send(springMessage);
    }
}
```

代码使用 MessageBuilder 类创建一个 Spring Message 对象，并设置消息内容为 DemoMessage 对象，然后通过 MySource 接口发送消息。

6. 定义启动类

项目的启动类代码如下。

```
@SpringBootApplication
@EnableBinding(MySource.class)
public class StreamRocketmqProducerDemoApplication {
    public static void main(String[] args) {
        SpringApplication.run(StreamRocketmqProducerDemoApplication.class, args);
    }
}
```

@EnableBinding 注解指定项目绑定到 MySource 接口。

9.2.2 开发消息消费者服务

创建一个 Spring Boot 项目，项目名为 stream-rocketmq-consumer-demo，用于实现消息消费者服务。

1．添加项目的依赖

本项目引入的依赖与 stream-rocketmq-producer-demo 项目相同，请参照理解。

2．配置文件 application.yml

在配置文件 application.yml 中，指定应用程序名、端口号、注册 Eureka 服务和 Rabbit MQ 的配置信息，代码如下。

```yaml
spring:
  application:
    name: demo-consumer-application
  cloud:
    # Spring Cloud Stream 配置项
    stream:
      # Binding 配置项
      bindings:
        demo-input:
          destination: DEMO-TOPIC-01 # 目的地，这里使用 RocketMQ Topic
          content-type: application/json # 内容格式，这里使用 JSON
          group: demo-consumer-group-DEMO-TOPIC-01 # 消费者分组
      # Spring Cloud Stream RocketMQ 配置项
      rocketmq:
        # RocketMQ Binder 配置项
        binder:
          name-server: 127.0.0.1:9876 # RocketMQ Namesrv 地址
        # RocketMQ 自定义 Binding 配置项
        bindings:
          demo-input:
            # RocketMQ Consumer 配置项
            consumer:
              enabled: true # 是否开启消费，默认为 true
              broadcasting: false # 是否使用广播消费，默认为 false 使用集群消费
server:
  port: ${random.int[10000,19999]} # 随机端口，方便启动多个消费者程序
```

其中关于 RocketMQ Binder 的配置项与 stream-rocketmq-producer-demo 项目相同。为了方便启动多个消费者程序，测试接收广播消息的效果，本实例使用 random.int

[10000,19999]定义随机端口。

3．创建接收消息的接口

接收消息的接口是 MySink，代码如下。

```
public interface MySink {
    String DEMO_INPUT = "demo-input";
    @Input(DEMO_INPUT)
    SubscribableChannel demoInput();
}
```

代码通过@Input 注解，声明了一个名字为 demo-input 的 Input Binding。注意，这个名字应该与配置文件中的 spring.cloud.stream.bindings 配置项对应。

同样，MySink 接口不需要手动实现，而是交由 Spring Cloud Stream 处理。

4．开发处理消息的类

处理消息的类是 Consumer，代码如下。

```
@Component
public class Consumer {
    private Logger logger = LoggerFactory.getLogger(getClass());
    @StreamListener(MySink.DEMO_INPUT)
    public void onMessage(@Payload DemoMessage message) {
        logger.info("[onMessage][线程编号:{} 消息内容：{}]", Thread.currentThread().getId(), message);
    }
}
```

在 onMessage()方法上添加@StreamListener 注解，声明对应的 Input Binding。这里使用 MySink.DEMO_INPUT。

参数 message 使用@Payload 注解声明需要将消息进行反序列化成 POJO 对象。

5．启动类

启动类的代码如下。

```
@Component
@EnableBinding(MySink.class)
public class Consumer {
    private Logger logger = LoggerFactory.getLogger(getClass());
    @StreamListener(MySink.DEMO_INPUT)
    public void onMessage(@Payload DemoMessage message) {
        logger.info("[onMessage][线程编号:{} 消息内容：{}]", Thread.currentThread().getId(), message);
    }
}
```

代码使用@EnableBinding 注解指定项目绑定到 MySink 接口，扫描其 @Input 和 @Output 注解。

9.2.3 运行实例

按照以下步骤运行本实例。

① 测试 RocketMQ，确认 RocketMQ 可以正常工作。

② 将项目 stream-rocketmq-producer-demo 打包，得到 stream-rocketmq-producer-demo-0.0.1-SNAPSHOT.jar。将项目 stream-rocketmq-consumer-demo 打包，得到 stream-rocketmq-consumer-demo-0.0.1-SNAPSHOT.jar。

③ 在 Ubuntu 服务器的/usr/local 目录下创建 stream-rocketmq-producer 文件夹，并将 stream-rocketmq-producer-demo-0.0.1-SNAPSHOT.jar 及其对应的 application.yml 上传至该文件夹。

④ 在当前窗口执行以下命令，启动事件生产者程序。

```
cd /usr/local/stream-rocketmq-producer
java -jar stream-rocketmq-producer-demo-0.0.1-SNAPSHOT.jar
```

⑤ 在 Ubuntu 服务器的/usr/local 目录下创建 stream-rocketmq-demo-consumer1 文件夹，并将 stream-rocketmq-consumer-demo-0.0.1-SNAPSHOT.jar 及其对应的 application.yml 上传至该文件夹。

⑥ 在 Ubuntu 服务器的/usr/local 目录下创建 stream-rocketmq-demo-consumer2 文件夹，并将 stream-rocketmq-consumer-demo-0.0.1-SNAPSHOT.jar 及其对应的 application.yml 上传至该文件夹。

⑦ 打开一个新终端窗口，执行以下命令，启动第一个事件消费者程序。

```
cd /usr/local/stream-rocketmq-demo-consumer1
java -jar stream-rocketmq-consumer-demo-0.0.1-SNAPSHOT.jar
```

⑧ 再打开一个新终端窗口，执行以下命令，启动第二个事件消费者程序。

```
cd /usr/local/stream-rocketmq-demo-consumer2
java -jar stream-rocketmq-consumer-demo-0.0.1-SNAPSHOT.jar
```

一切准备就绪后，打开 Apipost 访问以下 URL。

```
http://192.168.1.103:18080/demo/send
```

刷新几次后观察两个终端窗口的输出，可以看到两个事件消费者程序都可以接收到 Spring Cloud Stream 发送的消息，如图 9-3 所示。

图 9-3　两个事件消费者程序接收到 Spring Cloud Stream 发送的消息

9.3　基于消息队列实现秒杀抢购功能

随着电子商务应用的普及，线上促销已经成为常态。秒杀抢购是非常经典的线上促销场景之一,也是一种需要采用特定架构的 Web 应用程序。本节介绍消息队列在秒杀抢购等场景的具体应用。

9.3.1 电商运营的常用方法

电商应用部署上线后,能否吸引消费者的关注并得到好的销售业绩,离不开网店或电商部门的运营。运营是电商平台日常经营的核心活动,是一个运筹帷幄的统筹支配系统,可以协调客服、推广、美工、库房、售前、售后等各部门的工作,其主要目的是尽可能地把店铺的货物销售出去,并实现利润的更大化。电商平台在开发过程中应该尽可能地为电商运营活动提供支持。因此,开发者有必要了解电商运营的常用方法。

电商运营的主要工作包括数据分析、制定解决方案和组织日常运营活动等。

1. 数据分析

数据对于运营工作是至关重要的。运营人员可以通过分析数据定位自身存在的问题,并针对问题制定解决方案。运营人员需要关注的主要数据包括以下几点。

- 市场的总体数据:包括同类商品的总体浏览量、收藏量、加购数量和转化率,以便与店铺的相关数据进行对比分析。
- 自己产品的数据:对于商家而言,这是最直观的数据,因此应该尽可能地从多个维度对自己的数据进行分析,比如免费流量和付费流量的对比、搜索渠道流量和推荐渠道流量的对比、店铺总体流量和单品流量的对比。如果某个单品的流量出现下滑,则需要具体分析是哪种情况造成流量下滑的。只有精准地定位问题,才能制定出相应的解决方案。
- 竞品的数据:搜索的结果通常可以体现出不同商家产品的价值,价值包括用户的关注度、认可度以及对电商平台的贡献度。价值高的商品,搜索排名应该也是靠前的。

综上所述,开发电商平台应该尽可能地提供多维度的统计数据,供商家用户参考使用。

2. 制定解决方案

分析数据的目的在于定位问题、解决问题。解决问题的具体方案涉及各部门的相关工作人员,具体如下。

- 推广部门:如果流量数据下滑,则需要与推广部门的工作人员沟通讨论,分析原因,判断是否需要增加付费流量的投入或者增加推广的力度。
- 美工:如果点击率数据下滑,则需要与设计部门的美工沟通讨论,对店铺设计进行包装、美化商品的主图、轮播图,以吸引用户的关注。当然,点击率不只与美观的界面有关,还应该组织客服、厂商等相关人员共同分析在界面上体现哪些信息才是用户最关注的。
- 客服:汇总消费者反馈的热点问题,与客服沟通解决方案,为消费者提供更好的服务、培养优质客户,以提高转化率。

3. 组织日常运营活动

店铺的活跃程度离不开日常运营活动。常见的运营活动具体如下。

- 引流:即通过各种手段获取流量。常用的引流手段包括参加平台的推广活动(如淘宝的直通车)、SEO 优化、通过促销活动进行(如秒杀抢购活动)引流等。
- 转化:转化率是运营活动的重要指标之一,指在所有访问店铺的用户中产生购买行为的用户数量所占的比例。
- 用户黏性:指顾客对品牌或产品的忠诚、信任与良性体验等结合起来形成的依赖程度和再消费期望程度。提升用户黏性是一个长期的工作,需要重视用户情感、提高服务质量,同时也要注重商品的质量和品牌效应。

由于篇幅所限,本节重点介绍秒杀抢购在运营活动中的作用,不对其他运营活动进行展开讨论。

9.3.2 秒杀抢购的特性和玩法

秒杀抢购是很常见的商家营销手段,其目的是通过在限定时间内提供低价商品提高流量和整体销量。大多数电商平台都提供秒杀抢购的相关功能。秒杀抢购活动具有以下关键特性。

- 限时:顾名思义,"秒杀"形容以秒为单位的促销活动,强调"快"的特性。当然,在实际应用中,活动限定的时间并没有快到以秒为单位计时,通常会限定在 10 分钟、5 分钟或 1 分钟等时间范围内,给人一种"机不可失,时不再来"的感觉,营造强烈的紧迫感氛围。很多时候,活动会在几秒钟内结束。
- 限量:秒杀抢购的商品数量是有限的,从而营造稀缺感氛围。这也是"抢"字所体现的含义。
- 优惠:活动商品的价格是很优惠的。作为商家而言,通常是利润很低的,或者没有利润,甚至是赔本的,只有这样才能吸引众多的参与者。商品数量有限加上参与者众多,就会形成"秒杀"的效果。
- 品质:活动提供的商品一般是高品质的,深受广大用户欢迎的,给人一种"物超所值"的感觉,从而吸引大量的参与者。

秒杀抢购活动可以分为"长时秒杀"和"短时秒杀"两种。长时秒杀指不同的时间区间会有不同的商品进行售卖,时间的限定通常在两个小时左右。这种形式的秒杀对于用户的感知程度并不是特别强烈。用户有时间去考虑是否需要该商品,是否值得参与活动。长时秒杀的促销效果没有短时秒杀好。但是短时秒杀通常只在逢年过节或大的商业活动时才组织,而长时秒杀更适用于日常运营,可以增强用户黏性。

短时秒杀会对服务器产生更大的冲击,对应用程序的要求更高,本节介绍的秒杀抢购功能正是针对短时秒杀。

9.3.3 秒杀抢购应用场景解析

秒杀抢购应用场景具有以下特点。
- 秒杀抢购活动通常约定一个开始时间。时间未到时,"购买"选项被置灰,时间到时才启用该选项。
- 瞬时并发量很大,可能是平时访问量的十倍、几十倍甚至更多。

- 商品库存有限，秒杀抢购活动通常要限定商品库存的上限，先到先得，抢完即止。
- 业务逻辑简单，秒杀抢购活动中的用户交互通常很少，用户只需要单击"购买"即可。Web 应用对抢购请求的处理流程如图 9-4 所示。

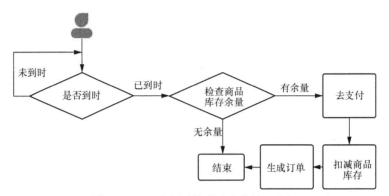

图 9-4　Web 应用对抢购请求的处理流程

9.3.4　传统架构的高并发瓶颈

秒杀抢购活动通常会吸引很多访客，造成很大的瞬时流量，从而对现有 Web 应用的硬件架构和软件架构都造成冲击，影响应用的正常使用。

如果使用传统的 Web 应用程序处理秒杀抢购活动，其架构如图 9-5 所示。

图 9-5　传统的 Web 应用程序处理秒杀抢购活动的架构

在传统的 Web 应用程序中，所有的业务逻辑都由部署在 Web 服务器上的 Web 应用程序完成。在处理秒杀抢购请求时，具体的步骤如下。

① 判断请求者是否登录。如果没有登录则跳转至登录页；否则继续。
② 判断抢购活动是否开始。如果尚未开始，则拒绝请求。
③ 判断抢购商品是否还有库存。如果已经没有库存，则提示用户；如果还有库存，则暂时扣减参与抢购的商品库存，并跳转至支付页。
④ 如果支付成功，则生成订单，扣减真正的商品库存。
⑤ 如果超时未支付则抢购失败，恢复商品库存。

传统 Web 应用程序在处理秒杀抢购活动所带来的瞬时高并发时，存在下面两个瓶颈点。
- Web 服务器：在处理瞬时高并发的访问请求时，Web 服务器的硬件（CPU、内存、网络带宽）会面临很大的压力，可能无法及时响应用户请求，造成用户页面锁死的情形。
- 数据库服务器：传统的 MySQL、SQL Server、Oracle 等数据库的数据是存储在硬盘上的，存取数据的效率比较低，特别是当数据库中的数据比较多时，查询和写入数据都比较慢。秒杀抢购导致的瞬时高并发使数据库服务器通常很难及时完成所有数据库操作，造成 Web 应用程序等待，响应用户请求的速度更慢。

9.3.5 秒杀抢购解决方案

通过对传统架构的高并发瓶颈进行分析，可以设计相应的解决方案，具体如下。

① 针对 Web 服务器的高并发瓶颈问题，可以采取服务器集群、前端优化、限流和削峰等措施予以应对。

② 针对数据库服务器的高并发瓶颈问题，可以采取高速缓存和消息队列等中间件，在秒杀抢购的过程中尽量避免访问数据库。

1．前置服务器集群

面对瞬时发生的海量访问，首先要保证 Web 服务器能够及时接受用户请求，然后才有后续的优化过程。从物理上看，瞬时接受并处理大量用户的请求，经典的解决方案就是采用前置服务器集群。部署若干个 Web 服务器并在其前面部署负载均衡网关，它可以是 Nginx、LVS 等负载均衡软件，也可以是 F5、Radware 和 Array 等硬件负载均衡器，将用户的请求按照负载均衡策略分配到不同的 Web 服务器进行处理，从而减少单台 Web 服务器的工作量。

2．前端性能优化

前置服务器集群只是应对秒杀抢购的硬件前提，如果没有对 Web 应用进行相应的优化，仅靠部署多台 Web 服务器是很难达到理想效果的。要理解这一点，首先应该了解 Web 服务器的工作原理。

Web 服务器接受用户请求后会启动一个线程处理用户请求，处理的流程如下：

① 加载用户请求页面的 HTML 模板。在 MVC 开发框架中就是视图页。
② 如果 HTML 模板包含 CSS 和 JS 等资源文件，还需要将其加载并应用。
③ 如果 HTML 模板包含图片，也需要一并加载显示。
④ 从数据库中加载 HTML 模板需要的内容，将其填充到 HTML 模板中。
⑤ 最终得到一个 HTML 网页，将其返回给客户端浏览器展示。以上过程被称为渲染。

在应对高并发时，需要对整个渲染过程中的各个环节进行优化，从而降低 Web 服务器处理的数据量。除了从数据库加载数据外，其他环节的优化过程都属于前端性能优化。一般来说，简单的前端优化就是对资源文件（图片文件、CSS 文件和 JS 文件等）进行压缩处理和 CDN 部署。前端性能优化是前端程序员的任务，不是本书关注的内容，这里不进行展开讨论。有兴趣的读者可以查阅相关资料了解。

3．限流

对于秒杀抢购应用场景而言，如果参与活动的海量访问请求都按传统的 Web 应用程序处理，势必会给 Web 服务器带来巨大的压力。为了疏解压力，有必要对访问流量进行限制，只让一定比例的请求进入后续处理流程。本书将在 9.3.6 小节介绍限流算法及其具体的实现方法。

4．削峰

秒杀抢购活动在刚刚开始时，会有瞬时的大量访问请求，形成瞬时流量高峰。秒杀抢购解决方案的关键在于把瞬时流量峰值平缓化，也就是所谓削峰。而削峰的技术核心是异步处理。传统的 Web 应用程序通常采用同步处理机制，也就是用户提交请求后，在线等待处理结果，其流程如图 9-6 所示。这样的处理机制很难快速地将流量高峰削平。

图 9-6 传统的 Web 应用程序处理秒杀抢购活动的流程

在异步处理机制中，用户提交请求后，不等待处理结果，而是直接返回。后端程序依次处理请求，处理完成后再将结果返回给用户。异步处理机制采取消息队列中间件缓存请求并通知处理结果，其工作流程如图 9-7 所示。

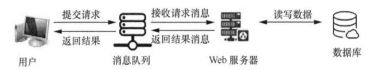

图 9-7 异步处理机制的工作流程

通常，秒杀抢购应用场景的总体解决方案如图 9-8 所示。

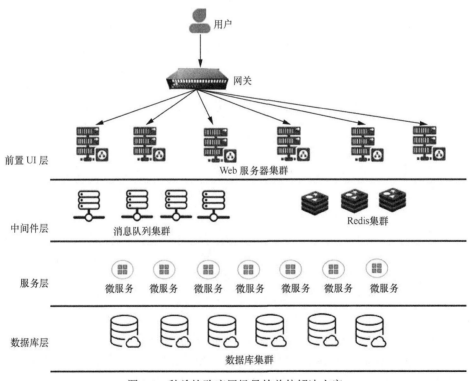

图 9-8 秒杀抢购应用场景的总体解决方案

解决方案由前置 UI 层、中间件层、服务层和数据库层组成，具体说明如下。

- 前置 UI 层：用于展示商品和处理用户的请求，通常由 Web 服务器集群组成。
- 中间件层：通常由消息队列集群和 Redis 集群组成。消息队列是前置应用和后端服务沟通的渠道，用于发送下单请求消息和接收处理结果消息；Redis 用于缓存抢购商品的库存信息和用户信息。
- 服务层：处理消息队列中的消息，并将处理结果序列化至数据库。
- 数据库层：用于存储数据。

9.3.6 限流算法及其实现

限流算法通常应用于前置 UI 层，其目的是限制海量流量流入后面的处理程序，减少应用的负载。

常用的限流算法包括令牌桶算法和漏桶算法。

1．令牌桶算法

令牌桶算法是网络流量整形和限制速率最常用的算法，即系统以一定的速率向桶中投放令牌，只有获取到令牌的请求才能被处理。令牌桶算法的工作原理如图 9-9 所示。

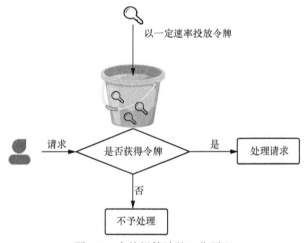

图 9-9　令牌桶算法的工作原理

定义一个类 TokensLimiter，实现令牌桶算法，代码如下。

```
@Slf4j
@Service
public class TokensLimiter {
    private final org.slf4j.Logger log = LoggerFactory.getLogger(TokensLimiter.class);
    // 最后一次令牌发放时间
    public long timeStamp = System.currentTimeMillis();
    // 桶的容量
    public int capacity = 10;
    // 令牌生成速度为10个/s
    public int rate = 10;
    // 当前令牌数量
    public int tokens;
    public boolean acquire() {
        long now = System.currentTimeMillis();
        // 当前令牌数
        log.info( "now - timeStamp: " + (now - timeStamp));
```

```
        tokens = Math.min(capacity, (int) (tokens + (now - timeStamp) * rate / 1000));
        log.info( "当前令牌数: " + tokens);
        timeStamp = now;
        if (tokens < 1) {
            // 若没有获得令牌,则拒绝
            log.info("限流了");
            return false;
        } else {
            // 还有令牌,获取令牌
            tokens--;
            log.info("剩余令牌=" + tokens);
        }
        return true;
    }
}
```

具体说明如下。

- 成员变量 capacity 标识桶的容量,这里默认为 10,实际应用中可以根据服务器的负载能力设置一个经验值,例如,100~1000 的一个值。
- 成员变量 rate 指定生成令牌的速度,也就是服务器处理请求的速率。这里默认指定为 10,即每秒投放 10 个令牌。代码按 rate 生成令牌,每次调用 acquire()方法消费一个令牌,如果令牌小于 1 则返回 false,否则返回 true。

2. 漏桶算法

漏桶算法的原理就好像生活中的一个漏桶,我们无法准确地知道桶中水的流入速率和容量,但是可以控制桶中水的流出速率。桶的容量是固定的,当水超出桶的容量时将会溢出。漏桶算法的原理如图 9-10 所示。

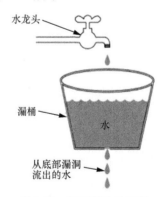

图 9-10 漏桶算法的原理

定义一个类 LeakyBucket,用于实现漏桶算法,代码如下。

```
public class LeakyBucket {
    public long timeStamp = System.currentTimeMillis();  // 当前时间
    public long capacity;      // 桶的容量
    public long rate;          // 水流出的速率
    public long water;         // 当前水量(当前累积请求数)
    public boolean grant() {
        long now = System.currentTimeMillis();
        // 先执行漏水,计算剩余水量
```

```
            water = Math.max(0, water - (now - timeStamp) * rate);
            timeStamp = now;
            if ((water + 1) < capacity) {
                // 尝试加水,并且水还未满
                water += 1;
                return true;
            } else {
                // 水满,拒绝加水
                return false;
            }
        }
    }
}
```

具体说明如下。

① 成员变量 capacity 代表桶的容量,在实际应用中代表网站可以接受的最大并发访问量。

② 成员变量 rate 代表水流出的速率,在实际应用中代表网站处理请求的速率。

③ 成员变量 water 代表桶中水的容量,在实际应用中代表未处理的网站请求数量。

④ grant()方法用于判断是否接受请求(桶中的水是否溢出)。代码首先根据速率 rate 计算流出的水容量(已经处理的请求数);然后从 water 变量中减去流出的量,得到桶中剩余的水容量;接着将剩余水量与 capacity 相比,如果尚有余量,没有溢出,则可以接受请求,执行 water += 1;否则拒绝接受请求。

这段代码仅用于演示漏桶算法的实现原理。在分布式系统中,capacity、rate 和 water 的值通常存储在 Redis 中,以便服务器集群中不同的服务器共享使用。

9.4 秒杀抢购实例

本节通过一个实例演示秒杀抢购解决方案的实现方法。

9.4.1 简单架构设计

秒杀抢购实例的简单架构如图 9-11 所示。

本实例分为前置 UI 层、中间件层和后端服务层,具体描述如下。

- 前置 UI 层:本实例中的前置 UI 层包含抢购商品列表页、详情页和订单页共 3 个页面。为了减少前置 Web 服务器的页面渲染处理工作量,这里将商品列表页和商品详情页静态化,设计成 HTML 网页。商品详情页实现访问限流处理。通过限流过滤的请求可以从 Redis 中检查商品的库存,并通过 RocketMQ 给后端服务层发送下单请求消息。如果下单成功,订单会出现在用户的订单页中。
- 中间件层:由 RocketMQ 消息队列和高速缓存 Redis 组成。
- 后端服务层:通过微服务架构实现,负责对下单请求进行处理,并将处理结果保存至数据库,返回处理结果至 Redis。

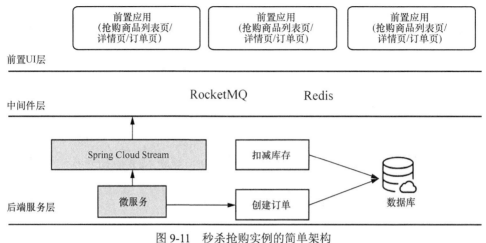

图 9-11 秒杀抢购实例的简单架构

9.4.2 前置 UI 层

前置 UI 层的项目名称为 seckill-front。前置 UI 层的工作流程如下。
- 用户浏览抢购商品列表页。
- 单击进入抢购商品详情页。
- 在抢购商品详情页中单击"立即抢购",提交抢购申请。
- 检查是否到达抢购开始时间,如果未到,则跳转至等待页。
- 如果已经超过抢购开始时间,则经过漏桶算法限流。
- 向 RocketMQ 发送抢购消息。
- 跳转至 buy.html 页面,并在页面中每秒检查一次抢购申请的结果。
- 如果结果为 ok,则提示抢购成功。

1. 页面设计

在项目 seckill-front 中,HomeController 的代码如下。

```
@Controller
@RequestMapping("/")
public class HomeController {
    @RequestMapping("/list")
    public String list() {
        return "list";
    }
    @RequestMapping("/details1")
    public String details1() {
        return "details1";
    }
    @RequestMapping("/details2")
    public String details2() {
        return "details2";
    }
    @RequestMapping("/details3")
```

```
    public String details3() {
        return "details3";
    }
    @RequestMapping("/details4")
    public String details4() {
        return "details4";
    }
    @RequestMapping("/details5")
    public String details5() {
        return "details5";
    }
    @RequestMapping("/details6")
    public String details6() {
        return "details6";
    }
    @RequestMapping("/details7")
    public String details7() {
        return "details7";
    }
    @RequestMapping("/details8")
    public String details8() {
        return "details8";
    }
    @RequestMapping("/details9")
    public String details9() {
        return "details9";
    }
    @RequestMapping("/details10")
    public String details10() {
        return "details10";
    }
}
```

路由/list 对应 list.html，用于定义抢购商品列表页。本页面仅供演示，其中包含 6 个商品，如图 9-12 所示。

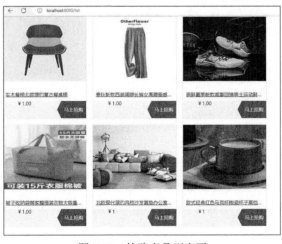

图 9-12　抢购商品列表页

由于篇幅所限，这里就不详细介绍 list.html 的代码。单击商品图片或链接可以打开商品详情页。

商品详情页分别为 details1.html、details2.html、details3.html、details4.html、details5.html 和 details6.html。

浏览 details1.html 的效果如图 9-13 所示。

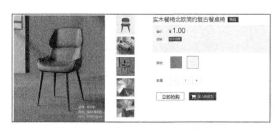

图 9-13　浏览 details1.html 的效果

其中"立即抢购"选项的定义代码如下。

```
<a href="/Order/buy?goodsid=1"><img src="/images/shangpinxiangqing/X17.png"></a>
```

参数 goodsid 表示要抢购的商品 id。对路径/Order/buy 的请求由控制器 OrderController 负责处理。OrderController 是订单控制器，其代码如下。

```
@Controller
@RequestMapping("/Order")
public class OrderController {
    @Resource
    ISenderService senderService;
    @Autowired
    TokensLimiter tokensLimiter;
    @Autowired
    private StringRedisTemplate template;
    @RequestMapping("/buy")
    public String buy(int goodsid, Model m) {
        if (tokensLimiter.acquire()) {
            String starttime = template.opsForValue().get("seckill.starttime");
            System.out.println(starttime);
            SimpleDateFormat bjSdf = new SimpleDateFormat("yyyy-MM-dd HH:mm:ss"); // 北京
            bjSdf.setTimeZone(TimeZone.getTimeZone("Asia/Shanghai")); // 设置北京时区
            String strNow = bjSdf.format(System.currentTimeMillis());
            System.out.println("now:" + strNow);
            if (strNow.compareTo(starttime) < 0)
                return "redirect:/waiting";
            UUID uuid = UUID.randomUUID();
            SeckillMessage msg = new SeckillMessage();
            msg.setGoodsid(goodsid);
            msg.setUsername(uuid.toString());
            // 将需要发送的消息封装为 Message 对象
            Message message = MessageBuilder.withPayload(msg).build();
            senderService.apply().send(message);
            m.addAttribute("ticket", uuid.toString());
            m.addAttribute("goodsid", goodsid);
```

```
            return "buy";
        } else
            return "redirect:/busy";
    }
    …
}
```

在 buy()方法中调用 tokensLimiter.acquire()方法获取令牌。如果可以获取令牌，则跳转至/buy.html 页面，否则表示已经限流，跳转至/busy.html。

2．检查开始时间

buy()方法还需要检查抢购活动的开始时间是否到了，如果没有到，则提示等候。检查开始时间有以下两个关键点。

① 如何存储开始时间。建议存储在 Redis 中，本例存储在"seckill.starttime"键中。

② 如何获取当前时间。为了统一各前置服务器的时间，建议获取网络时间；也可以将前置服务器的时间设置精确，然后读取本地服务器时间。本实例采用后者。

改进 buy()方法，增加检查开始时间的代码，具体如下。

```
@RequestMapping("/buy")
public String buy(int goodsid, Model m) {
    if (tokensLimiter.acquire()) {
        String starttime = template.opsForValue().get("seckill.starttime");
        System.out.println(starttime);
        SimpleDateFormat bjSdf = new SimpleDateFormat("yyyy-MM-dd HH:mm:ss"); // 北京
        bjSdf.setTimeZone(TimeZone.getTimeZone("Asia/Shanghai")); // 设置北京时区
        String strNow = bjSdf.format(System.currentTimeMillis());
        System.out.println("now:" + strNow);
        if (strNow.compareTo(starttime) < 0)
            return "redirect:/waiting";
        …
        return "buy";
    } else
        return "redirect:/busy";
}
```

为了可以在程序中访问 Redis，需要在 pom.xml 增加以下依赖。

```
<dependency>
        <groupId>org.springframework.boot</groupId>
        <artifactId>spring-boot-starter-data-redis</artifactId>
    </dependency>
    <dependency>
```

在 application.yml 中添加以下代码，配置 Redis 服务器的参数，请根据具体情况进行配置。

```
spring:
 redis:
  host: 192.168.1.103
  password: redispass
  port: 6379
```

3．发送下单消息

为了达到削峰的效果，本实例在前置 UI 层与后端服务层之间通过 RocketMQ 消息队列传递数据。

（1）添加项目的依赖

在项目 seckill-front 的 pom.xml 中添加 Spring Cloud Alibaba RocketMQ 和 Redis 相关的依赖，代码如下。

```xml
<properties>
        <spring-boot.version>2.7.6</spring-boot.version>
        <!-- spring cloud -->
        <spring-cloud.version>2021.0.5</spring-cloud.version>
        <spring-cloud-alibaba.version>2021.1</spring-cloud-alibaba.version>
        <java.version>1.8</java.version>
</properties>
<dependencyManagement>
        <dependencies>
            <dependency>
                <groupId>org.springframework.boot</groupId>
                <artifactId>spring-boot-starter-parent</artifactId>
                <version>${spring-boot.version}</version>
                <type>pom</type>
                <scope>import</scope>
            </dependency>
            <dependency>
                <groupId>org.springframework.cloud</groupId>
                <artifactId>spring-cloud-dependencies</artifactId>
                <version>${spring-cloud.version}</version>
                <type>pom</type>
                <scope>import</scope>
            </dependency>
            <dependency>
                <groupId>com.alibaba.cloud</groupId>
                <artifactId>spring-cloud-alibaba-dependencies</artifactId>
                <version>${spring-cloud-alibaba.version}</version>
                <type>pom</type>
                <scope>import</scope>
            </dependency>
        </dependencies>
</dependencyManagement>
<dependencies>
        ...
        <dependency>
            <groupId>org.springframework.boot</groupId>
            <artifactId>spring-boot-starter-data-redis</artifactId>
            <version>2.7.6</version>
        </dependency>
        <!-- 引入 Spring Cloud Alibaba Stream RocketMQ 相关依赖，将 RocketMQ 作为消息队列，并对其实现自动配置 -->
        <dependency>
            <groupId>com.alibaba.cloud</groupId>
            <artifactId>spring-cloud-starter-stream-rocketmq</artifactId>
            <version>2021.1</version>
```

```xml
        </dependency>
        ...
    </dependencies>
```

（2）配置文件

配置文件 application.yml 的代码如下。

```yaml
spring:
  application:
    name: sec-kill
  redis:
    host: 127.0.0.1
    port: 6379
    password: redispass
  cloud:
    # Spring Cloud Stream 配置项
    stream:
      # Binding 配置项
      bindings:
        seckill-exchange:
          destination: SEC-KILL-TOPIC-01 # 目的地，这里使用 RocketMQ Topic
          content-type: application/json # 内容格式，这里使用 JSON
      # Spring Cloud Stream RocketMQ 配置项
      rocketmq:
        # RocketMQ Binder 配置项
        binder:
          name-server: 127.0.0.1:9876 # RocketMQ Namesrv 地址
        # RocketMQ 自定义 Binding 配置项
        bindings:
          seckill-exchange:
            # RocketMQ Producer 配置项
            producer:
              group: seckill # 生产者分组
              sync: true # 是否同步发送消息，默认为 false 异步
server:
  port: 8080
```

代码定义了 Redis 和 RocketMQ 的基本配置信息。配置项 seckill-exchange 定义了前置 UI 层与后端服务层交换消息的 Spring Cloud Stream 绑定器。

（3）创建消息发送者接口

创建消息发送者接口 ISenderService，代码如下。

```java
public interface ISenderService{
    @Output("seckill-exchange")
    MessageChannel apply();
}
```

代码通过@Output 注解指定使用绑定器 seckill-exchange 发送消息。@Output 注解的返回结果为 MessageChannel 类型对象，可以使用它发送消息。

（4）定义消息类

为了在前置 UI 层与后端服务层之间传递消息，需要定义一个消息类 SeckillMessage，代码如下。

```java
/**
 * 消息类
 */
public class SeckillMessage {
    // 抢购商品 id
    private Integer goodsid;
    // 用户名
    private String Username;
    public Integer getGoodsid() {
        return goodsid;
    }
    public void setGoodsid(Integer goodsid) {
        this.goodsid = goodsid;
    }
    public String getUsername() {
        return Username;
    }
    public void setUsername(String username) {
        Username = username;
    }
}
```

(5) 发送下单消息

改进类 OrderController，增加发送下单消息的功能。首先在类 OrderController 添加以下代码，定义用于发送消息的 senderService 对象。

```java
@Resource
ISenderService senderService;
```

然后完善 buy() 方法，增加发送下单消息的功能，代码如下。

```java
@RequestMapping("/buy")
public String buy(int goodsid, Model m) {
    if (tokensLimiter.acquire()) {
        String starttime = template.opsForValue().get("seckill.starttime");
        System.out.println(starttime);
        SimpleDateFormat bjSdf = new SimpleDateFormat("yyyy-MM-dd HH:mm:ss"); // 北京
        bjSdf.setTimeZone(TimeZone.getTimeZone("Asia/Shanghai")); // 设置北京时区
        String strNow = bjSdf.format(System.currentTimeMillis());
        System.out.println("now:" + strNow);
        if (strNow.compareTo(starttime) < 0)
            return "redirect:/waiting";
        UUID uuid = UUID.randomUUID();
        SeckillMessage msg = new SeckillMessage();
        msg.setGoodsid(goodsid);
        msg.setUsername(uuid.toString());
        // 将需要发送的消息封装为 Message 对象
        Message message = MessageBuilder.withPayload(msg).build();
        senderService.apply().send(message);
        m.addAttribute("ticket", uuid.toString());
        m.addAttribute("goodsid", goodsid);
        return "buy";
    } else
```

```
            return "redirect:/busy";
    }
```

参数 goodsid 是抢购商品的 id。因为本实例没有用户表，所以这里使用 UUID 生成一个唯一标识，用来模拟用户名。

发送抢购申请消息的前提如下。

① 抢购开始时间已到。

② 用户的访问请求经过了限流算法过滤。

代码将抢购商品的 id 和用户名封装在消息对象 msg 中，使用 senderService 对象将消息发送到 RocketMQ 消息队列。

（6）定义启动类

项目的启动类代码如下。

```
@SpringBootApplication
@EnableBinding(ISenderService.class)
public class SeckillFrontApplication {

    public static void main(String[] args) {
        SpringApplication.run(SeckillFrontApplication.class, args);
    }
}
```

代码使用@EnableBinding 注解指定项目绑定到 ISenderService 接口。

4．提交抢购申请后轮询结果

用户提交抢购申请消息后，跳转至 buy.html 页面。页面每秒轮询抢购申请结果的代码如下。

```
<!doctype html>
<!-- <html class="no-js" lang=""> -->
<html xmlns:th="http://www.thymeleaf.org">
<head>
<meta charset="utf-8">
<script src="/js/jquery-2.1.1.js"></script>
<script>
    var id;
    // 每秒执行一次poll()方法
    $(document).ready(function() {
        id = window.setInterval(poll, 1000);
    });
    function poll() {
        console.log("ticket:" + $("#ticket").val());
        htmlobj = $.ajax({
            url : "/Order/query_result",
            type : "GET",
            data : {
                ticket : $("#ticket").val(),
                goodsid : $("#goodsid").val()
            },
            cache : false,
            async : false,
```

```
            success : function(data) {
                console.log("data: "+data);
                if (data == "ok") {
                    clearInterval(id);
                    alert("恭喜你！抢购成功了！");
                    self.location='/list';

                } else if(data !="" && data!= null) {
                    alert(data);
                    self.location='/details'+$("#goodsid").val();
                }
            },
            error : function(err) {
                alert(err);
            }
        });
    }
</script>
</head>
<body>
    <a
        th:text="${'您的抢购申请已经被接受，请耐心等候处理结果。抢购商品编号：'+goodsid+', ticket='+ticket}"></a>
    <input id="ticket" type="hidden" th:value="${ticket}" />
    <input id="goodsid" type="hidden" th:value="${goodsid}" />
</body>
</html>
```

程序每秒调用 poll()函数。poll()函数的工作流程如下。

① 获取代表用户的 uuid，在 buy.html 中将 uuid 保存在一个 id 为"ticket"的隐藏域中。

② 通过$.ajax()函数调用 OrderController 的 query_result()方法，获取抢购结果。query_result()方法的代码如下。

```
    @RequestMapping("/query_result")
    @ResponseBody
    public String query_result(int goodsid, String ticket) {
        String result = template.opsForValue().get("seckill.result." + ticket);
        System.out.println(ticket + ":" + result);
        return result;
    }
```

本实例约定当后置服务层接收到抢购申请消息并处理完成后，将处理结果存储在 Redis 中，键为"seckill.result." + ticket。如果抢购成功，则值为"ok"，否则抢购失败。如果抢购成功，则弹框提示"恭喜你！抢购成功了！"，然后跳转至抢购商品列表页。

9.4.3 后端服务层

本实例的后端服务层项目名为 seckill_backservice，主要实现以下功能：

① 接收抢单请求消息；

② 再次判断是否到达开始抢购的时间；

③ 判断待抢购商品的库存是否足够；

④ 将抢购商品的结果保存在 Redis 中，以便前置应用查询；

⑤ 将要保存到数据库的订单数据存储至可轮询的 Redis 键（seckill.order）中，以便在后置服务中启动定时任务读取并将其中的订单数据保存到数据库中。

1. 项目的依赖

在 pom.xml 中添加 Redis 和 RocketMQ 的相关依赖，代码与 seckill-front 项目中相似。

作为微服务，seckill_backservice 还需要注册到 Nacos。因此需要在 pom.xml 中添加 Nacos 服务发现依赖的代码，具体如下。

```xml
<!-- Nacos 服务发现 -->
<dependency>
    <groupId>com.alibaba.cloud</groupId>
    <artifactId>spring-cloud-starter-alibaba-nacos-discovery</artifactId>
</dependency>
```

2. 配置文件

在配置文件 application.yml 中，指定注册 Redis、RocketMQ 和 Nacos 服务的配置信息，代码如下。

```yaml
spring:
  application:
    name: seckill-backservice
  redis:
    host: 127.0.0.1
    password: redispass
    port: 6379
  cloud:
    nacos:
      server-addr: 127.0.0.1:8848 # Nacos 服务的地址
      # Spring Cloud Stream 配置项
    stream:
        # Binding 配置项
      bindings:
        seckill-exchange:
          destination: SEC-KILL-TOPIC-01 # 目的地，这里使用 RocketMQ Topic
          content-type: application/json # 内容格式，这里使用 JSON
          group: demo-consumer-group-DEMO-TOPIC-01 # 消费者分组
        # Spring Cloud Stream RocketMQ 配置项
      rocketmq:
        # RocketMQ Binder 配置项
        binder:
          name-server: 127.0.0.1:9876 # RocketMQ Namesrv 地址
        # RocketMQ 自定义 Binding 配置项
        bindings:
          seckill-exchange:
            # RocketMQ Consumer 配置项
            consumer:
              enabled: true # 是否开启消费，默认为 true
              broadcasting: false # 是否使用广播消费，默认为 false 使用集群消费
server:
```

```
port: 9002
```

其中，RocketMQ 的配置与前置 UI 层中的配置是对应的。

3．启动类

项目启动类的代码如下。

```
@SpringBootApplication
@EnableDiscoveryClient
@EnableScheduling
public class SeckillBackServiceApplication {
    public static void main(String[] args) {
        SpringApplication.run(SeckillBackServiceApplication.class, args);
    }
}
```

代码使用@EnableDiscoveryClient 注解指定将服务实例的信息暴露给服务消费者，使用@EnableScheduling 注解指定在项目中启用定时任务机制。

4．接收抢单请求消息

创建接收消息的接口 IReceiverService，代码如下。

```
public interface IReceiverService {
    String INPUT = "seckill-exchange";
    @Input(INPUT)
    SubscribableChannel seckill_apply();
}
```

接口定义了一个 seckill_apply()方法，返回 SubscribableChannel 对象，也就是一个可订阅的通道，用于监听抢购申请消息。

5．处理抢购申请消息

创建处理消息的类 ReceiverService，代码如下。

```
@Component
@EnableBinding(IReceiverService.class)
public class ReceiverService {
    private Logger logger = LoggerFactory.getLogger(getClass());
    @Autowired
     private StringRedisTemplate template;

    @StreamListener(IReceiverService.INPUT)
    public void onMessage(@Payload SeckillMessage message) {
    Thread.currentThread().getId()+"message content: {}]"+
message.getGoodsid()+","+message.getUsername());
        logger.info("[onMessage][thread id:{} message content:{}]",Thread. Current Thread().
getId(), message);
        try {
            int goodsid = message.getGoodsid();
            String ticket= message.getUsername();
            String result_key ="seckill.result." + ticket;
            // 判断是否到达抢购开始时间
            if(!ifStart())
            {
                // 将结果写入 Redis
```

```
                template.opsForValue().set(result_key, "抢购活动尚未开始,请耐心等候");
            }
            // 判断库存是否足够
            if(!checkstock(goodsid)) {// 库存不足
                // 将结果写入 Redis
                template.opsForValue().set(result_key, "库存不足");
            }
            else // 抢购成功
            {
                // 将结果写入 Redis
                template.opsForValue().set(result_key, "ok");
                saveOrder2redis(ticket, goodsid);
            }
        }
        catch(Exception ex)
        {
            ex.printStackTrace();
        }
    …
}
```

收到抢购申请消息后,代码首先解析消息,然后进行以下处理。
- 调用 ifStart()方法判断是否到达抢购开始时间。
- 调用 checkstock()方法判断库存是否足够。如果库存不足,则向 Redis 的结果键中写入"库存不足"。Redis 中的结果键的格式为"seckill.result." + ticket。如果有足够的库存,则向 Redis 的结果键中写入"ok",然后调用。
- 调用 saveOrder2redis()方法向 Redis 的保存订单键中写入订单信息。

ifStart()方法的代码如下。

```
private boolean ifStart() {
    String starttime = template.opsForValue().get("seckill.starttime");
    System.out.println(starttime);
    SimpleDateFormat bjSdf = new SimpleDateFormat("yyyy-MM-dd HH:mm:ss"); // 北京
    bjSdf.setTimeZone(TimeZone.getTimeZone("Asia/Shanghai")); // 设置北京时区
    String strNow = bjSdf.format(System.currentTimeMillis());
    System.out.println("now: " + strNow);
    if (strNow.compareTo(starttime) < 0)
        return false;
    return true;
}
```

checkstock()方法的代码如下。

```
private boolean checkstock(int goodsid) {
    long stock = template.boundValueOps("seckill.stock."+goodsid).decrement();
    if (stock > 0)
        return true;
    return false;
}
```

在抢购活动开始之前,需要将所有抢购商品的库存上限写入 Redis,对应的键为"seckill.stock."+goodsid。decrement()方法将库存减 1,并返回之后的库存数量。因为

StringRedisTemplate 是线程安全的，所以不会出现多个请求同时执行减 1 操作而没有扣减库存的情况。如果返回的库存数量 stock 大于 0，则说明抢购成功。如果库存不足，也不需要将库存数量恢复，因为 Redis 中的库存数量仅用于标识商品是否有抢购余量，并不标识实际库存，在这个意义上，库存为 0 和库存为负数是一样的。

如果抢购成功，则向 Redis 的结果键中写入 "ok"，然后调用 saveOrder2redis()方法，将抢购成功的订单数据保存在 Redis 中。saveOrder2redis()方法的代码如下。

```java
private void saveOrder2redis(String ticket, int goodsid) {
    // 拼接订单数据
    String value = ticket+","+goodsid+","+System.currentTimeMillis();
    System.out.println("saveOrder2redis:"+ value);
    long r =template.opsForList().rightPush("seckill.order", value);
    System.out.println("r:"+ r);
}
```

opsForList()方法用于操作 Redis 中的列表，这里将所有抢购成功的订单先缓存在 "seckill.order"键中。

在高并发的情况下，大量订单数据同步地保存到数据库会增加服务器的负载，造成响应瓶颈。本实例采用异步方式保存订单数据，将抢购成功的订单先缓存在 Redis 中，然后由后端服务层定期轮询并处理消息，这样就可以控制处理的节奏，避免集中访问数据库。

6. 将订单保存至数据库的定时任务

本实例利用 Spring 框架的定时任务机制，定期轮询 Redis 中的订单数据。在 SaveOrderService 类中定义一个 run()方法，代码如下。

```java
@Scheduled(fixedRate = 1000)
public void run() {
    String strOrder = template.opsForList().leftPop("seckill.order");
    if (strOrder == null || strOrder == "")
        return;
    System.out.println(strOrder);
    String arr[] = strOrder.split(",");
    if (arr.length < 3)
        return;
    String ticket = arr[0];
    String strGoodsid = arr[1];
    String strTime = arr[2];
    int goodsid = 0;
    goodsid = Integer.parseInt(strGoodsid);
    long time = 0;
    time = Long.parseLong(strTime);
    SimpleDateFormat format =  new SimpleDateFormat("yyyy-MM-dd HH:mm:ss");
    strTime = format.format(time);
    // 保存订单记录
    LOG.info("order: goodsid:"+goodsid+", ticket:"+ticket+", time:"+strTime);
    // 数据库中库存减1
    LOG.info("stock deduce: goodsid:"+goodsid);
}
```

@Scheduled(fixedRate = 1000)注解指定每秒执行一次 run()方法。因为本实例旨在演示秒杀抢购的解决方案，所以这里并没有真正地存储数据库，而是简单地记录日志。

定时任务需要做以下两件事。

① 保存订单记录。为了简化流程，本实例没有涉及支付环节，只要抢购成功，即可生成订单。

② 数据库中库存减 1，此处是商品的真实库存。

9.4.4 运行秒杀抢购实例

为了演示秒杀抢购实例，按照以下步骤在 Ubuntu 服务器上运行本实例。

1．部署实例

① 将 seckill-front 项目打包，得到 seckill-front-0.0.1-SNAPSHOT.jar。

② 将 seckill_backservice 项目打包，得到 seckill_backservice-0.0.1-SNAPSHOT.jar。

③ 在 Ubuntu 服务器的/usr/local 目录下创建子文件夹 seckill，用于存储秒杀抢购实例的 jar 包和配置文件。

④ 在 Ubuntu 服务器的/usr/local/seckill 目录下创建子文件夹 front，用于存储秒杀抢购实例前置 UI 层的 jar 包和配置文件。将 seckill-front-0.0.1-SNAPSHOT.jar 及其对应的 application.yml 上传至该目录。

⑤ 在 Ubuntu 服务器的/usr/local/seckill 目录下创建子文件夹 back，用于存储秒杀抢购实例后端服务层的 jar 包和配置文件。将 seckill_backservice-0.0.1-SNAPSHOT.jar 及其对应的 application.yml 上传至该目录。

2．运行实例

① 确保 Redis 服务已经启动。

② 确保 RocketMQ 服务已经启动。

③ 确保 Nacos 服务已经启动。

④ 打开 Redis 客户端软件，设置键 seckill.starttime 的值为抢购开始时间。

⑤ 设置键 seckill.stock.<商品编号>的值为指定商品的库存数量。例如设置 seckill.stock.1 的值为 10，表示指定商品 1 的库存为 10。

⑥ 以 jar 包形式运行 Ubuntu 服务器上的 seckill-front 项目。

⑦ 以 jar 包形式运行 Ubuntu 服务器上的 seckill_backservice 项目。

在浏览器中访问以下 URL。

```
http://192.168.1.103:8080/details1
```

单击"立即抢购"，打开等候抢购结果的页面，如图 9-14 所示。

图 9-14　等候抢购结果的页面

从图 9-14 可以看到程序定时轮询处理结果。如果处理结果为 ok，则提示"恭喜你！抢购成功了！"，然后返回商品列表页。

后端服务层会接收到抢购申请消息，处理消息的输出信息如图 9-15 所示。

```
: order?goodsid:1, ticket:63a668e5-a00c-4390-83ae-6b67c4bf45fe, time:2023-04-17 23:57:53
: stock deduce?goodsid:1
```

图 9-15　处理消息的输出信息

输出信息包含以下 2 行。

- 第 1 行表示订单的基本数据。goodsid 代表订单中商品的 id，ticket 代表下单的用户名。
- 第 2 行表示对 goodsid=1 的商品扣减库存。在实际应用中，应该将相关代码替换为操作数据库的代码。

由于篇幅所限，本实例重点关注秒杀抢购的解决方案的实现，UI 设计和业务逻辑都比较简单，实际应用的情形要更复杂一些，比如本实例并没有考虑同一个用户重复抢购的限制问题。

第 10 章

微服务应用的部署

微服务架构是一个分布式系统,其中包含很多组件,因此微服务应用的部署是比较烦琐的。本章介绍小型微服务应用的部署方式。小型微服务应用包含的组件和微服务实例不多,通常在 10 个以内。通常,小型微服务应用可以采用以下两种部署方式。
- 以服务方式部署,具体方法将在 10.1 节介绍。
- 以容器化方式部署,具体方法将在 10.2 节介绍。

比较大型的微服务应用在实际应用中通常选择使用 Kubernetes 或 Docker Swarm 平台实现容器化部署。

10.1 以服务方式部署和运行微服务应用

本书在前面介绍运行实例时,都是采用 jar 包运行的方式。微服务应用在上线后需要长期运行,而且组件众多,每次重启服务器都手动地以 jar 包形式运行应用显然是不合适的。为了方便管理,小型微服务应用通常以服务方式部署和运行。

本节以第 2 章介绍的项目 SpringBootMVCdemo 为例,演示在 Ubuntu 服务器中以服务方式部署和运行微服务应用的方法。以服务方式部署和运行微服务应用的步骤如下。
- 生成项目的jar包。默认生成的jar包文件为SpringBootMVCdemo-0.0.1- SNAPSHOT.jar。
- 编辑服务文件。
- 使服务生效。
- 手动启动和停止服务,设置服务自启动。

10.1.1 编辑服务文件

Linux 可以通过一个.service 文件来定义一个自定义服务,其中定义服务的基本信息和执行的命令。

在编辑服务文件之前,需要先将项目的 jar 包文件上传至 Linux 服务器。

假定在 Ubuntu 服务器上的/usr/local 目录下创建一个 service 文件夹，用于保存要部署的 jar 包及其对应的配置文件 application.yml。

在 service 文件夹下创建一个 SpringBootMVCdemo 文件夹，将 SpringBootMVCdemo-0.0.1-SNAPSHOT.jar 及对应的配置文件 application.yml 上传至该文件夹。

服务对应的 service 文件保存在/etc/systemd/system 文件夹下。

执行下面命令，编辑 demo.service，定义项目 SpringBootMVCdemo 对应的服务。

```
cd /etc/systemd/system
vi demo.service
```

demo.service 的内容如下。

```
[Unit]
Description=SpringBootMVCdemo service

[Service]
Type=simple
ExecStart= /usr/bin/java -jar /usr/local/service/SpringBootMVCdemo/SpringBootMVCdemo-
0.0.1-SNAPSHOT.jar --spring.config. location=/usr/local/service/SpringBoot MVCdemo/
application.yml

[Install]
WantedBy=multi-user.target
```

demo.service 包含了[Unit]、[Service]和[Install]这 3 个部分，具体说明如下。

- [Unit]：包含服务的通用信息，Description 属性指定服务的描述信息。
- [Service]：包含服务的具体内容，ExecStart 属性指定启动服务的命令。这里以 jar 包形式运行 SpringBootMVCdemo-0.0.1-SNAPSHOT.jar。
- [Install]：包含服务的启用信息，WantedBy=multi-user.target 指定当前服务是专用于多用户且为命令行模式下的服务。

保存并退出后，执行下面的命令刷新服务配置文件，使服务生效。

```
systemctl daemon-reload
```

10.1.2 启动和停止服务

启动 demo.service 的命令如下。

```
systemctl start demo.service
```

执行下面的命令可以查看 demo 服务的状态。

```
systemctl status demo.service
```

如果返回图 10-1 所示的结果，状态为 active (running)，则说明服务已经成功启动。

每次都手动启动服务显然比较麻烦，可以执行下面的命令设置自动启动 demo 服务。

```
systemctl enable demo.service
```

启动 Nacos，执行以下命令，重新启动 demo 服务。

```
systemctl restart demo.service
```

打开浏览器，访问以下 URL。

```
http://192.168.1.103:8080/mvc/hello
```

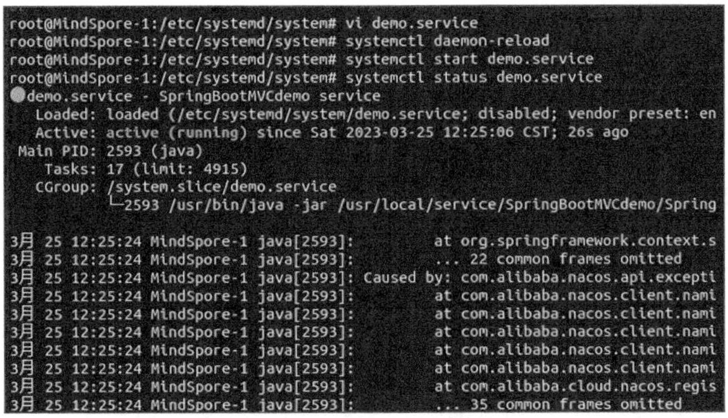

图 10-1　查看 demo 服务的状态

如果页面显示 hello 字符串，则说明 demo 服务已经正常工作。

10.2　以容器化方式部署和运行微服务应用

Web 应用开发完成后，需要搭建测试环境。通过测试后，还需要搭建生产环境。这个过程存在很多重复劳动，每次搭建环境都需要安装和配置相同的软件，比如 JDK、数据库、用户应用程序等。

容器化是目前非常流行的部署 Web 应用的方法。容器是软件的一个标准单元，其中打包了代码和运行代码所有依赖的软件环境，以便使应用程序可以快捷、稳定地运行。因为容器是相对独立存在的，所以它可以很方便地在不同环境下实现应用程序的迁移。使用容器部署 Web 应用的过程被称为容器化。

10.2.1　Docker 概述

Docker 是一个开源的引擎，使用 Docker 可以很轻松地为任何应用创建轻量级的、便于移植的、自包含的容器。Docker 具有以下特性。

1．快速部署

开发者可以使用一个标准镜像来构建一个开发容器。开发结束时，运维人员可以直接使用此容器去部署应用。Docker 可以很快地创建容器、遍历应用程序，而且整个过程是可见的。Docker 容器可以实现秒级启动，大量节省开发、测试和部署时间。

2．更高效的虚拟化

Docker 不需要任何虚拟机监视器的支持，因此它可以说是内核级的虚拟化，可以最大限度地提升应用程序的性能和效率。

3．更便于迁移和扩展

Docker 容器几乎可以在所有的平台上运行，包括物理机、虚拟机、公有云、私有云、PC 和服务器等，还可以直接在各平台间迁移应用程序。

4．隔离性

Docker 容器将应用程序与资源隔离，也将不同的应用程序隔离，这样它们就不会互相影响，比如一个应用程序因占用大量系统资源而导致其他应用不稳定。

5．安全

Docker 可以确保容器中运行的应用程序与其他应用程序完全分开和隔离，运维人员可以完全控制和管理容器内的应用程序，保障应用程序的安全。

10.2.2　Docker 的基本概念

本小节介绍 Docker 的几个基本概念，为进一步学习奠定基础。

1．镜像

镜像是一个轻量级的、独立的、可以执行的包，其中包含运行指定软件所需要的一切，包括代码、库、环境变量和配置文件等。

2．容器

容器是镜像的一个运行实例。如果将镜像比作类的话，则容器就是类的一个实例化的对象。当镜像被加载到内存中并实际执行时，它与主机环境是完全隔离的，只访问主机上的文件和端口。

3．标签

标签用于标记镜像的版本。

4．栈

栈是一组相互关联的服务，这些服务可以共享依赖、一起被编排，从而实现 Web 服务器集群。

5．镜像仓库

镜像仓库用于存储 Docker 镜像，可以分为公有仓库和私有仓库两种类型。公有仓库是开放的仓库，最大的公有仓库是 Docker Hub。私有仓库是用户自己搭建的，用于存储私有镜像，其他人无权访问。

6．注册服务器

注册服务器（Registry）是用于管理镜像仓库的服务器。

注册服务器、镜像仓库、标签和镜像的关系如图 10-2 所示。

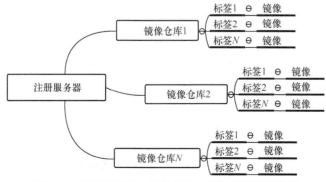

图 10-2　注册服务器、镜像仓库、标签和镜像的关系

10.2.3　Docker 与虚拟机的对比

对于初学者而言，Docker 与虚拟机很相似，都是在物理主机的基础上搭建一个虚拟的环境，在这个独立的虚拟环境中部署和运行应用程序。那么，Docker 与虚拟机的区别是什么呢？

对比一下 Docker 与虚拟机的架构：Docker 的架构如图 10-3 所示，虚拟机的架构如图 10-4 所示。

图 10-3　Docker 的架构

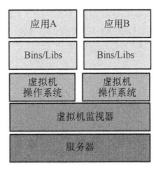
图 10-4　虚拟机的架构

Docker 容器运行在服务器的操作系统上，与其他容器共享主机的内核。每个容器运行一个独立的进程，并不比其他的进程占用更多的内存。而且 Docker 容器不需要有独立的操作系统，它建立在 Docker 引擎的基础上。虚拟机建立在虚拟机监视器的基础上。虚拟机监视器是一种运行在基础物理服务器和虚拟机操作系统之间的中间软件层，可允许多个操作系统和应用共享硬件。

从架构上可以看到，Docker 与虚拟机的区别如下。
- 与虚拟机相比，Docker 更轻量，占用更少的系统资源。
- 虚拟机通过虚拟机监视器访问主机系统资源，而 Docker 容器可以直接访问主机的内核，几乎没有性能的损耗。因此 Docker 容器运行更高效。
- 在 Docker 容器中，应用及其二进制文件和库文件（Bins/Libs）运行在 Docker 引擎之上；而在虚拟机环境中，Bins/Libs 运行在虚拟机操作系统之上。
- 由于 Docker 容器没有操作系统，因此可以很快地运行应用，实现秒级启动；虚拟机通常需要几分钟的时间启动虚拟机操作系统。
- 由于 Docker 容器没有操作系统，它只能实现进程之间的隔离；虚拟机则可以实现系统级的隔离。
- 由于 Docker 容器没有操作系统，因此它的 root 用户等同于宿主机的 root 用户，可以对宿主机进行无限制的操作。而虚拟机因为有自己的操作系统，所以它的安全性要高于 Docker。

10.3　使用 Docker 实现容器化部署

在开发 Spring Boot + Spring Cloud 应用时，通常会使用 Docker 部署应用程序。本节内容介绍在 Ubuntu 服务器上安装和使用 Docker 的方法。由于篇幅所限，这里不介绍安装和使用 Docker 的基本方法，读者可以查阅相关资料理解。

10.3.1 搭建 Docker Registry 私服

从 Docker Hub 拉取 Docker 镜像通常速度很慢，为了方便开发人员调试，可以在本地搭建一个 Docker Registry 私服。

1．拉取 Registry 私服仓库镜像

执行下面的命令，从 Docker 仓库中拉取 Registry 私服仓库镜像。

```
docker pull registry
```

2．运行 Docker Registry 私服

执行下面的命令运行 Docker Registry 私服。

```
docker run -d -p 5000:5000 --name myregistry --restart=always registry
```

参数说明如下。

- run：运行指定的 Docker 镜像。
- -d：指定后台运行。
- -p 5000:5000：指定将宿主机的端口 5000 映射到容器的端口 5000。Registry 仓库默认的端口为 5000。
- --name myregistry：命名 Docker 镜像。
- --restart=always：指定当 Docker 重启时，容器自动启动。

3．为镜像打标

使用 docker tag 命令为镜像打标，准备推送 Docker 镜像。例如，执行下面的命令给 Docker 镜像 hello-world 在 Docker Registry 私服中设置标签 v1.0。

```
docker tag hello-world localhost:5000/hello-world:v1.0
```

4．向 Docker Registry 私服推送 Docker 镜像

执行下面的命令向 Docker Registry 私服推送 Docker 镜像 hello-world。

```
docker push localhost:5000/hello-world:v1.0
```

执行 curl 命令，查看 Docker Registry 私服中包含的镜像。

```
curl http://localhost:5000/v2/_catalog
```

结果如下。

```
{"repositories":["hello-world"]}
```

从结果可以看到，hello-world:v1.0 已经在 Docker Registry 私服中。

5．开启 Docker Registry 私服的远程操作功能

为了在 Maven 构建 Docker 镜像后，可以自动将 Docker 镜像推送至 Docker Registry 私服，就需要开启 Docker Registry 私服的远程操作功能。在默认情况下，此功能是关闭的。

编辑/lib/systemd/system/docker.service 文件，将 ExecStart 开头的一行修改为以下代码。

```
ExecStart=/usr/bin/dockerd -H tcp://0.0.0.0:2375 -H unix://var/run/docker.sock
```

执行下面的命令，重载配置，重启服务。

```
systemctl daemon-reload
```

```
service docker restart
```

打开浏览器，访问下面的 URL。

```
192.168.1.103:2375/version
```

如果看到图 10-5 所示的界面，则说明已经打开了 Docker 的远程操作端口 2375。

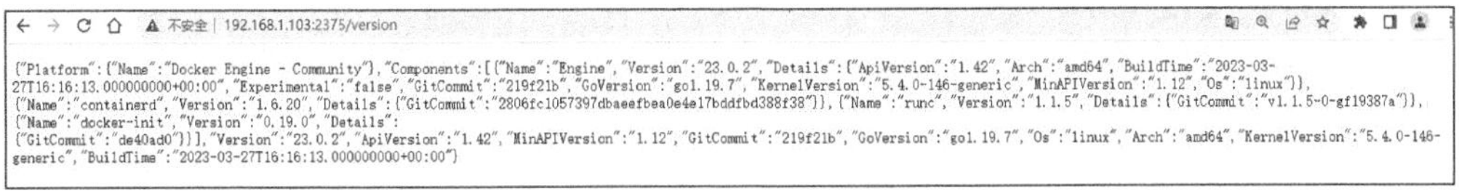

图 10-5 Docker 的 2375 端口状态

10.3.2 使用 Docker 部署 Spring Boot 应用程序

使用 Docker 部署 Spring Boot 应用程序的步骤如下。

① 在 pom.xml 中引入 Docker 的 Maven 插件依赖，并设置 Docker 打包的一些参数。
② 编辑 Dockerfile，其中定义了 Docker 镜像的内容和运行方式。
③ 构建 Docker 镜像。

1. 引入 Docker 的 Maven 插件依赖

在 Maven 项目中，借助 docker-maven-plugin 插件，通过简单的配置可以自动构建 Docker 镜像，并将其推送至 Docker Registry 私服。

在 pom.xml 的<build>节点中可以引入 docker-maven-plugin 插件，代码如下。

```xml
<build>
  <plugins>
    <plugin>
      <groupId>com.spotify</groupId>
      <artifactId>docker-maven-plugin</artifactId>
      <version>1.0.0</version>
      <configuration>
        <imageName>seckillfront</imageName>
        <!-- 指定 Dockerfile 路径 -->
        <dockerDirectory>src/main/docker</dockerDirectory>
        <resources>
          <resource>
            <targetPath>/</targetPath>
            <directory>${project.build.directory}</directory>
            <include>${project.build.finalName}.jar</include>
          </resource>
        </resources>
        <dockerHost>http://192.168.1.103:2375</dockerHost>
      </configuration>
    </plugin>
  </plugins>
</build>
```

<configuration>子节点对构建 Docker 镜像进行了参数配置，具体说明如下。

- imageName：指定 Docker 镜像的名称，注意必须都是小写字母。

- dockerDirectory：Dockerfile 的路径，关于 Dockerfile 将在后文介绍。
- resources：指定镜像中包含的资源。targetPath 指定将资源构建到哪个目录，directory 指定要打包的资源文件所在的目录，include 指定要打包的资源文件。
- dockerHost：指定要推送镜像的私服。

2．编辑 Dockerfile

Dockerfile 是用来构建 Docker 镜像的脚本文件，由一系列命令和参数构成。

创建 src/main/docker 文件夹，然后在下面创建 dockerfile，其内容如下。

```
FROM carsharing/alpine-oraclejdk8-bash
VOLUME /tmp
# 下面为 SpringBoot 项目打包完成的 jar 包
ADD seckill-front-0.0.1-SNAPSHOT.jar app.jar
EXPOSE 8080
ENTRYPOINT ["java","-Djava.security.egd=file:/dev/./urandom","-jar","/app.jar"]
```

命令和参数说明如下。

- carsharing/alpine-oraclejdk8-bash：一个 JDK8 的基础镜像。
- VOLUME 命令：指定临时文件目录为/tmp，其效果是在宿主机的/var/lib/docker 目录下创建一个临时文件，并链接到容器的/tmp 目录。
- ADD 命令：将打包好的 seckill-front-0.0.1-SNAPSHOT.jar 文件以 app.jar 的形式添加到容器中。
- EXPOSE 命令，指定容器对外暴露的端口号。执行 docker run 命令的时候，指定-P 或者-p 参数将容器的端口映射到宿主机上，这样外界访问宿主机就可以获取到容器提供的服务。-P 命令结合 dockerfile 中暴露的端口，将容器中的暴露端口随机映射到宿主机的端口。
- ENTRYPOINT 命令：指定 Docker 容器执行的命令，这里以 jar 包形式运行 app.jar。为了缩短Tomcat 启动时间，添加一个系统属性指向/dev/./urandom，解决随机数生成的问题。

3．构建 Docker 镜像

在 IDEA 右侧的 Maven 悬浮窗格中，依次展开 seckill-front→Plugins→docker，双击 "docker:build"，即可开始构建 Docker 镜像，如图 10-6 所示。

构建 Docker 镜像的过程比较复杂，看到类似下面的结果，就说明已经成功构建 Docker 镜像。

```
[INFO] --------------------< com.example:seckill-front >---------------------
[INFO] Building seckill-front 0.0.1-SNAPSHOT
[INFO] --------------------------------[ jar ]---------------------------------
[INFO]
[INFO] --- docker-maven-plugin:1.0.0:build (default-cli) @ seckill-front ---
[INFO] Using authentication suppliers: [ConfigFileRegistryAuthSupplier]
[INFO] Copying D:\workspace\alibaba\seckill-front-docker\target\seckill-front-0.0.1-
SNAPSHOT.jar -> D:\workspace\alibaba\seckill-front-docker\target\docker\seckill-
front-0.0.1-SNAPSHOT.jar
[INFO] Copying src\main\docker\dockerfile -> D:\workspace\alibaba\seckill-front-
docker\target\docker\dockerfile
[INFO] Building image mavendockerdemo
```

```
Step 1/5 : FROM carsharing/alpine-oraclejdk8-bash

Pulling from carsharing/alpine-oraclejdk8-bash
…
Step 2/5 : VOLUME /tmp
…
Step 3/5 : ADD seckill-front-0.0.1-SNAPSHOT.jar app.jar
…
Step 4/5 : EXPOSE 8080
…
Step 5/5 : ENTRYPOINT ["java","-Djava.security.egd= file:/dev/./urandom","-jar ","/
app.jar"]
…
ProgressMessage{id=null, status=null, stream=null, error=null, progress=null, progress
Detail=null}
Successfully built 34f3e9df4937
Successfully tagged seckillfront:latest
[INFO] Built seckillfront
[INFO] ------------------------------------------------------------------------
[INFO] BUILD SUCCESS
[INFO] ------------------------------------------------------------------------
[INFO] Total time:   01:35 min
[INFO] Finished at: 2023-04-18T18:15:00+08:00
[INFO] ------------------------------------------------------------------------

Process finished with exit code 0
```

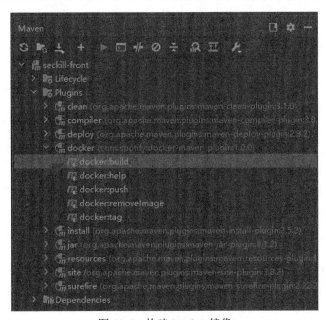

图 10-6　构建 Docker 镜像

展开项目的 target 文件夹，刷新其中的 docker 文件夹，可以看到新生成的 seckill-front-0.0.1-SNAPSHOT.jar 文件，如图 10-7 所示。

图 10-7　新生成的.jar 文件

远程连接 Ubuntu 虚拟机，执行 docker images 命令，可以看到推送至 Docker Registry 私服的 seckillfront 镜像，如图 10-8 所示。

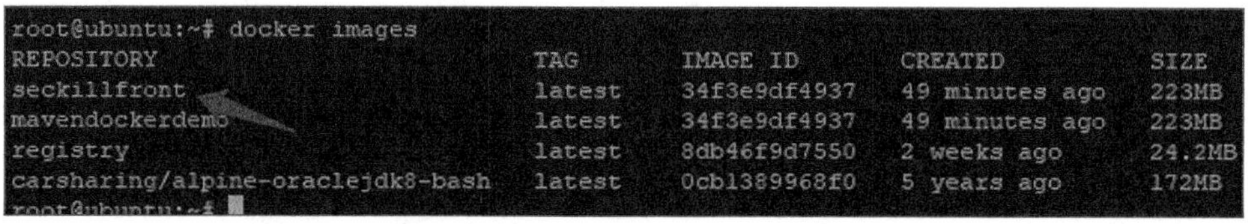

```
root@ubuntu:~# docker images
REPOSITORY                         TAG      IMAGE ID       CREATED          SIZE
seckillfront                       latest   34f3e9df4937   49 minutes ago   223MB
mavendockerdemo                    latest   34f3e9df4937   49 minutes ago   223MB
registry                           latest   8db46f9d7550   2 weeks ago      24.2MB
carsharing/alpine-oraclejdk8-bash  latest   0cb1389968f0   5 years ago      172MB
```

图 10-8　推送至 Docker Registry 私服的 seckillfront 镜像

10.3.3　以 Docker 镜像的形式运行 seckill-front 应用程序

执行下面的命令，以 Docker 镜像的形式运行 seckill-front 应用程序。

```
docker run -p 18080:8080 -d seckillfront
```

参数说明如下。

- -p：指定宿主机和容器之间的端口映射，格式为宿主机端口:容器端口。上面的命令将容器的 8080 端口映射到宿主机的 18080 端口。
- -d：指定后台运行容器，返回容器 ID。

执行下面的命令，查看运行的 Docker 镜像，如图 10-9 所示。

```
docker ps
```

图 10-9　查看运行的 docker 镜像

从图 10-9 可以看到运行中的 seckillfront 容器。

打开浏览器，访问以下网址。

```
http://192.168.1.103:18080/list
```
确认可以打开秒杀抢购实例的商品列表页。

10.4 Docker Compose 概述

微服务架构是由多个组件构成的分布式系统，因此在部署微服务应用系统时，需要使用多个 Docker 容器。Docker Compose 是定义和运行多容器 Docker 应用程序的工具。在 Docker Compose 中，可以首先使用.yml 文件配置应用程序服务，然后根据配置通过一个命令创建并启动应用程序中的所有服务。

10.4.1 Docker Compose 的基本概念与特性

1．Docker Compose 中的层次概念

Docker Compose 通过工程（project）、服务（service）和容器（container）3 个层次管理 Docker 容器，具体说明如下。
- 工程：Docker Compose 运行的目录下的所有文件构成一个工程。一个工程可以包含多个服务。
- 服务：服务可以定义容器对应的 Docker 镜像、参数和依赖。一个服务可以包含多个容器实例。
- 容器：就是前面介绍的 Docker 容器，即运行的 Docker 镜像。

2．Docker Compose 的特性

Docker Compose 具有以下特性。
- 在一台主机中，使用工程名可以配置多个互相隔离的环境。默认的工程名为存储 Docker Compose 工程所有文件的目录的名字。
- 在创建容器时，可以保留容器卷（Volume）中的数据。Docker Compose 会自动维护服务所使用的卷。当启动容器时，Docker Compose 如果能找到旧容器的卷，就会将旧的卷复制到新容器中，之前的数据不会丢失。
- 只重建发生变化的容器。Docker Compose 会缓存创建容器的配置信息。当重启服务时，如果该服务没有发生变化，Docker Compose 会重用已经存在的容器，也就是说可以快速地对容器环境进行修改。
- 在 Docker Compose 配置文件中可以定义变量。使用这些变量可以自定义不同环境和不同用户的配置。

3．docker-compose.yml 配置文件

docker-compose.yml 是 Docker Compose 的配置文件，其中包含以下 3 个部分。

① version：指定 docker-compose.yml 文件的写法格式。例如，下面的代码指定使用版本 2。

```
version: '2'
```

docker-compose.yml 文件的写法格式版本应该与 Docker 引擎版本相对应，具体的对应关系见表 10-1。注意，这里所说的写法格式版本与 Docker Compose 版本并不是一回事。

表 10-1 docker-compose.yml 文件的写法格式版本与 Docker 引擎版本的对应关系

docker-compose.yml 文件的写法格式版本	Docker 引擎版本
3.8	19.03.0＋
3.7	18.06.0+
3.6	18.02.0+
3.5	17.12.0+
3.4	17.09.0+
3.3	17.06.0+
3.2	17.04.0+
3.1	1.13.1+
3.0	1.13.0+
2.4	17.12.0+
2.3	17.06.0+
2.2	1.13.0+
2.1	1.12.0+
2.0	1.10.0+
1.0	1.9.1+

② services：指定服务的定义。使用下面的方法可以指定服务名称。

```
services:
<服务名>
```

例如，下面的代码定义一个名为 nacos 的服务。

```
services:
nacos
```

使用 services.<服务名>.build.<属性名>可以指定构建镜像的选项，具体说明如下。

- services.<服务名>.build.context：指定保存构建镜像资源文件的文件夹。
- services.<服务名>.build. Dockerfile：指定构建镜像的 Dockerfile。
- services.<服务名>.image：指定构建镜像的名称和版本。
- services.<服务名>.container_name：指定容器名称。
- services.<服务名>.volumes：指定构建容器中卷到宿主机文件夹的映射关系。
- services.<服务名>.ports：指定构建容器中端口到宿主机端口的映射关系。

例如，下面的代码指定了一个名为 web 的服务，在当前目录下构建镜像。运行时将容器中的 8000 端口映射到宿主机的 8000 端口。

```
version: '2'
services:
  web:
    build: .
    ports:
      - "8000:8000"
```

③ networks：指定自定义的网络。在默认情况下，Docker Compose 会为应用创建一个网络，服务的每个容器都会加入该网络。这样，容器就可以被该网络中的其他容器访问了。

如果默认的网络配置不能满足需求，就可以使用 networks 自定义网络。例如，下面是使用 networks 配置自定义网络的实例。

```
version: '2'
services:
  proxy:
    build: ./proxy
    networks:
      - front
  app:
    build: ./app
    networks:
      - back
  db:
    image: postgres
    networks:
      - front
      - back
networks:
  front:
    drvier: custom-driver-1
  back:
    driver: custom-driver-2
    driver_opts:
      foo: "1"
      bar: "2"
```

服务 proxy 使用自定义网络 front，服务 app 使用自定义网络 back，它们互相隔离，各自使用自己的网络；而服务 db 同时使用 front 和 back 两个网络，可以与服务 proxy 和服务 app 进行通信。网络 front 使用 custom-driver-1 驱动程序，网络 back 使用 custom-driver-2 驱动程序。driver_opts 可以指定一列键值对选项传递给驱动程序。

关于 docker-compose.yml 的具体使用方法将在后文结合实例介绍。

10.4.2 安装和使用 Docker Compose

本小节介绍在 Ubuntu 服务器上安装和使用 Docker Compose 的基本方法。

1. 在 Ubuntu 中安装 Docker Compose

从 GitHub 下载 Docker Compose，命令如下。

```
sudo curl -L https://github.com/docker/compose/releases/download/1.21.2/docker-compose-$(uname -s)-$(uname -m) -o /usr/local/bin/docker-compose
```

uname -s 命令显示操作系统的内核信息，这里为 Linux；uname -m 命令显示计算机硬件架构，这里为 x86_64。下载的 Docker Compose 保存为/usr/local/bin/docker-compose。执行下面的命令为安装脚本添加执行权限。

```
sudo chmod +x /usr/local/bin/docker-compose
```
执行下面的命令可以查看 Docker Compose 的版本信息。
```
docker-compose -v
```
返回结果如下。
```
docker-compose version 1.21.2, build a133471
```
说明 Docker Compose 已经安装成功。

2. Docker Compose 常用命令

Docker Compose 的常用命令如下。

① docker-compose ps，列出所有运行的容器。

② docker-compose logs，查看服务的日志输出。

③ docker-compose port，查看服务指定端口所绑定的公共端口。例如，执行下面的命令查看服务 seckill-front 的 8080 端口所绑定的公共端口。
```
docker-compose port seckill-front 8080
```
④ docker-compose build，构建或重新构建服务。

⑤ docker-compose start，启动服务中已经运行的容器。例如，执行下面的命令启动服务 seckillfront 中运行的容器。
```
docker-composestart seckillfront
```
⑥ docker-compose stop，停止指定服务中已经存在的容器。例如，执行下面的命令停止服务 seckillfront 中已经存在的容器。
```
docker-compose stop seckillfront
```
⑦ docker-compose rm，删除指定服务中的容器。例如，执行下面的命令删除服务 seckillfront 中的容器。
```
docker-compose rm seckillfront
```
⑧ docker-compose up，构建并启动容器。

10.5 使用 Docker Compose 搭建微服务工程

本节结合实例介绍通过 Docker Compose 搭建微服务工程的方法。本实例中的微服务工程包含以下项目。

- MySQL：MySQL 数据库服务，用于存储 Nacos 及微服务的数据。
- Redis：Redis 服务。
- Nacos：注册服务，其中定义了 3 个 Nacos 服务，构成 Nacos 服务集群。
- Nginx：Nginx 网关服务，实现到 Nacos 服务集群的负载均衡。
- seckill_front：秒杀抢购前置 UI 层应用。
- seckill_backservice：秒杀抢购后端服务层应用。

因为 RocketMQ 的组件较多，所以本实例中的 Docker Compose 工程不包含 RocketMQ 的 Docker 镜像，需要单独部署和启动 RocketMQ 服务。

在/usr/local 下创建一个子文件夹 docker-compose，用于存储本实例创建 Docker 镜像所需的文件，命令如下。

```
cd /usr/local/
mkdir docker-compose
```

10.5.1 使用 Docker Compose 运行 MySQL 服务容器

在/usr/local/docker-compose 目录下创建 mysql 文件夹，用于存储 MySQL 数据库的相关文件。

1．编辑 MySQL 数据库的配置文件

在/usr/local/docker-compose/mysql 目录下创建 conf 文件夹，并在其下创建配置文件 my.cnf，代码如下。

```
[mysqld]
user=mysql
default-storage-engine=INNODB
character-set-server=utf8
[client]
default-character-set=utf8
[mysql]
default-character-set=utf8
```

2．编辑 docker-compose.yml 文件

在/usr/local/docker-compose/docker-compose.yml 文件中增加 MySQL 服务的相关代码，具体如下。

```yaml
version: '3'
services:
  mysql:
    network_mode: "bridge"
    environment:
      MYSQL_ROOT_PASSWORD: "Abc_123456"
      MYSQL_USER: 'test'
      MYSQL_PASS: 'test_Password'
    image: "mysql:5.5"
    restart: always
    volumes:
      - "./mysql:/var/lib/mysql"
      - "./mysql/conf/my.cnf:/etc/my.cnf"
      - "./mysql/init:/docker-entrypoint-initdb.d/"
    ports:
      - "3306:3306"
```

3．启动 MySQL 服务容器

执行以下命令启动使用 Docker Compose 构建的 MySQL 服务容器。

```
cd /usr/local/docker-compose
docker-compose up -d
```

运行结果如图 10-10 所示。

```
root@ubuntu:/usr/local/docker-compose# docker-compose up -d
Pulling mysql (mysql:5.5)...
5.5: Pulling from library/mysql
743f2d6c1f65: Pull complete
3f0c413ee255: Pull complete
aef1ef8f1aac: Pull complete
f9ee573e34cb: Pull complete
3f237e01f153: Pull complete
03da1e065b16: Pull complete
04087a801070: Pull complete
7efd5395ab31: Pull complete
1b5cc03aaac8: Pull complete
2b7adaec9998: Pull complete
385b8f96a9ba: Pull complete
Digest: sha256:12da85ab88aedfdf39455872fb044f607c32fdc233cd59f1d26769fbf439b045
Status: Downloaded newer image for mysql:5.5
Creating docker-compose_mysql_1 ... done
```

图 10-10　启动 MySQL 服务容器

为了避免端口冲突，如果已经运行了 MySQL 数据库，则需要停止并禁用 mysqld 服务，命令如下。

```
systemctl stop mysqld
systemctl disable mysqld
```

启动 MySQL 服务容器后，可以使用 Navicat 连接容器中的 MySQL 数据库，测试效果。

10.5.2　使用 Docker Compose 运行 Redis 服务容器

在/usr/local/docker-compose 目录下创建 redis 文件夹，用于存储 Redis 服务的相关文件。

1．编辑 Redis 的配置文件

在/usr/local/docker-compose/redis 目录下创建配置文件 redis.conf，代码如下。

```
# 开启远程连接
bind 0.0.0.0
# 自定义密码
requirepass redispass
# 指定 Redis 监听端口，默认为 6379
port 6379
# 客户端闲置指定时长后关闭连接，单位为 s。0 表示关闭该功能
timeout 0
# 在 900s 内，如果至少有一次写操作，则执行 bgsave 进行 RDB（用于保存 Redis 数据的快照文件）持久化操作
save 900 1
# 在 300s 内，如果至少有 10 个 key 进行了修改，则进行持久化操作
save 300 10
# 在 60s 内，如果至少有 10000 个 key 进行了修改，则进行持久化操作
save 60 10000
# 是否压缩数据存储，默认为 yes。Redis 采用 LZ 压缩（一种无损压缩算法）。如果为了节省 CPU 时间，则可以设置为 no，即不压缩数据
rdbcompression yes
# 指定本地数据文件名，默认:dump.rdb
dbfilename dump.rdb
# 指定本地数据文件的存放目录
dir /data
# 指定日志文件位置，如果是相对路径，Redis 会将日志存放到指定的 dir 目录下
logfile "redis.log"
```

2. 编辑 docker-compose.yml 文件

在/usr/local/docker-compose/docker-compose.yml 文件中增加 Redis 服务的相关代码，具体如下。

```
redis:
  image: redis:6.2.6
  restart: always
  container_name: redis
  restart: always
  ports:
    - 6379:6379
  volumes:
    - "./redis/redis.conf:/etc/redis/redis.conf:ro"
    - "./redis/data:/data"
  command: redis-server /etc/redis/redis.conf
```

在/usr/local/docker-compose/redis 目录下创建 data 文件夹，用于存储 Redis 数据库的数据。

3. 启动 Docker Compose 容器

执行以下命令启动使用 Docker Compose 构建的 Redis 服务容器。

```
cd /usr/local/docker-compose
docker-compose up -d
```

如果宿主机已经启动了 Redis 服务，则需要执行以下命令将其停止。

```
systemctl stop redis
systemctl disable redis
```

启动 Redis 服务容器后，可以运行 RESP.app 链接到 Redis 服务，测试效果。

10.5.3 使用 Docker Compose 构建 Nacos 服务集群

本小节介绍使用 Docker Compose 构建 Nacos 服务集群的方法。Nacos 负责微服务系统的注册和配置管理。一旦 Nacos 出现问题，整个微服务系统将无法正常工作。因此，在实际的生产环境中，大多使用集群方式部署 Nacos 服务。

Nacos 集群至少包含 3 台 Nacos 服务器，使用 Nginx 作为网关。在默认情况下，Nacos 使用嵌入式数据库存储数据。但是以集群方式部署时，集群中的 Nacos 服务不能通过内嵌式数据库保持数据同步。因此，这里使用 MySQL 作为 Nacos 集群存储数据的数据库。

本小节搭建的 Nacos 服务集群的架构如图 10-11 所示。

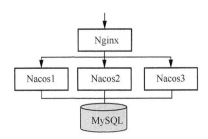

图 10-11 Nacos 服务集群的架构

1. 准备 MySQL 数据库

启动 MySQL 服务容器后，使用 Navicat 连接 MySQL 数据库，执行以下命令创建用户 nacos，并对其进行授权。

```
# 创建用户
create user 'nacos'@'%' IDENTIFIED BY 'nacos';
# 授权
grant all privileges on nacos.* to nacos@'%';
flush privileges;
```

执行以下命令创建 nacos 数据库。

```
CREATE DATABASE nacos CHARACTER SET utf8 COLLATE utf8_bin;
```

从 GitHub 下载创建 Nacos 表的脚本，并在数据库 nacos 中执行该脚本。执行完后，在 Navicat 中查看数据库。nacos 的结构如图 10-12 所示。

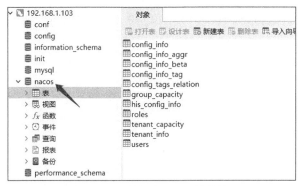

图 10-12　数据库 nacos 的结构

2. 编辑 docker-compose.yml 文件

在/usr/local/docker-compose/docker-compose.yml 文件中添加与 Nacos 服务相关的代码，具体如下。

```
version: "3.9"
services:
  …
  nacos-cluster-1:
    image: nacos/nacos-server:2.0.3
    environment:
      PREFER_HOST_MODE: ip
      MODE: cluster
      NACOS_SERVER_IP: 172.19.0.2
      NACOS_SERVERS: "172.19.0.2:8848 172.19.0.3:8848 172.19.0.4:8848"
      SPRING_DATASOURCE_PLATFORM: mysql
      MYSQL_SERVICE_HOST: 192.168.1.103
      MYSQL_SERVICE_PORT: 3306
      MYSQL_SERVICE_DB_NAME: nacos
      MYSQL_SERVICE_USER: root
      MYSQL_SERVICE_PASSWORD: 'Abc_123456'
      JVM_XMS: 256m
      JVM_XMX: 512m
```

```yaml
      JVM_XMN: 256m
    ports:
      - "8861:8848"
    restart: always
    networks:
      nacos_cluster_nginx:
        ipv4_address: 172.19.0.2

  nacos-cluster-2:
    image: nacos/nacos-server:2.0.3
    environment:
      PREFER_HOST_MODE: ip
      MODE: cluster
      NACOS_SERVER_IP: 172.19.0.3
      NACOS_SERVERS: "172.19.0.2:8848 172.19.0.3:8848 172.19.0.4:8848"
      SPRING_DATASOURCE_PLATFORM: mysql
      MYSQL_SERVICE_HOST: 192.168.1.103
      MYSQL_SERVICE_PORT: 3306
      MYSQL_SERVICE_DB_NAME: nacos
      MYSQL_SERVICE_USER: root
      MYSQL_SERVICE_PASSWORD: 'Abc_123456'
      JVM_XMS: 256m
      JVM_XMX: 512m
      JVM_XMN: 256m
    ports:
      - "8871:8848"
    restart: always
    networks:
      nacos_cluster_nginx:
        ipv4_address: 172.19.0.3

  nacos-cluster-3:
    image: nacos/nacos-server:2.0.3
    environment:
      PREFER_HOST_MODE: ip
      MODE: cluster
      NACOS_SERVER_IP: 172.19.0.4
      NACOS_SERVERS: "172.19.0.2:8848 172.19.0.3:8848 172.19.0.4:8848"
      SPRING_DATASOURCE_PLATFORM: mysql
      MYSQL_SERVICE_HOST: 192.168.1.103
      MYSQL_SERVICE_PORT: 3306
      MYSQL_SERVICE_DB_NAME: nacos
      MYSQL_SERVICE_USER: root
      MYSQL_SERVICE_PASSWORD: 'Abc_123456'
      JVM_XMS: 256m
      JVM_XMX: 512m
      JVM_XMN: 256m
    ports:
      - "8881:8848"
    restart: always
```

```yaml
    networks:
      nacos_cluster_nginx:
        ipv4_address: 172.19.0.4
  nginx:
    image: nginx:latest
    restart: always
    ports:
      - "8081:80"
    volumes:
      - "./nginx/conf/nginx.conf:/etc/nginx/nginx.conf"
      - "./nginx/conf/conf.d:/etc/nginx/conf.d"
      - "./nginx/log:/var/log/nginx"
      - "./nginx/html:/usr/share/nginx/html"
    depends_on:
      - nacos-cluster-1
      - nacos-cluster-2
      - nacos-cluster-3
    networks:
      nacos_cluster_nginx:
        ipv4_address: 172.19.0.6
networks:
  nacos_cluster_nginx:
    ipam:
      config:
        - subnet: 172.19.0.0/16
```

代码定义了以下 4 个与 Nacos 集群有关的服务。

- nacos-cluster-1：第一个 Nacos 服务，使用虚拟 IP 172.19.0.2，对应宿主机中的端口 8861。
- nacos-cluster-2：第二个 Nacos 服务，使用虚拟 IP 172.19.0.3，对应宿主机中的端口 8871。
- nacos-cluster-3：第三个 Nacos 服务，使用虚拟 IP 172.19.0.4，对应宿主机中的端口 8881。
- nginx：Nginx 服务，使用虚拟 IP 172.19.0.6，对应宿主机中的端口 8081。

3. 准备与 Nginx 服务相关的目录和文件

docker-compose.yml 使用到下面 4 个与 Nginx 服务相关的目录和文件，需要提前准备。

- ./nginx/conf/nginx.conf：定义 Nginx 服务的配置文件。
- ./nginx/conf/conf.d：保存 Nginx 配置文件的目录。
- ./nginx/log：保存 Nginx 日志的目录。
- ./nginx/html：保存 Nginx 静态资源的目录。

在/usr/local/docker-compose/目录下创建一个子目录 nginx，并在其下创建上述 4 个目录和文件。

./nginx/conf/nginx.conf 的代码如下。

```
user nginx;
worker_processes auto;
error_log/var/log/nginx/error.log notice;
pid/var/run/nginx.pid;
events {
    worker_connections  1024;
}
```

```
stream
{
    upstream nacos {
        server 172.19.0.1:8848;
        server 172.19.0.2:8848;
        server 172.19.0.3:8848;
    }
    server {
        listen 80;
        proxy_pass nacos;
    }
}
```

代码使用 upstream nacos 配置项定义了从 Nginx 网关到 3 个 Nacos 服务器的路由。

4．启动 Docker Compose 容器

准备好后，执行以下命令启动 Docker Compose 容器。

```
cd /usr/local/docker-compose
docker-compose up -d
```

启动完成后，打开浏览器访问下面的 URL。

```
http://192.168.1.103:8081/nacos
```

如果可以看到 Nacos 服务的登录页，则说明使用 Docker Compose 已经成功地构建和运行 Nacos 服务的容器。

10.5.4　使用 Docker Compose 运行 seckill–front 容器

本小节介绍使用 Docker Compose 运行 seckill-front 容器的方法。seckill-front 就是第 9 章介绍的秒杀抢购实例中的前置 UI 层应用。

1．准备构建 Docker 镜像的资源文件

在/usr/local/docker-compose 下创建 seckillfront 文件夹，用于保存构建 Docker 镜像的资源文件，命令如下。

```
cd /usr/local/docker-compose
mkdir seckillfront
```

将以下资源文件上传至/usr/local/docker-compose/seckillfront 文件夹下。

- seckill-front-0.0.1-SNAPSHOT.jar：参照 9.4.4 小节，该文件是将 seckill-front 项目打包得到的 jar 包。注意，不是 10.3.4 小节介绍的引入 docker-maven-plugin 插件的项目，因为这里使用 Docker Compose 构建 Docker 镜像。
- application.yml：项目对应的配置文件，代码如下。

```
spring:
  application:
    name: sec-kill
  redis:
    host: 192.168.1.103
    port: 6379
    password: redispass
  cloud:
```

```yaml
    # Spring Cloud Stream 配置项
    stream:
      # Binding 配置项
      bindings:
        seckill-exchange:
          destination: SEC-KILL-TOPIC-01 # 目的地,这里使用 RocketMQ Topic
          content-type: application/json # 内容格式,这里使用 JSON
      # Spring Cloud Stream RocketMQ 配置项
      rocketmq:
        # RocketMQ Binder 配置项
        binder:
          name-server: 192.168.1.103:9876 # RocketMQ Namesrv 地址
        # RocketMQ 自定义 Binding 配置项
        bindings:
          seckill-exchange:
            # RocketMQ Producer 配置项
            producer:
              group: seckill # 生产者分组
              sync: true # 是否同步发送消息,默认为 false 异步
server:
  port: 8080
```

注意根据 docker-compose.yml 中 Redis、RocketMQ 的配置调整 application.yml 中的配置项。

2. 编辑 Dockerfile

编辑 Dockerfile,代码如下。

```
FROM carsharing/alpine-oraclejdk8-bash
VOLUME /tmp
ADD seckill-front-0.0.1-SNAPSHOT.jar app.jar
ADD application.yml bootstrap.yml
EXPOSE 8080
ENTRYPOINT ["java","-Djava.security.egd=file:/dev/./urandom","-jar","/app.jar", "--spring.config.location=./bootstrap.yml"]
```

将 Dockerfile 上传至 Ubuntu 服务器的/usr/local/docker-compose/seckillfront 文件夹下。

3. 编辑 docker-compose.yml 文件

在 docker-compose.yml 中追加以下代码。

```yaml
seckillfront:
  build:
    context: /usr/local/docker-compose/seckillfront
    dockerfile: Dockerfile
  image: seckill/front:1.0.0
  restart: always
  ports:
    - "8080:8080"
```

为了避免冲突,代码将容器中应用的 8080 端口映射到宿主机的端口 8080。

4. 启动 Docker Compose 容器

准备好资源文件后,执行以下命令构建镜像并启动应用。

```
cd /usr/local/docker-compose/
docker-compose up -d
```

执行 docker images 命令可以查看 seckill/front 镜像，如图 10-13 所示。

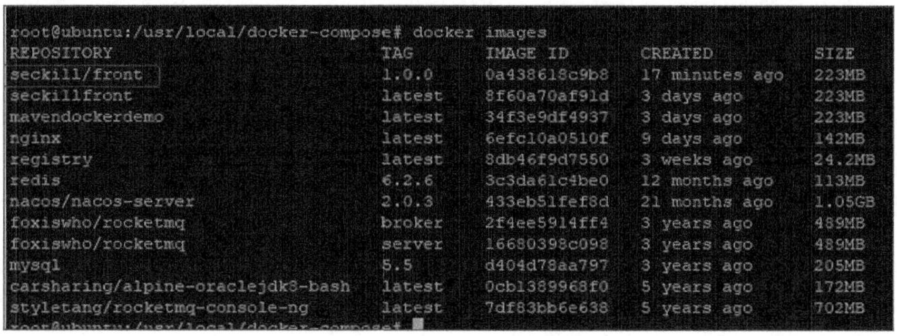

图 10-13　seckill/front 镜像

执行 docker ps 命令可以查看运行中的 seckill/front 容器，如图 10-14 所示。

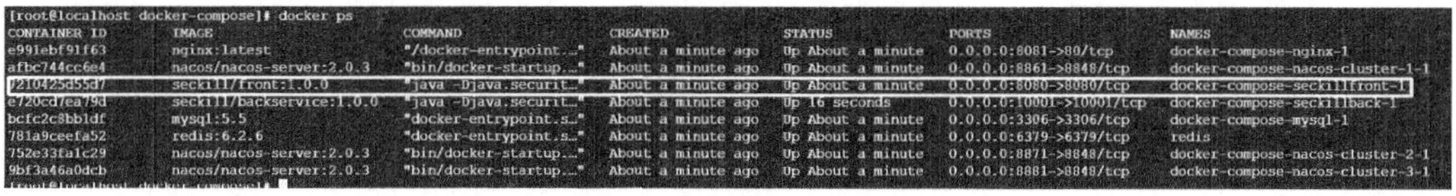

图 10-14　运行中的 seckill/front 容器

10.5.5　使用 Docker Compose 运行 seckill_backsevice 容器

本小节介绍使用 Docker Compose 运行 seckill_backsevice 容器的方法。seckill_backsevice 就是第 9 章介绍的秒杀抢购实例中的后端服务层应用。

1. 准备构建 Docker 镜像的资源文件

在/usr/local/docker-compose 下创建 seckillback 文件夹，用于保存构建 Docker 镜像的资源文件，命令如下。

```
cd /usr/local/docker-compose
mkdir seckillback
```

将以下资源文件上传至/usr/local/docker-compose/seckillback 文件夹下。

- seckill_backservice-0.0.1-SNAPSHOT.jar：参照 9.4.4 小节，该文件是将 seckill_backservice 项目打包得到的 jar 包。
- application.yml：项目对应的配置文件，代码如下。

```
spring:
  application:
    name: seckill-backservice
  redis:
    host: 192.168.1.103
    password: redispass
    port: 6379
  cloud:
```

```yaml
  nacos:
    server-addr: 192.168.1.103:8081 # Nacos 服务的地址
  # Spring Cloud Stream 配置项
  stream:
    # Binding 配置项
    bindings:
      seckill-exchange:
        destination: SEC-KILL-TOPIC-01 # 目的地，这里使用 RocketMQ Topic
        content-type: application/json # 内容格式，这里使用 JSON
        group: demo-consumer-group-DEMO-TOPIC-01 # 消费者分组
    # Spring Cloud Stream RocketMQ 配置项
    rocketmq:
      # RocketMQ Binder 配置项
      binder:
        name-server: 192.168.1.103:9876 # RocketMQ Namesrv 地址
      # RocketMQ 自定义 Binding 配置项
      bindings:
        seckill-exchange:
          # RocketMQ Consumer 配置项
          consumer:
            enabled: true # 是否开启消费，默认为 true
            broadcasting: false # 是否使用广播消费，默认为 false 使用集群消费
server:
  port: 10001
```

2. 编辑 Dockerfile

编辑 Dockerfile，代码如下。

```
FROM carsharing/alpine-oraclejdk8-bash
VOLUME /tmp
ADD seckill_backservice-0.0.1-SNAPSHOT.jar app.jar
ADD application.yml bootstrap.yml
EXPOSE 10001
ENTRYPOINT ["java","-Djava.security.egd=file:/dev/./urandom","-jar","/app.jar", "--spring.config.location=./bootstrap.yml"]
```

将 Dockerfile 上传至 Ubuntu 服务器的/usr/local/docker-compose/seckillback 文件夹下。

3. 编辑 docker-compose.yml 文件

在 docker-compose.yml 中追加以下代码。

```yaml
seckillback:
  build:
    context: /usr/local/docker-compose/seckillback
    dockerfile: Dockerfile
  image: seckill/backservice:1.0.0
  restart: always
  ports:
    - "10001:10001"
```

为了避免冲突，代码将容器中应用的 10001 端口映射到宿主机的端口 10001。

4. 启动 Docker Compose 容器

准备好资源文件后，执行以下命令构建镜像并启动应用。

```
cd /usr/local/docker-compose/
docker-compose up -d
```

执行 docker images 命令可以查看 seckill/backservice 镜像，如图 10-15 所示。

图 10-15　seckill/backservice 镜像

执行 docker ps 命令可以查看运行中的 seckill/backservice 容器，如图 10-16 所示。

图 10-16　运行中的 seckill/backservice 容器

访问以下 URL，登录 Nacos，在服务列表中可以看到 seckill_backservice，如图 10-17 所示。

```
http://192.168.1.103:9081/nacos
```

图 10-17　查看服务列表

现在可以先使用 Docker Compose 的方式部署并启动秒杀抢购的各个主要组件，再启动 RocketMQ 服务，就可以参照第 9 章介绍的步骤运行秒杀抢购的实例。